U0877027

LIEWEN LAGAN
ZUHE ZHUANZI ZHOUCHENG XITONG
DONGLIXUE

裂纹拉杆组合转子轴承系统动力学

王南山 著

化学工业出版社
·北京·

内容简介

本书以转子轴承系统动力学理论为基础，针对广泛应用于燃气轮机和航空发动机动力系统中的拉杆组合转子轴承系统，阐述了含裂纹故障的复杂拉杆组合转子轴承系统动力学建模和动力学特性规律研究方法。从拉杆组合转子轴承系统结构特征和裂纹转子轴承系统动力学发展现状入手，结合转子系统裂纹表征与建模方法、微观粗糙界面接触等基础理论知识，分别采用一维和三维方法研究了含裂纹拉杆组合转子系统动力学方程构建方法、系统方程求解策略、系统非线性动力学特性规律、三维裂纹及其奇异性对拉杆转子系统应力分布重组的影响规律，同时阐述了拉杆裂纹故障组合转子动力学特性验证试验设计方法及试验分析结果。本书内容对于复杂组合转子系统裂纹故障监测、识别及诊断具有一定的参考价值。

本书适用于旋转机械动力学、界面接触-摩擦-润滑、裂纹故障、动力学及机械振动等领域科研工作者和工程技术人员阅读，亦可作为普通高等院校机械工程、能源动力等工程类专业师生的参考资料。

图书在版编目（CIP）数据

裂纹拉杆组合转子轴承系统动力学 / 王南山著.
北京 : 化学工业出版社, 2025. 10. -- ISBN 978-7-122-48966-1

Ⅰ. TH13

中国国家版本馆 CIP 数据核字第 2025EV0413 号

责任编辑：金林茹　　装帧设计：王晓宇
责任校对：张茜越

出版发行：化学工业出版社
（北京市东城区青年湖南街 13 号　邮政编码 100011）
印　　装：北京科印技术咨询服务有限公司数码印刷分部
710mm×1000mm　1/16　印张 11½　字数 209 千字
2026 年 1 月北京第 1 版第 1 次印刷

购书咨询：010-64518888　　售后服务：010-64518899
网　　址：http://www.cip.com.cn
凡购买本书，如有缺损质量问题，本社销售中心负责调换。

定　　价：89.00 元

前言

旋转机械动力装备如重型燃气轮机、航空发动机、离心压缩机、发电机组等是我国国防和经济建设的重大装备，重型燃气轮机被喻为皇冠上的明珠，航空发动机则被喻为工业之花，此类装备的设计、制造、维护管理技术已发展为衡量一个国家科技水平和综合国力的重要标志之一。2015 年《政府工作报告》和《中国制造 2025》更是明确提出要实施以航空发动机、燃气轮机为代表的重大工程专项项目和相关基础科学研究。

拉杆组合转子轴承系统作为航空发动机、重型燃气轮机、离心压缩机、发电机组等旋转动力机械装备中重要而典型的结构，其对整个动力设备及系统运行的安全性、稳定性和生产成本等具有重要的影响。拉杆组合转子轴承系统是一类典型的复杂组合旋转机械结构，与 Jeffcott 或 Lavor 等一般整体结构形式的转子轴承系统相比，其主要由多级轮盘、多根拉杆、多段转轴在大预紧力精密装配后通过多点支承轴承而成，零部件间接触界面众多，系统非线性耦合关系强烈，静动力学特性复杂，其本质是含有多种非线性因素的复杂组合转子系统动力学问题。

复杂组合转子系统在实际工作中常因材料内部缺陷、疲劳破坏、应力集中等产生裂纹甚至断裂，裂纹这一典型的故障形式在此类转子系统各类故障中占比突出，国内外由此引发的机组异常振动及重大事故屡见不鲜，其造成的危害及损失不容忽视。为了揭示裂纹故障对此类复杂拉杆组合转子系统动力学特性的影响规律，尽可能阐释实际中此类转子系统出现裂纹后异常振动的原因，本书从拉杆组合转子轴承系统的结构特点入手，阐述含裂纹故障转子轴承系统的动力学研究现状，进而从一维及三维角度研究拉杆组合转子轴承系统动力学模型建立方法，探究复杂组合转子轴承系统的非线性动力学方程的求解方法，研究此类复杂组合转子轴承系统的动力学特性规律。

本书共分 8 章，其安排如下：

第 1 章主要分析一般整体转子和拉杆组合转子轴承系统结构特点及裂纹转子轴承系统动力学发展现状。第 2 章主要阐述裂纹的基本形式、裂纹的萌生—扩展—断裂过程，裂纹开闭模拟及建模方法、裂纹奇异性。第 3 章主要介绍微观粗糙界面接触基本理论，粗糙界面法向及切向刚度等效方法，微观界面与宏观转子系统的跨尺度等效方法。第 4 章主要从一维角度出发，以一维整体转子轴承系统动力学模型为基础，建立一维拉杆和接触界面动力学模型，最终建立含有裂纹故障的拉杆组合转子系统非线性动力学模型。第5章在第3章的基础上，结合三维有限元理论和三维无裂纹盘式拉杆组合转子轴承系统动力学模型，建立三维含裂纹故障的拉杆组合转子轴承系统动力学模型，并给出了三维裂纹拉杆组合转子系统动力学方程周期解求解方法、系统稳定性判断方法。第6章给出了三维等参奇异单元的建模方法，建立相应裂纹拉杆组合转子系统的有限元模型，重点分析了拉杆裂纹对组合转子系统主要界面及系统整体应力分布的影响情况，进一步研究了盘根裂纹及轮盘裂纹奇异性对系统主要接触界面及系统应力分布重组的影响情况。第7章基于第5章建立的非线性动力学模型及求解方法，研究含裂纹故障的拉杆组合转子轴承系统的动力学特性，重点研究了三维拉杆裂纹组合转子系统非线性稳定性及分叉特性，裂纹转动效应影响，裂纹深度及不平衡量对三维裂纹拉杆转子系统非线性动力学特性和振动特性的影响情况。第8章主要介绍裂纹拉杆组合转子轴承系统综合试验台的设计与搭建、裂纹加工以及动力学特性试验。

本书是笔者长期从事旋转机械动力学、机械故障诊断及识别、粗糙界面接触-摩擦-润滑理论研究与应用等科研工作的积累，重点阐述了含裂纹故障的复杂组合转子轴承系统动力学建模方法和动力学特性规律研究方法，相关研究可为燃气轮机及航空发动机动力系统裂纹故障的监测、识别和抑制提供一定的理论参考和工程指导。本书同时也是山西省基础研究计划面上项目（202303021211168）、国家自然科学基金（No.51475357）、山西省高等学校科技创新计划项目（No.2022L293）、山西省优秀博士来晋工作奖励资金科研项目（No.2022140）、太原科技大学科研启动基金（2022034）工作的成果结晶。

本书适用于旋转机械动力学、界面接触-摩擦-润滑、裂纹故障、动力学及机械振动等领域科研工作者和工程技术人员阅读，亦可作为普通高等院校机械工程、能源动力等工程类专业师生的参考资料。

难如圣人所言“著书论道，贵在无为，理归静一，化本虚柔”，但求循道精进。拙著浅见，尚希所述些许内容能使从事或热爱本领域的读者拾遗补漏。

由于笔者学识浅陋，不足之处在所难免，但求抛砖引玉，恭闻百家之言，敬请方家多指正。

著者

目录

第 3 章

第 4 章

第 5 章

第1章 绪论

1.1 概述

燃气轮机及航空发动机作为国防军工、民生经济的重大装备，对我国国防能力发挥及经济发展水平均有着重要作用和影响，其所涉及的设计、制造、运营维护管理等核心技术已成为衡量一个国家科技水平和综合国力的重要标志之一。

2011 年 7 月，科技部提交的《关于增设航空发动机与燃气轮机重大专项的报告》获得“同意增设两机专项”的批示，标志着“两机专项”（航空发动机与燃气轮机）获得国家战略支持，同年国务院专项会议决定组建两机重大专项论证委员会，并开启两机重大专项的论证及实施方案制定。2015 年《政府工作报告》和《中国制造 2025》更是明确提出要实施以航空发动机、燃气轮机为代表的重大工程项目和相关基础科学研究；此类装备所涉及的关键动力系统的基础科学问题和工程应用问题持续受到高校、企业、政府等各界的广泛关注。复杂拉杆组合转子轴承系统作为航空发动机和燃气轮机的核心动力组成部分，对整机装备的动力特性、性能发挥及可靠性有着重要的影响，对于此类装备升级所面临的高转速、重载、高温、大冲击等复杂极限工况则更为突出。

盘式拉杆组合转子轴承系统（如图 1-1 所示）作为旋转机械动力装备的重要结构，其典型特征表现为复杂的组合结构（多根拉杆、多段转轴、多级轮盘、多接触界面甚至多点支承），由于其具有重量轻、易装配和冷却性能好等优点而被广泛应用于现代航空发动机、重型燃气轮机、发电机组等工业及国防重要动力装备中，其对整个动力设备运行的安全性、稳定性和生产成本等具有重要的影响。实际运行服役过程中，此类复杂组合转子系统常因材料本身及其制造过程中形成的内部缺陷、长期运行或是高温腐蚀磨损等造成的疲劳破坏、设计加工及运行过程中的碰摩及冲击作用引入的应力集中等，产生裂纹甚至断裂。裂纹作为旋转机

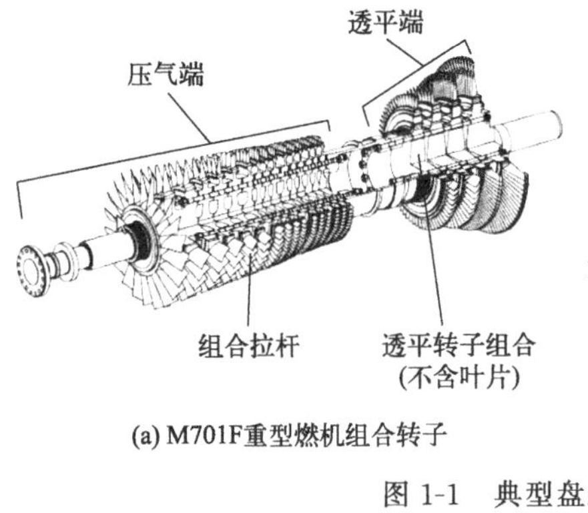

(a) M701F重型燃机组合转子

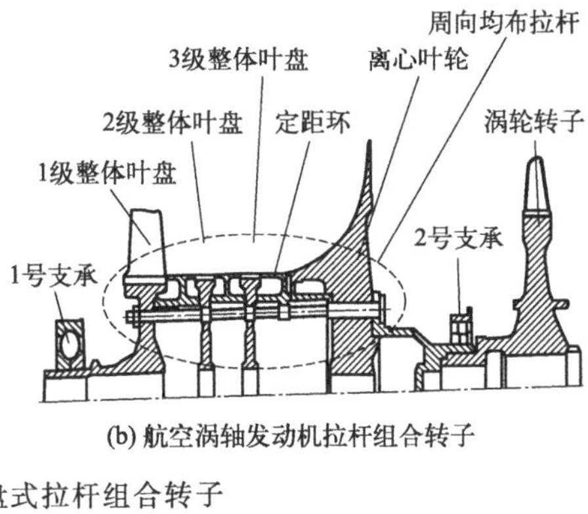

(b) 航空涡轴发动机拉杆组合转子

图 1-1 典型盘式拉杆组合转子

械转子轴承系统中一种常见而典型的故障形式，一旦出现在旋转机械的关键动力单元的转子轴承系统中，若未能及时发现和处理，当裂纹扩展到一定程度，将使转轴失稳断裂，进而带来重大经济损失，乃至造成人员生命损害等严重后果。

1.2 转子轴承系统典型裂纹故障案例

自 20 世纪 50 年代开始，燃气轮机和汽轮机技术快速发展并得到应用，国内外旋转动力机械设备因转子系统裂纹而导致的重大事故屡见不鲜[1-19]。欧美国家对电站汽轮机转子事故调查结果显示：多起重大事故均是由汽轮机低、中、高压转子横向裂纹造成的，横向裂纹引起的故障占比达 35%[10]。相关转子裂纹事故中令人较为震惊的诸如：英国 Hinkley point 核电站 90MW 汽轮机组因应力腐蚀裂纹在超速试验时引发多处轴裂[8]；美国西屋公司所制的 225MW 汽轮机组运行中，由于内部夹杂物萌生微小裂纹并扩展而引发转子突然断裂飞离机组事故[8]；日本关西电力 600MW 汽轮机组超临界工作中弯曲裂纹断裂而引发的机组爆裂事故（损失约 50 亿日元）[8]；美国 Cumber Land 的 1300MW 汽轮机组超临界工作因疲劳裂纹被迫报废更换转子[8]。

2009 年，我国某重型燃气轮机转子因三级轮盘沉孔裂纹（如图 1-2 所示）造成机组振动超标以致转子报废（损失逾数亿元）。2013 年，我国某发电公司汽轮机主油泵转子因轴径应力集中产生多处横向疲劳裂纹进而出现异常振动断裂事故[19]。2015 年，我国 20 世纪末投产的俄制汽轮机组因低压转子叶轮根部产生裂纹先后在多个电厂出现机组剧烈振动并引发断裂事故[18]。

统计资料[11] 显示：航空发动机故障 80%来自主转子系统且极易造成重大

图 1-2 某重型燃气轮机机组冷端螺母头沉孔裂纹

飞行事故。国产涡喷六型发动机曾多次发生涡轮轴盘根横向裂纹导致折断的严重事故[9,10]，苏联图-154飞机所用ALⅡ-30π发动机低压压气机主轴亦曾多次折断，造成重大损失[12]。

此外，离心压缩机转子系统中也多次出现预紧拉杆螺栓断裂[13]，盘根处扭转疲劳裂纹断裂[13]，转轴变径处弯曲疲劳断裂造成机组发生严重损坏[15]。

因转子裂纹引发的众多重大事故可谓触目惊心，其中横向裂纹故障极为突出，沿用传统裂纹转子动力学研究中局部刚度降低这一理论已难以阐释实际中此类复杂转子系统的剧烈振动现象，对于盘式拉杆组合转子系统，因其大预紧装配环境及其复杂的结构特点，裂纹的出现不仅导致局部刚度降低，其还对转子系统的应力及整体形态造成影响，裂纹引发的转动效应使转子系统动力学参数具有鲜明的时变特性，传统单盘或是多盘整体转子系统的动力学模型不仅无法充分反映此类复杂转子的典型结构特征，亦无法直接适用于此类复杂组合转子系统的动力学特性分析。

此外，值得关注的是：当盘式拉杆组合转子系统出现裂纹时，裂纹萌生、扩展、转轴完全断裂整个过程中形态演变复杂且与系统动力学特性相互耦合，裂纹对系统动力学特性的影响机制亦更为复杂；而截至目前无论是一维还是三维角度，直接瞄向含裂纹故障的复杂拉杆组合转子系统动力学建模技术、非线性动力学特性分析方法的相关研究均较缺乏。因此，针对拉杆组合转子轴承系统，开展含裂纹故障的拉杆组合转子轴承系统动力学研究，特别是非线性动力学问题，对于丰富此类故障转子系统的基础理论，探究此类裂纹故障转子系统动力学建模技术，发展适用于此类复杂拉杆组合转子系统的非线性动力学特性分析方法，揭示此类裂纹故障复杂组合转子系统的动力学规律等皆具有重要的理论价值；其也将为此类复杂组合转子的设计制造提供参考，对此类复杂组合转子系统裂纹重大事故的预警及监测，相关动力设备的安全运行、稳定工作具有直接而重要的现实意义。

1.3 一般整体转子轴承系统结构特点

整体转子轴承系统是指由整体锻造或焊接（如图1-3所示）等工艺制成的一体化转子和支承轴承组成的整体结构形式的转子系统。整体锻造转子由单一坯料锻造而成，其叶轮、轴封套、联轴器等部件与主轴由一个整体锻件加工而成，无热套部件，无组合式连接面，无中心孔。焊接转子是将多级叶轮轮盘及两端轴段通过精密焊接组合在一起形成的转子系统，其不存在松动，也没有中心孔。

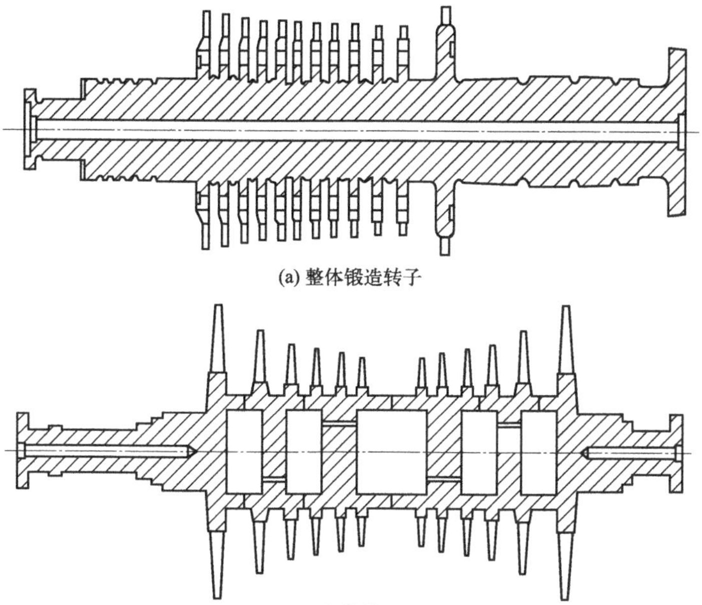

(a) 整体锻造转子

(b) 焊接转子

图 1-3　一般整体结构的转子

此类转子系统结构紧凑、不易松动，强度大，整体刚度高，因此转子质量分布均匀，适合在高转速、大载荷工况下运行，常用于高压汽轮机或低压转子、航空发动机等对转子刚度要求高的场景。

对于锻造转子，其制造需依赖大型锻造设备，一旦局部损坏需整体更换，且维修时需整体拆卸，对安装精度要求严格，更换轴承部件时需同步检查转子轴颈表面状态，确保配合精度。

此类转子系统特点主要体现在转子与轴承的整体性设计、力学性能匹配及系统集成性上，动力学分析中常等效为单盘或多盘集中质量转子系统，处理方法类似 Jeffcott 转子系统。比较有代表性的转子系统如阿尔斯通的 GT26 及 GT36 型燃气轮机转子系统，其对焊接技术的精密程度要求极高。

1.4　拉杆组合转子轴承系统结构特点

1.4.1　中心拉杆组合转子结构特点

组合转子轴承系统广泛应用于航空航天、舰船动力、能源电力等重大装备领域。拉杆组合转子轴承系统主要通过中心拉杆或周向分布式拉杆将轮盘或端轴通过长拉杆或螺栓预紧装配而成，同时形成了大量的接触界面，并通过轮盘之间界面传递扭矩。因其组合式的结构使系统呈现非连续性。按转子的结构形式主要分为中心拉杆转子和周向拉杆转子两类。中心拉杆转子常由一根中心拉杆将压气机轮盘、透平轮盘、前后末端轴头、用于传扭的中空轴串联起来，在中心拉杆两端用大螺母予以锁紧，其一般具有如下三种传扭方案。

第一种方案：在压紧端面处有轴向销钉，转子靠轴向销钉与压紧面摩擦力共同传扭，各轮盘之间靠位于压紧端面处内表面的止口对中。

第二种方案：在叶根底部两轮盘压紧端面处装有骑缝径向销钉，销钉中心线在压紧面上，转子靠销钉传扭，各轮盘之间依靠位于轮盘中心处的止口对中。

第三种方案：端面齿式转子，它在压紧面处加工有端面齿，两轮盘之间在端面齿处被压紧咬合，以此种方式进行对中和传扭，无需定位止口。端面齿的好处是轮盘之间可以相互滑动，减少因热膨胀引起的轮盘相互作用力。端面齿与中心拉杆配合具有加工方便的优点，但端面齿要求加工精度较高。

采用此类中心拉杆形式的燃气轮机转子系统的机组如西门子 SGT5-8000H H 级重型燃气轮机和 SGT5-4000F F 级燃气轮机，如图 1-4(a) 所示，其转子的主要结构如图 1-4(b) 所示。

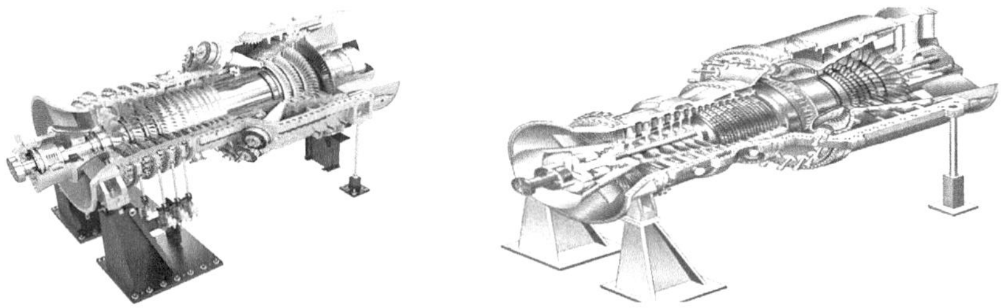

(a) 西门子SGT5-8000H H级重型燃气轮机和SGT5-4000F F级燃气轮机

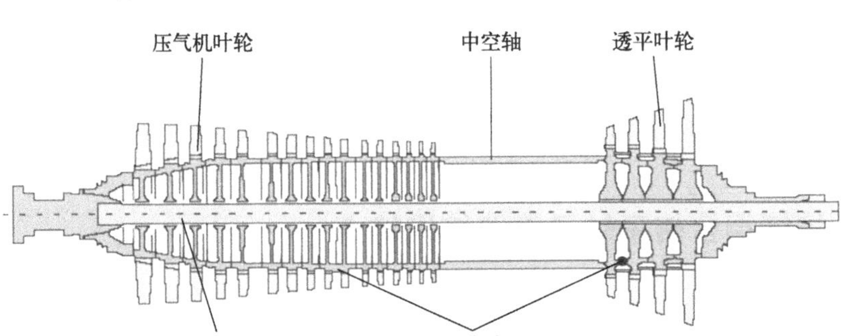

(b) 中心拉杆组合转子系统

图 1-4　中心拉杆组合转子

1.4.2 周向均布拉杆组合转子结构特点

与中心拉杆转子只有一个拉杆的结构不同，周向均布拉杆转子系统由多根直径较小、重量较轻的长（短）拉杆螺栓将多级轮盘串联在一起，这些拉杆螺栓均匀地分布在轮盘同一半径圆周上，拉杆多位于轮盘压紧断面处，轮盘和轮盘之间靠压紧端面的摩擦力以及拉杆的剪切力传扭，轮盘与轮盘之间存在止口结构，用于限制轮盘之间发生横向位移错位，其主要结构如图 1-5 所示，通用电气 PG9351（FA）F 级重型燃气轮机和三菱 M701F 级重型燃气轮机主要采用这种结构形式的组合转子系统。

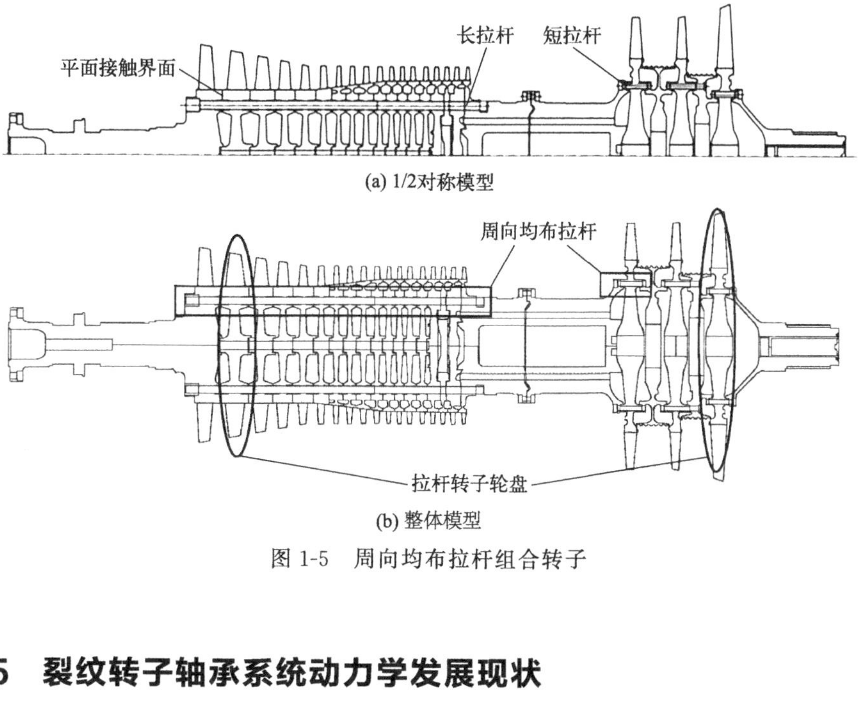

(a) 1/2对称模型

(b) 整体模型

图 1-5 周向均布拉杆组合转子

1.5 裂纹转子轴承系统动力学发展现状

1.5.1 含裂纹故障的一般整体转子系统动力学特性

20 世纪 50 年代开始，欧美、日本等发达国家先后出现多起汽轮机组转子裂纹引发的重大生产事故[5,20-22]，为了预防及诊断裂纹转子系统的振动，裂纹转子动力学相关研究在 20 世纪 70 年代后期逐步开展[22] 起来。1976 年，Gash[23]、Henry 和 Okah-Avae[24]、Mayes[1] 等人开始探究裂纹带来的局部刚度非线性对转子系统振动特性的影响情况。此后，以经典 Jeffcott 转子模型（如

图 1-6 所示）为代表的裂纹转子动力学研究不断推陈出新，在裂纹转子刚度求解，裂纹开闭形式的模拟，裂纹转子系统的线性或非线性动力学特性的求解及分析方法，裂纹故障转子系统试验、监测与识别技术等方面开展了大量的工作。

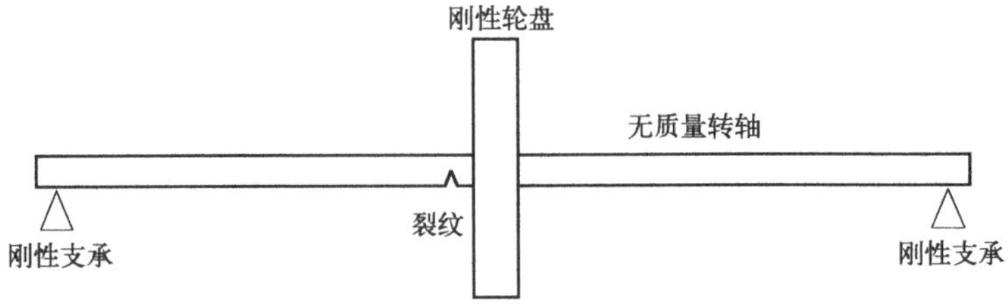

图 1-6 Jeffcott 转子模型

在裂纹刚度计算方面，主要以圣维南原理[25,26] 载荷空间分布的近场效应为假设前提，通过裂纹局部柔性来度量裂纹动力学影响，其具体处理方法主要有局部刚度假定法[27-38]，应力强度因子法[39-50]，截面惯性矩[51-54]、中性轴偏移[55-62]、有限元相结合法[51-62] 等典型方法；在此基础上借助不同的函数关系来模拟裂纹开闭[51,63-77] 或呼吸效应[49,59,61,71,78-110]，从而建立含有裂纹故障的转子轴承系统动力学模型，并探究相应转子系统的动力学特性。转子裂纹动力学的探究一般聚焦于横向直裂纹、斜裂纹、多裂纹及耦合裂纹故障模型。

1.5.1.1 横向直裂纹、斜裂纹、多裂纹及耦合裂纹动力学特性

大量转子裂纹产生转轴断裂引发的事故多为横向裂纹引起的，对于横向裂纹的转子系统动力学特性的研究一直以来都是聚焦点和重点，而目前含有横向裂纹转子动力学行为的相关研究主要围绕横向直裂纹（裂纹的断裂截面常与旋转轴的轴线垂直）和斜裂纹（裂纹的断裂截面常与旋转轴的轴线形成一定的夹角，如30°、45°、60°等典型角度）开展裂纹转子系统方程的构建、系统动力学求解方法、动力学特性分析、非线性稳定性及分叉特性等方面的研究，也有部分研究者聚焦多裂纹及耦合裂纹故障的转子系统动力学特性。

(1) 横向直裂纹转子系统动力学特性

Grabowski[108] 以 Jeffcott 转子模型为例，将转子裂纹视为具有一定宽度和深度的缺口或缝隙（gaping crack），考察了裂纹转子系统的振动特性，其结果显示：裂纹转子系统振动行为的增加是被裂纹激发而非不平衡量；同时利用弹簧铰链模拟裂纹的开闭，并指出当重力相对于拉压应力处于主导作用时，裂纹的开闭主要受重力的影响[111]。

Murphy 和 Zhang[112] 基于哈密顿原理和断裂力学理论建立了具有裂纹且两

端固支条件下的梁轴系统动力学方程，采用梁所受到的弯矩和轴向力来定量表征裂纹开闭状态，并研究了此模型下系统的振动和稳定性。Darpe 等人[91] 分别对开裂纹、开闭裂纹（脉冲函数模拟开闭）、呼吸裂纹三种情况下的 Jeffcott 转子系统进行了瞬态响应分析，分析显示三种裂纹转子系统都存在次谐波共振现象；与竖直方向瞬态响应相比，水平振动方向的高次谐波成分更为突出。

Papadopoulos 和 Dimarogonas[43] 基于断裂力学应力强度因子法和应变能函数建立六阶裂纹局部柔性方阵，研究了含开裂纹单盘转子系统在自由和强迫振动两种情况下的系统振动特性。Giannopopulos 等人[78] 建立了含裂纹转轴三维有限元模型，利用接触关系模拟裂纹开闭，研究了弯曲和扭转载荷条件下裂纹局部柔度的演变规律。

Silani 等人[92] 利用应力强度因子法和应变能能量释放率函数，推导了开裂纹转轴系统的 4 自由度裂纹单元局部柔度矩阵，并获得了开裂纹转子系统刚度模型，对于横向呼吸裂纹，根据每一个转动位置下弯矩和剪切力来确定相应的应力强度因子，进而获得系统柔度矩阵及刚度矩阵，其研究表明系统瞬时响应的短时傅里叶变换可以作为裂纹存在的判断依据。Zhang 和 Li[49] 根据第一应力强度因子和应变能释放率函数建立了 6 自由度耦合裂纹转子动力学系统。

Huang 等人[50] 基于应力强度因子方法建立了裂纹轴段局部柔性矩阵及其系统运动方程，动力学分析结果表明裂纹会引起系统振动幅值增大，会激发系统的 1X 和 2X 频谱成分。Spagnol 等人[57] 利用一维有限元理论，建立了含裂纹单元的转子系统方程，主要考察了不平衡角度和大小对裂纹转子系统呼吸效应的影响情况（排除重力占优影响），研究显示当不平衡量较大且位于 180°位置时，呼吸裂纹转子系统在 1/3 临界、1/2 临界转速时，2X 和 3X 谐频振动成分消失。

Fu 等人[70,113] 针对含开裂纹的滑动轴承支承的双盘空心结构转子系统，将转轴局部裂纹视为一有限元单元，通过截面惯性矩、中性轴偏移、有限元相结合法获得了裂纹单元刚度矩阵，利用谐波平衡方法求解了系统方程，通过不确定因素方法研究了裂纹转子系统的动力学特性及非线性动力学特性，利用切比雪夫替代模型研究了系统的参数不确定性对系统非线性动力学特性的影响。

Arem 等人[87] 从弹性能量守恒角度提出了一种可以表征转轴裂纹局部柔度的函数，并通过三维有限元模型计算验证了这一方法的有效性。Al-Shudeifat 和 Butcher[61] 给出了两新拟合函数模拟裂纹呼吸效应，利用截面惯性矩、中性轴偏移、有限元相结合法建立了含裂纹单元时变刚度矩阵，基于提出的动力学模型研究发现含裂纹的双盘转子系统的次临界和临界振动特性；其利用谐波平衡技术求解了系统方程，基于获得的尺寸影响系数矩阵来判定系统的稳定性[114]。

Rubio 等人[79] 针对目前相关研究中主要采用半圆形的裂纹截面，给出了椭圆形裂纹截面的应力强度因子，此法为进一步探究具有复杂形状的裂纹截面的转子系统动力学特性提供了基础。Sinou 和 Lee[53] 根据裂纹截面惯性矩变化（但并未考虑中性轴和形心偏移），结合有限元方法推导了裂纹单元的刚度矩阵，通过余弦波函数表征裂纹开闭，建立了两端固支双盘裂纹转子系统有限元模型，考察了裂纹位置和深度对转子固有频率的影响情况，利用频域时域转变法和路径追踪技术研究系统的非线性响应；利用相同的裂纹转子模型，Sinou[115] 在考察裂纹对非线性转子系统稳定性的研究中，利用谐波平衡法和路径追踪技术分析了裂纹位置和深度对系统非线性动力学特性的影响情况，研究结果显示随着裂纹深度的增加，系统的不稳定系会增加，裂纹深度和位置对系统非线性和动力不稳定性区域均会产生影响。

Hosani 等人[55,56] 根据裂纹截面惯性矩的变化、形心的偏移，结合有限元单元刚度的形成方法，提出了裂纹有限元单元时变刚度矩阵，分析了裂纹和不平衡力位置角对系统临界转速时振动幅值的影响。程礼[90,99] 和李宁[97] 以单盘转子系统为例，研究了裂纹开闭引起的非线性呼吸效应对转子临界转速的影响，结果表明不平衡量方位角对临界转速有较大影响，呼吸效应在临界转速附近逐渐减弱，仅根据临界转速微小变化无法判断转子是否存在裂纹。

Serier 等人[105] 利用实验设计方法研究了转子转速、长度、直径对裂纹呼吸效应和裂纹扩展的影响情况，为研究裂纹转子系统动力学特性提供了经济便利的方法。Peng 等人[116] 以 Jeffcott 转子为例，利用拉格朗日原则建立含开裂纹和动静态阻尼效应的系统方程，基于根轨法对含静态阻尼和各向异性的转动阻尼效应的开裂纹转子系统的稳定性进行了分析；在后续的研究中，Peng 和 He[117] 基于根轨法对含转动阻尼效应的呼吸裂纹转子系统的稳定性进行了分析，并研究了裂纹位置对含有呼吸裂纹转子系统涡动轨迹的影响，通过稳定性分析发现裂纹位置对一阶复模态涡动没有影响，同时对次临界和临界共振区域的稳定性影响较小，在一定的裂纹位置下，系统超临界不稳定性受转动阻尼影响最为突出。Chen 等人[47] 从能量守恒角度出发，建立了含呼吸效应裂纹的黏弹性支承单盘转子系统非线性动力学控制方程，采用谐波平衡法分析了裂纹深度、裂纹位置、轮盘位置、转速等对系统非线性动力学特性的影响，研究显示裂纹会使转子系统产生附加位移，当相对裂纹深度小于 0.5 时，裂纹深度对一次谐响应振动幅值有显著的影响。Guo 等人[59] 以含横向裂纹的 Jeffcott 转子系统为例，利用 Al-Shudeifat 和 Butcher[61] 提出的两新拟合函数表征裂纹截面惯性矩的变化，进而模拟裂纹呼吸效应，给出了裂纹系统刚度模型，采用 Floquet 理论研究了系统的稳定性，给出了裂纹转子系统在复平面内的特征值，研究显示当转子转速接近转子临界转速的整分数或者整数倍时，会出现不稳定区域，且在某些不稳定区域会出现分叉现象，此外阻尼对不稳定区域的结构有显著影响。

Varney 和 Green[71] 针对一端支承的悬臂转子系统出现开裂纹和呼吸裂纹情况下的系统进行了 Floquet 稳定系分析，分析结果表明在低转速、低黏弹性阻尼比、深裂纹的情况即可出现不稳定现象，同样裂纹深度，呼吸裂纹转子系统不稳定区域大于开裂转子系统；对于开裂纹，即使裂纹较浅也会产生不稳定现象。Zheng 等人[86] 通过含裂纹界面上节点间的非线性接触力来模拟裂纹的呼吸效应（忽略界面摩擦效应），且接触节点的惩罚函数按照节点的密度来调整，利用三维有限元的方法建立了含裂纹双盘轴承支承转子系统非线性动力学方程，利用多谐波平衡法和弧长法求解了系统的稳态响应。Lu 等人[85] 针对含有中介轴承的双转子系统中空心转子上出现横向裂纹的复杂转子系统，基于截面惯性变化和有限元方法获得了裂纹单元的刚度矩阵，建立了一维含裂纹有限元系统方程，采用谐波平衡法分析了系统的非线性动力响应，其分析结果表明，当相应转子系统出现裂纹时二次、三次或高次谐波成分将会出现，且当转速处于 1/2、1/3、1/4 的一阶临界转速时将出现高次谐波共振峰点。为了定性反映裂纹萌生对转子系统稳态振动效应的影响，Arem 和 Nguyen[84] 提出了一种由柔性弹簧连接两刚性杆构成且具有鲁棒性的裂纹转子动力学模型，利用谐波平衡法和直接数值积分方法研究系统的非线性动力学特性。

Palacios-Pineda 等人[35] 基于含余弦波呼吸裂纹的 Jeffcott 转子模型，利用龙格-库塔积分法研究了靠近共振频率附近突加谐振激励（过冲激励）裂纹转子系统的瞬态响应，采用李雅普诺夫指数研究了裂纹对转子系统的非线性动力学特性的影响情况，过冲激励和李雅普诺夫指数对裂纹转子系统的监测和诊断有着重要作用。

Ahmed 等人[118] 针对偏置轮盘的 Jeffcott 类型且含横向裂纹的柔性转子系统进行了稳定性分析，分析表明当裂纹达到一定深度，系统的不稳定区域将大幅增加。AL-Shudeifat[60] 指出重型水平转子系统在短期运行后，若出现裂纹主要为开裂纹而非呼吸裂纹，为此其以开裂纹为例，基于裂纹单元截面惯性矩的变化及形心偏移情况，推导了裂纹单元有限刚度矩阵，建立了一维含横向开裂纹的双盘轴承转子系统有限元动力学模型，其动力学特性分析及实验研究显示前亚临界转速下的涡动轨迹特征可以用于区分开裂纹和呼吸裂纹。

Nagata 和 Inoue[72,73] 针对含横向开裂纹的三盘滚动轴承支承转子系统，采用有限元方法，以施加谐响应激励和调整支承不同方向刚度的方式研究了系统的振动特性，通过实验与理论的对比，定性验证了开裂纹转子的振动特性和理论计算方法的有效性。Yao 等人[63] 针对同时具有各向异性支承刚度和横向开裂纹的单盘转子系统，建立了一维有限元系统方程，并根据有限元系统方程推导了用于检测开裂纹的系统传递函数，对系统的频率响应特性进行了分析。Gayen 等人[80,81,119] 以具有温度依赖性的梯度功能材料所形成的双盘多裂纹转子为研究对象，考虑了横向裂纹的余弦波呼吸效应，采用帕里斯方程和卡式定理推导了裂纹单元局部柔性系数，利用一维两节点八自由度铁木辛柯梁单元建立了具有梯度功能材料属性和呼吸裂纹的转子轴承系统动力学方程，分析结果表明，系统基础频率特性、临界转速、稳定性受到裂纹形状尺寸、梯度功能材料功率梯度指数的影响，合理的功率梯度指数选取有益于梯度功能材料轴破坏疲劳设计。

相比于横向裂纹转子系统，部分学者对斜裂纹转子和多裂纹转子系统动力学特性也产生了兴趣，但相关研究相对较少。

(2) 斜裂纹转子系统动力学特性

Darpe[44]、Sekhar 和 Prasad[120] 等人较早开始关注斜裂纹转子系统（如图 1-7 所示）的动力学特性。Sekhar 和 Prasad[120] 针对扭转作用下的含有斜裂纹的单盘转子系统，基于断裂力学应力强度因子理论推导了裂纹单元柔性矩阵及刚度矩阵，采用一维有限元方法建立了含斜裂纹的转子轴承系统方程，其研究显示斜裂纹转子系统稳态响应具有与扭转频率相对应的次谐波分量；Sekhar 等人[121] 在进一步对比横向呼吸裂纹（直裂纹）与斜裂纹转子系统动力学特性的异同中发现：横向直裂纹对机械阻尼振动响应更为敏感且稳态响应主要表现为转速的 1X、2X、3X 倍频率成分，斜裂纹对特征频率的影响较小且其主要表现为与扭转频率相对应的次谐波和超谐波频率成分。Darpe[44,122] 以 Jeffcott 转子系统为例，采用与 Sekhar 和 Prasad 相同的方法，进一步深入研究了考虑呼吸效应下的横向直裂纹和斜裂纹转子系统的动力响应特性以及弯曲和扭转耦合振动特性。

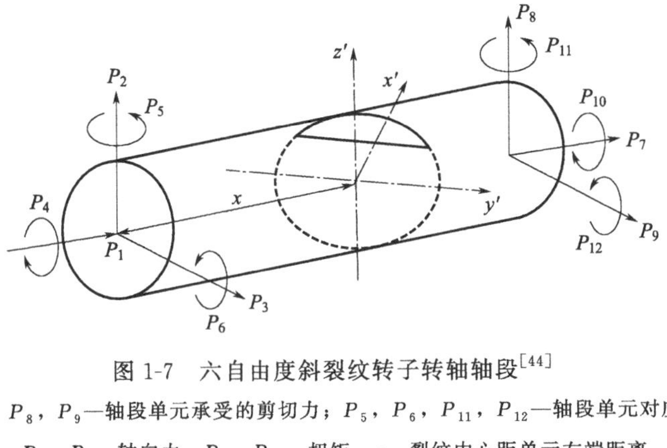

图 1-7　六自由度斜裂纹转子转轴轴段[44]

P_2，P_3，P_8，P_9—轴段单元承受的剪切力；P_5，P_6，P_{11}，P_{12}—轴段单元对应的弯矩；

P_1，P_7—轴向力；P_4，P_{10}—扭矩；x—裂纹中心距单元左端距离

Bachschmid 等人[89] 利用三维有限元仿真技术建立了 3D 斜裂纹和螺旋裂纹的有限元模型并进行了相应的应力应变分析，考察了全载荷和扭转载荷下两种裂纹对转子系统变形的影响情况。

Lin 和 Chu[42,123,124] 针对斜裂纹 Jeffcott 转子系统，利用应力强度因子法推导了裂纹局部柔性矩阵及刚度矩阵，研究了不同角度的斜裂纹对转子系统动力学特性的影响和弯曲扭转耦合激励下裂纹转子系统的动力学特性，研究表明纵向的振动频率可以作为探测斜裂纹存在与否的重要参考依据。Han 等人[125] 以偏置齿轮传动双转子系统为例，研究了系统中某一转子含斜裂纹时在扭转和无扭转激励的稳态响应特性，结果显示扭转激励对斜裂纹转子的强迫振动响应特性有重要的影响。

Lu 等人[64] 针对含有斜裂纹的滚动轴承支承的单盘转子系统，根据斜裂纹前缘闭合线的位置变化来表征裂纹的呼吸效应，采用应力强度因子法推导裂纹单元矩阵并建立含裂纹转子系统的动力学方程，利用 Newmark 方法求解系统模型，考察了静态扭矩和周期扭转激励下裂纹对系统稳态响应的影响，研究表明静态扭矩会使裂纹深度进一步增加，系统非线性特性更为明显，横向扭转频率成分的出现可作为斜裂纹出现的重要参考依据。Liu 和 Jiang[126] 采用 Jeffcott 转子系统，通过实验的方法分析了扭转激励下含有横向直裂纹和斜裂纹的转子系统的动力学特性，结果表明相对于横向直裂纹，斜裂纹转子系统表现更突出的振动波动，但振动基础频率和谐响应成分相对较低。

Mobarak 等人[83] 针对双盘轴承支承斜裂纹转子系统，采用三维有限元工具 Abaqus 建立斜裂纹模型，通过斜裂纹的实际转动位置角来反映斜裂纹的开闭状态（而非重力效应占优导致的裂纹呼吸效应），考察了重力和不平衡力影响下斜裂纹转子系统的静态特性，结果显示裂纹位置角及部分轴向位置点影响其开闭情况，在进行斜裂纹转子系统动力响应分析时需要综合考虑转子结构物理参数和不平衡力的影响。

(3) 多裂纹或裂纹耦合故障转子动力学特性

在实际的裂纹事故中，常常出现多裂纹或者裂纹与其他故障耦合的情况，与单一的横向直裂纹或斜裂纹相比，其动力学特性更加复杂，部分研究学者对这类耦合故障转子系统开展了相应的研究，所涉及的主要内容与横向直（斜）裂纹基本一致。

温诗铸和郭丹[127]、Darpe 等人[128] 基于断裂力学理论应力强度因子法推导双裂纹（如图 1-8 所示，$Q_{\xi1}$ 和 $Q_{\eta1}$，$Q_{\xi2}$ 和 $Q_{\eta2}$ 分别为 ξ_1-η_1、ξ_2-η_2 坐标系上的正交作用力分量）局部柔性矩阵及刚度矩阵，建立含双裂纹的转子轴承系统模型，研究了双裂纹及其相互之间的角度对系统振动特性及非线性动力学特性的影响，研究结果表明，两裂纹之间的位置角度相互关系直接影响系统的刚度和对称性，对系统的振动特性有明显影响，与单一横向裂纹相比，双裂纹系统倍频成分依旧存在，且纵向、横向、扭转振动中的谐波成分和轴心涡动轨迹均会发生改变。陈铁峰等[129] 利用有限元法和实验对含双裂纹转子系统的振动特性进行研究，得出了和上述基本一致的结论。

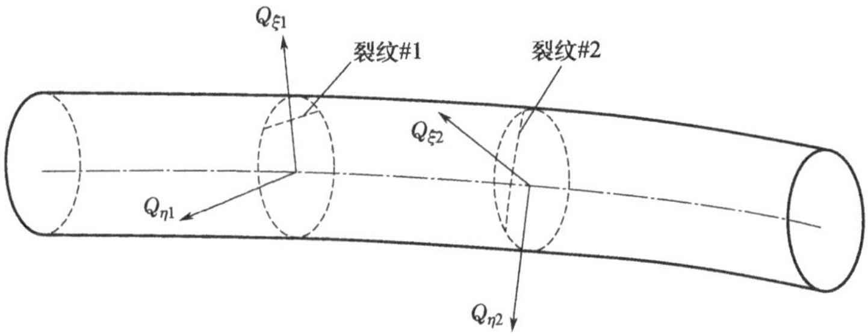

图 1-8　双裂纹转子系统轴段模型[128]

Nejad 等人[130] 以含双裂纹的瑞利梁轴为例，通过提出的解析估算法（其以一种新的多项式函数反映裂纹的影响以及裂纹梁的模态）研究双裂纹对转轴固有频率及模态特性的影响情况。

Jain[131] 通过实验的方法研究双裂纹对转子系统刚度和固有频率的影响情况。

Parhi 和 Yadao[132] 针对含多裂纹的悬臂结构转子部分在黏性介质阻力（悬臂远端部分盘轴受到黏性流体作用力）作用下的系统，采用 Navier-Stoke's 理论表达流体力，由应力强度因子法获得裂纹轴段局部柔性系数及刚度，基于影响系数法建立了对应的系统方程，动力学行为分析显示多裂纹降低了转子系统的固有频率，黏性介质力对系统的固有频率和振幅产生影响。

Rakheja[133] 以双裂纹刚性短轴承支承单盘转子系统为例，基于余弦波呼吸模型提出了新的裂纹开闭拟合函数，建立了双裂纹转子系统一维有限元非线性动力学方程，采用改进的谐波平衡法分析系统的振动特性和裂纹参数对系统动力响应的影响情况，分析结果显示，与第二裂纹相对位置对转子轴心轨迹的影响相比，第二裂纹的存在对系统临界转速的改变更为突出。

Jadhav 等人[134] 利用三维有限元分析工具 CATIA，分析了不同深度下的双裂纹转子的一阶和二阶模态及应力应变情况。

Xiang 等人[28,37,38,135] 将裂纹和转子碰摩故障相结合，以 Jeffcott 转子模型为基础，利用拉格朗日原则构建系统动力学方程，分别研究了含裂纹，含裂纹和碰摩故障，含裂纹故障和轴承非线性油膜力，含裂纹、碰摩故障、非线性油膜力四种情况下裂纹转子系统的涡动轨迹演变规律和分叉特性，其结论显示系统 2X 和高次谐波频率成分是判断裂纹和碰摩故障的重要依据，亚临界附近的涡动轨迹形态可以用于诊断裂纹故障；对裂纹和碰摩故障共存下的非线性油膜力轴承转子系统非线性分析表明，裂纹深度和静子刚度对耦合故障系统的振动和不稳定性影响显著，在高转速区域，耦合故障系统表现出了非常强烈的非线性和不稳定性特性[37,136]。

Vashisht 和 Peng[36] 针对裂纹和碰摩耦合故障下类 Jeffcott 转子的非线性油膜力轴承转子系统，采用基于振动响应的短时傅里叶变换故障诊断技术分析了系统的瞬时响应特性，其分析结果显示在惯性运行过程中，高次谐波频率会被耦合故障激起，但在竖直方向频谱图中裂纹故障引起的高次谐波频率出现时间明显早于碰摩故障。

1.5.1.2 裂纹故障转子系统实验、监测与识别技术

针对特定的裂纹转子系统，很多研究学者都给出了相应的实验，相关实验主要以反映振动幅值、涡动轨迹、临界转速、固有频率、瞬时响应等振动特性为主，且多为定性反映相关动力学特性；而裂纹转子系统的监测和裂纹识别技术一直以来是裂纹故障诊断的难点和重点所在，实际监测传感器位点的相对确定和裂纹实际位置的不确定性使对裂纹故障位点的探测更为困难，定量诊断出裂纹深度亦非易事，这也使相关诊断识别技术各有特色，目前尚无广泛适用的诊断识别技术。

Darpe[137] 通过对单盘转子系统施加轴向周期激振力的方式，考察了含裂纹和无裂纹转子系统的横向和纵向振动特性，轴向激振力下裂纹系统弯曲固有频率突出。

Zhou 等人[138] 以含裂纹单盘转子系统为例，采用三点弯曲疲劳方法在疲劳试验机加工裂纹，主要考察了裂纹系统的轴心涡动轨迹和频谱特性，实验发现靠近轴承位置振动信号 2X 或高阶频率成分比较突出，倍周期涡动形态。

Guo 等人[139] 通过实验考察了具有呼吸裂纹的 Jeffcott 转子系统跨越整分数倍亚临界转速时的振动特性，在亚临界转速上，裂纹系统呈现 2X、3X、4X、5X 倍频特性以及涡动轨迹的变化。Inoue[140] 以三盘轴承转子系统为实验对象，获得了不同深度裂纹的转子系统的固有频率和共振曲线。为了进行非破坏性的裂纹探测，Sinou[141] 针对横向裂纹转子系统进行非线性响应分析，考察了不同裂纹深度下在亚临界共振点处 n 次超谐波频率成分的演变情况。

Lin 和 Chu[124] 为了研究斜裂纹柔性振动特性，自行设计扭振激励装置，实验发现扭振激励下扭转频率和工频成分表现突出，而相同条件对于直裂纹相应频

率几乎没有。Li 等人[142] 对含转轴裂纹的双盘转子系统动力学特性进行实验，实验表明裂纹的存在对油膜涡动产生扰动，随着裂纹深度的增加不稳定转速逐渐增加，但并未改变不稳定的类型。

AL-Shudeifat[143] 针对含裂纹双盘转子系统振动特性进行实验，研究显示呼吸裂纹转子系统所表现出的特有涡动轨迹演化规律可以作为呼吸裂纹故障的重要信号。Kumar 等人[144] 利用有限元软件对含裂纹转子系统进行谐响应分析和实验，均显示当裂纹深度达到一定程度，裂纹的存在造成转子变形和振动特性的变化。Xie 等人[145] 针对含裂纹 Jeffcott 转子系统在瞬时扰动情况下的振动特性开展了相关理论和实验研究，给出了一种调制频率特性的处理方法，并基于调制频率幅值比定性判断裂纹损伤的严重程度。

Ameyaw[146] 根据对振动信号的监测及分析，研究了滚动轴承支承含裂纹旋转轴转子系统振动特性，其通过实际实验、有限元数值仿真、理论计算，比较裂纹和无裂纹系统在转轴刚性、基础振动加速度、固有频率等振动特性的异同，来识别裂纹故障。

Rahman 等人[77] 在 Bentley Nevada RK4 Rotor Kit 单盘滑动轴承支承转子系统上，利用 CNC 工艺加工 0.2mm 及 1mm 宽度的不同深度的裂纹，采用加速度频响函数法，借助相频图和奈奎斯特图，通过裂纹转子系统相位变化实现探测裂纹，其探测方法显示，较小的特征向量的相位变化非常清楚，一阶模态有助于裂纹位置的识别。

Gómez 等人[147] 基于小波包变换对频率能量信息的计算来识别 Jeffcott 转子系统的裂纹振动行为，当裂纹出现时频带在能量上巨大变化，特别是 3X 能量成分信息可作为裂纹存在的重要提示，并以实验验证了这一方法的有效性；Shah 和 Vakharia 等人[148] 采用类似的小波包变换能量法及实验研究了裂纹转子系统在稳态和临界瞬时响应下的动力学行为。

为了识别裂纹深度等参数，Lin[48] 以阶梯梁裂纹识别为例，提出了一种逆频率响应函数敏感数值方法；其后，Lin 和 Ng[107] 以悬臂梁裂纹为例，利用二阶频率响应函数识别裂纹，相关研究为实际转子系统裂纹探测提供理论基础。

Sekhar[120] 以含双裂纹的双盘轴承支承转子系统为研究对象，通过在相应的无裂纹转子系统上对应位点添加摩擦力和力矩，间接反映与之相应的裂纹系统动力学特性，这种方法对于裂纹位置的识别较为有效。Singh 和 Tiwari[29,149] 在初期对裂纹轴的探测识别上，对静态裂纹轴施加轴向正弦激励，利用对转轴横向变形的二次多项式拟合曲线的斜率不连续来识别裂纹及其轴向大体位置，相关研究对裂纹转子系统的裂纹识别有一定借鉴意义；后续的研究中，他们通过在现有裂纹转子轴承系统上增加辅助主动电磁轴承方式[150]，利用全功率谱响应方式进行裂纹响应识别。Lu 等人[82] 基于对动力响应进行奇异值分解方法，探测裂纹所引导的在频域内的超谐波反射形态的扰动特性，从而确定阶梯轴转子系统呼吸裂纹所处的位置。Guo 等人[106] 以 Jeffcott 裂纹转子为例，采用经验模态分解方法诊断裂纹转子系统的动力学特性，仿真结果表明，2X 和 3X 的超谐波频率成分可作为早期呼吸裂纹存在的识别标志。

Li 等人[151] 针对传统经验模态分解故障诊断技术处理多故障系统中高频成分的不足，提出基于微分的经验模态分解技术诊断裂纹与碰摩、裂纹与基础松动等裂纹耦合故障问题。Liu 等人[152] 提出了一种基于非线性输出频响函数和高阶谐响应的综合裂纹诊断方法，用于诊断双盘轴承支承转子系统裂纹故障特性，其主要通过对振动信号的处理获取非线性输出频响函数，利用非线性输出频响函数定性分析裂纹深度情况，并基于高阶谐波响应、动态柔性矩阵的裂纹位置指数来分析裂纹的位置。

Gradzki 等人[152] 针对具有裂纹的双盘转子系统，利用实测的振动响应的自相关函数和功率谱密度函数，发展了基于振幅平方增益的裂纹诊断方法，并通过有限元分析和实验验证了此方法的有效性，该方法无法实现裂纹位置和深度的探测。

针对传统傅里叶变换方法难以处理裂纹转子系统中的非线性和动态振动信号，Ren 等人[153] 综合小波尺度图重新分配法和 3D 频谱图来分析诊断裂纹转子的振动频率特性，并进行了相应的含裂纹单盘轴承支承转子系统故障诊断分析，分析结果显示，在裂纹具有一定深度情况下，裂纹转子系统表现出较为明显的倍频振动特性，此种方法难以对浅裂纹进行有效探测。Chandra 和 Sekhar[154] 采用时频技术分析识别裂纹转子系统启动时的振动故障特性，在分别利用短时傅里叶变换、连续小波变换、希尔伯特 Huang 变换三种信号处理方法对含裂纹、碰摩、不对中耦合故障系统进行诊断效率对比中发现，希尔伯特 Huang 变换处理时间最短，而小波变换方法在噪声数据处理方面较好。

Varney 和 Green[155] 以端部含有结构盘的悬臂梁裂纹转子系统为例，利用传递矩阵法对含有有限厚度的缺口型裂纹和无厚度的疲劳裂纹动力响应特性进行分析；基于振动监测，通过 2X 共振频率和角速度响应幅值的 2X 成分进行裂纹深度和位置识别，研究显示两种类型的裂纹均表现出了较为明显的 2X 频率共振现象。

1.5.2 含裂纹故障的盘式拉杆组合转子动力学特性

针对盘式拉杆复杂组合转子系统，目前相关研究主要以无裂纹转子系统为主，相关文献［156-168］从系统刚度构建，动力学系统模型，非线性动力学特性分析，耦合振动特性，动力学特性计算方法、接触界面对系统动力学特性的影响等方面进行了相关研究；而对于含裂纹故障的盘式拉杆组合转子系统动力学相关研究相对缺乏，这里做简要介绍。

徐文标等人[169]针对裂纹拉杆组合转子系统，主要分析了裂纹扩展的尺寸效应对拉杆裂纹应力强度因子和刚度的影响规律，通过预紧力的下降表征裂纹扩展，进而考察了裂纹对系统固有频率偏移现象的敏感性。

Liu 等人[170]以典型的周向均布拉杆组合转子系统为例，考察了轮盘加工误差（表面过切、夹杂微裂纹引起）对此类转子系统非线性动力学分叉特性和涡动轨迹的影响，相关研究为含裂纹故障复杂转子系统非线性动力学特性提供了一定的参考。

王艾伦等人[171]利用有限元方法对含有接触界面效应的裂纹拉杆组合转子的动力学进行分析，表明：裂纹的产生导致组合转子异常振动，随着时间推移以及拉杆、轮盘数目的增大，振动幅值逐渐增大，但其性能退化速率变慢。李雪鹏等人[172,173]研究了拉杆疲劳裂纹对系统性能退化的影响，研究显示组合转子局部结构的损伤将导致整体性能下降，拉杆裂纹的存在对组合转子的弯曲振动影响较大，而对扭转振动影响相对较小。

朱平平[174]通过三维有限元方法分析了 680 型燃气轮机裂纹拉杆组合转子轴系的振动特性，基于 Eshelby 等效夹杂理论，以相变夹杂等效表征裂纹尖端塑性变形区，获得了小范围内Ⅰ型裂纹尖端塑性区对裂纹尖端应力强度因子影响的近似解。史进渊[175]给出了核电汽轮机转子疲劳裂纹扩展寿命的计算和评定方法。

Chatterton 等人[176]通过实验对含呼吸裂纹的汽轮机转子系统在两种典型工况下（冷启动、热停机）振动特性进行了对比分析，研究显示两种情况下均表现出了较强的 1X、2X 倍频成分的振动，其中 2X 倍频成分可以作为裂纹扩展的一个重要特征。

Liu 和 Jiang[177]为分析 600MW 汽轮机转子系统中出现斜裂纹下的动力学特性，利用三维有限元仿真技术建立了斜裂纹模型，裂纹的开闭采用摄动拉格朗日法进行表征，考察了裂纹对系统横向、轴向、扭转振动响应情况，结果表明扭转激励下横向和扭转耦合振动频率是诊断斜裂纹的有效警示信号。为了尝试在实际工业应用中快速获取裂纹故障转子动力学特性，Dau 等人[178]基于一维和三维有限元方法的多尺度动力学模型，对裂纹转子系统所产生的损害给出了评估方法，但用于实际裂纹转子系统损伤评估尚需很多改进。

此外，对于此类复杂转子系统裂纹引发的数起事故调查及监测结果显示：振动异常、倍频特性是此类复杂组合转子系统出现裂纹故障后的重要动力学特性表现。诸如加拿大达林顿核电站 936MW 汽轮机组发生裂纹故障前后振动表现如图 1-9 所示[5]。

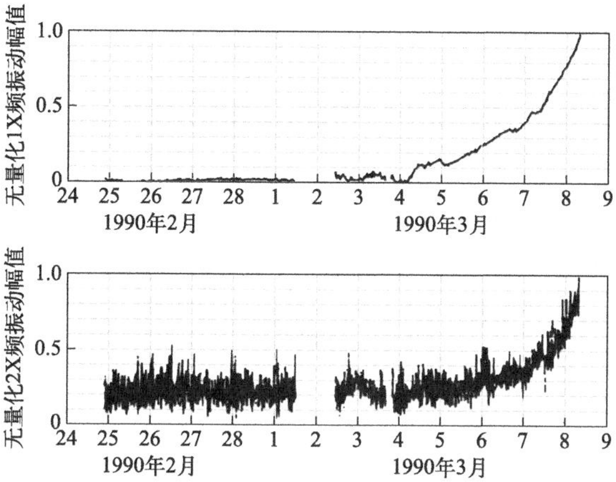

图 1-9 加拿大达林顿核电站汽轮机组 5 号轴承 1X 和 2X 振动[5]

2009 年，我国某重型燃气轮机转子轮盘裂纹造成机组振动超标，振动数据如图 1-10 所示。

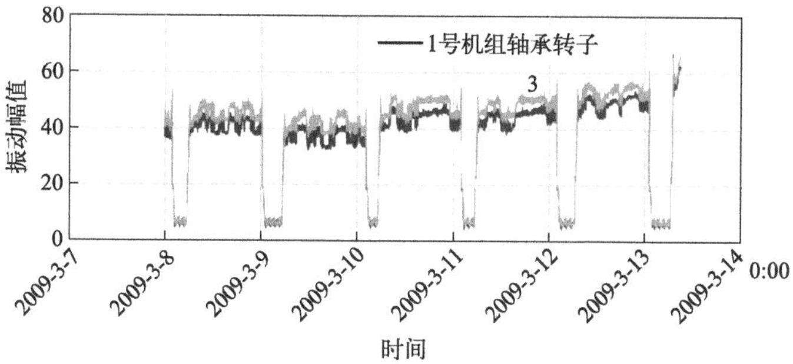

图 1-10 某机组重燃转子现场振动数据

2019 年，某电厂 GE 制造的 9E 型燃气轮机组法兰盘根部多条疲劳裂纹导致振动超标（如图 1-11 所示），且在动平衡、不对中、结构不对称等因素排除后依旧表现出突出的二倍频振动（如图 1-12 所示）[16]。

2019 年，某厂 300MW 亚临界汽轮机组高中压转子经动平衡后负载运行时，因高中压转子出现裂纹振动异常爬升且出现极为明显的二倍频振动，如图 1-13 和图 1-14 所示[17]。

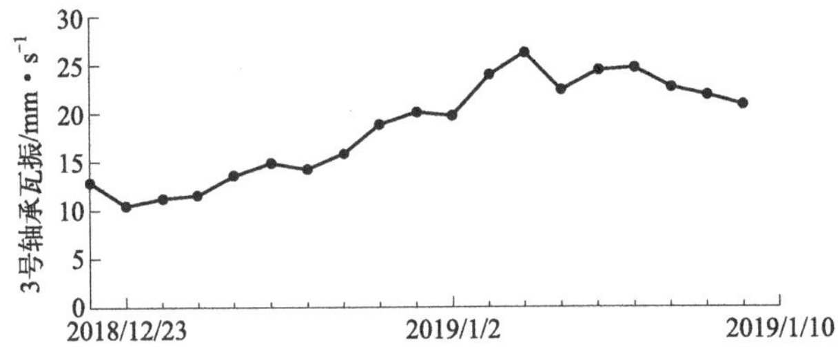

图 1-11　惰走过程中 3 号轴承瓦振最大值变化趋势[16]

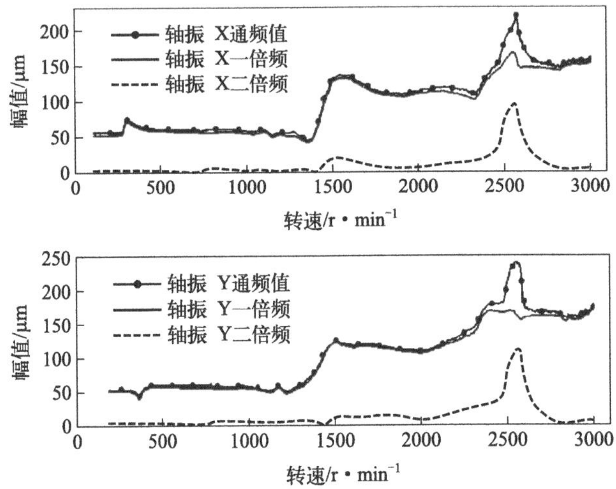

图 1-12　轴振惰走过程幅值变化[16]

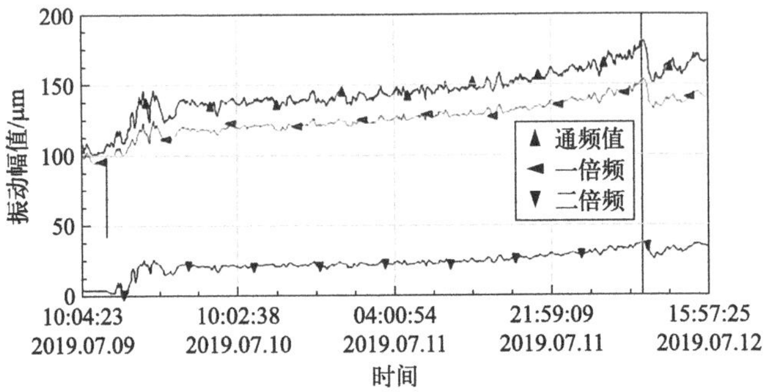

图 1-13　高中压转子负载运行振动趋势[17]

同样，另外几起汽轮机机组因裂纹引发异常振动，监测显示 2X 倍频振动分量极为突出，二倍频振动分量是转子异常振动并发生断裂的重要根源[16]。尽管异常振动及典型的倍频特性在实际转子断裂事故中频发，但由于此类转子结构本

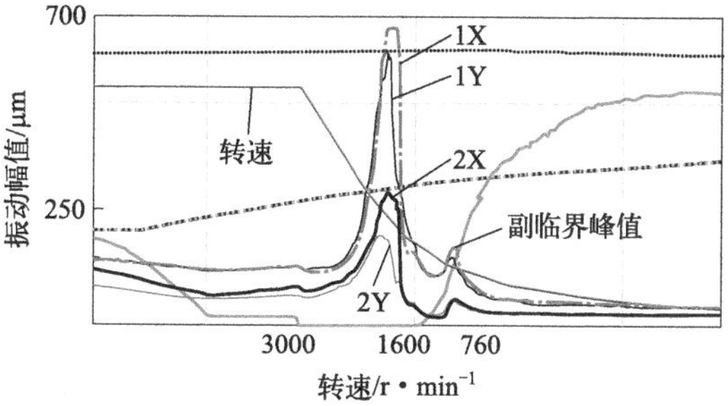

图 1-14　高压转子第二次停机异常振动曲线[17]

身的复杂性及预紧装配环境因素，使直接瞄向此类复杂裂纹转子系统的相关理论研究严重缺乏，使相关实际监测或试验结果并未和理论研究有效相结合来考察含裂纹复杂组合转子系统的动力学特性。

1.5.3　三维裂纹故障转子系统的非线性动力学特性

在一维裂纹转子系统的研究中，不易反映裂纹形态（裂纹截面形状、大小），裂纹产生的局部柔性变化范围多以有限长度轴段等效，难以定量地反映裂纹产生的附加效应如弯曲程度，更难以体现裂纹产生后所导致系统应力重新分布而带来的系统动力学参数变化，整个转子系统相关信息相对有限，对于复杂组合转子采用一维方法分析相关转子动力学特性的不足更为明显，也极大影响含裂纹故障复杂组合转子动力学特性研究的精确度。为了进一步更好地把握含裂纹故障复杂转子系统的动力学特性，尽可能克服一维研究方法中的不足，进行裂纹转子系统特别是复杂组合转子系统的三维动力学特性分析方法研究势在必行。近些年，针对转子系统出现裂纹的情况，利用三维分析方法研究相应裂纹转子系统的静态、动力学特性（线性或非线性）已不断引起关注。

Andrieux 和 Vare[179] 将裂纹前缘视为具有单边接触条件的一般三维弹性问题，推导了三维裂纹梁单元模型，并给出了可用于有限元分析的梁截面非线性本构方程，相关三维分析方法为进行裂纹转子动力学特性分析提供了一定的参考。

Bachschmid 和 Tanzi[180] 利用三维有限元方法研究了弯曲、扭转、剪切、轴向等载荷作用下裂纹转轴的变形和应力变化，研究显示这种方法可用于含裂纹且水平放置的重型转子系统振动行为分析。针对裂纹开裂面的呼吸效应，Georgantzinos 和 Anifantis[104] 将其视为经典的三维接触问题，采用三维有限元接触方法来表征弯曲和扭转作用下的旋转轴裂纹的呼吸行为；他们在后续的研究中，采用相同的方法进一步分析了轴向、弯曲、扭转耦合振动下的动力响应情况[78]。

Liong 和 Proppe[181] 基内聚区模型（而非线弹性断裂模型），将三维有限元裂纹轴模型转化为内聚区模型，通过将内聚区模型分析得到的裂纹轴振动响应反输入到三维有限元模型中来考察裂纹呼吸效应，最终提出一种双线性裂纹闭合模型来表征三维裂纹呼吸效应。Rubio 等人[79] 基于所给出的与裂纹参数密切关联的应力强度因子，采用有限元方法，提出了一种新的准静态裂纹轴的三维数值模型。

Mobarak 等人[83] 采用三维有限元工具 Abaqus 建立斜裂纹模型，以此来考察斜裂纹在非重力占优情况下的呼吸效应情况，针对所给定裂纹角度下的双盘转子系统进行了三维有限元动力学特性分析。

Wang 等人[182] 以 Jeffcott 转子盘根位置裂纹为例，通过非线性界面力来表征横向呼吸裂纹，主要考察了裂纹截面开闭情况以及对刚度的影响情况；在其后续的研究中[183]，将呼吸裂纹视为非连续的接触问题（通过无摩擦的接触力表征呼吸裂纹效应），采用三维有限元方法研究了一定转速和角度下含盘根裂纹的 Jeffcott 转子系统的动力学特性，研究显示不平衡效应对裂纹呼吸效应有重要影响，此种方法为探究含裂纹的复杂转子系统提供了一定参考，但其不适用于深裂纹转子系统，亦难以追踪转速连续变化系统的非线性动力响应情况。

为了提高组合转子系统中轮盘裂纹的数值计算精度和效率，Liu 等人[184] 基于六面体有限元单元，提出了一种三维裂纹六面体有限元单元，并给出了相应的应力强度因子和裂纹产生的柔性矩阵，为后续三维轮盘裂纹的动力学特性分析提供了理论基础。Liu 等人[185]、刘宗辉等人[186]、冯永志等人[187] 利用三维有限元分析工具分析了涡轮盘裂纹扩展情况，相关分析主要考察裂纹对静态特性的影响。

对于含裂纹盘式拉杆组合转子系统非线性动力学特性的研究，除涉及上述相关问题，还需考虑接触界面效应，相关研究表明接触界面对组合转子系统的刚度及阻尼产生一定的影响，这里仅就接触界面在组合转子系统动力学分析中的处理方式给予相关介绍。

刘景元等人[188] 针对拉杆转子结构中接触的非线性特征的不精确问题，利用未知函数表达多种接触变形因素的刚度项，通过对转子微观结构与宏观非线刚度特性的参数化建模，获得拉杆转子结构参数空间参量与刚度之间映射关系，建立了反映微观结构影响下的宏观非线性动力学模型。

Zhang 等人[189] 基于分形接触理论，建立拉杆组合转子轮盘间的切向刚度分形模型，并通过实验的方法验证了所给出的刚度模型；Zhu 等人[190] 利用超声导波对组合拉杆转子系统中轮盘间的接触情况以及预紧力分布情况进行了探测，通过静态测试获取了接触界面刚度，并将其与理论仿真计算（基于接触分形模型）进行了对比；Liu 等人[161] 基于分形接触理论，分析了考虑拉杆转子系统中轮盘间接触界面效应后的系统模态情况；但对于组合拉杆转子系统，因其大载荷预紧效应，常常会出现弹塑性变形以及接触微凸体之间的相互耦合作用，使传统的分形接触理论无法直接适用。Zhang 等人[191] 将拉杆组合转子中轮盘间的接触视为等效弹簧单元，通过模态试验测试和有限元分析工具 SAMCEF 模态计算两种方式来确定轮盘间的接触刚度。Huang 等人[192] 采用三维有限元工具接触单元建立了拉杆转子系统盘间接触界面，在此基础上研究组合转子系统的模态特性和不平衡响应。

Wang 等人[164] 采用具有三次幂函数属性的弯曲弹簧模型来表征拉杆组合转子系统中轮盘间的法向和切向接触力，在此基础上考察残余不平衡力诱导的非线性效应对系统非线性动力学特性的影响情况。Liu 等人[157] 给出了一种跨尺度的接触界面等效方法，其通过具有表面粗糙度的微元体来表征宏观接触刚度。

1.5.4 裂纹转子动力学特性研究现状分析及研究意义

总体而言，上述围绕裂纹转子动力学特性的研究主要呈现以下几个特点。

从主要研究内容上看：在探究裂纹局部刚度的建模方法和裂纹开闭模拟方式的基础上，一部分以探究弯曲、扭转、轴向激励、弯扭耦合作用下裂纹转子系统的振动特性为主，另一部分通过改变支承建模方式（线性弹簧轴承、非线性油膜力），进一步考察系统动力学特性及非线性系统的动力学特性、系统稳定性及分叉特性。

从转子结构形式上看：相当数量的研究基于经典的 Jeffcott 单盘转子模型，而另一部分研究主要在 Jeffcott 转子模型基础上进一步考虑弹簧阻尼轴承支承力、非线性油膜力而展开；一般整体转子的研究中也有部分考虑单盘偏置结构转子系统，独立双盘及三盘转子系统模型、双转子系统，悬臂结构转子系统模型。这些转子系统一般没有预紧力作用，不存在丰富的组合接触界面，裂纹的开闭主要由重力占优所致。以 Jeffcott 转子结构为基础的研究，这种转子结构简单，不存在诸如盘式拉杆组合转子系统中复杂的接触界面、多级轮盘、大预紧载荷作用，而对于具有复杂结构的盘式拉杆组合转子系统出现裂纹下故障转子系统的动力学特性方面的研究非常有限。

从裂纹形式及分布位置上看：相关研究主要基于横向常开裂纹和呼吸裂纹（按照裂纹开闭形式区分）、横向直裂纹和横向斜裂纹（按照裂纹角度区分）、半圆形裂纹开裂面和椭圆形裂纹开裂面（按照裂纹截面形状区分）；裂纹位置多出现在转轴与轮盘配合过渡周边区域（盘根裂纹），少数研究涉及轮盘裂纹的静态特性分析；对于盘式拉杆组合转子系统中应力相对集中的位置如拉杆端部，轮盘拉杆螺母头孔位置、盘轴过渡区域等位置出现相应裂纹的关注非常稀少。

从裂纹系统动力学模型建立方式上看：对于一般整体裂纹转子系统的动力学方程建立主要基于一维传统集中质量模型和一维有限元模型，尽管部分研究考虑了转子出现裂纹后不对称效应，但仅仅考虑了转子系统转轴轴段局部的不对称性，而对于裂纹产生的转子整体形态变化并未给予考虑，换言之裂纹的产生不仅仅造成局部柔性或刚度的变化，其对整个转子系统的形态也会产生影响，这种整体上的形态变化需要在动力学模型建立时加以考虑；相当有限的文献开展了针对旋转轴裂纹三维建模方法和轮盘三维裂纹有限元建模方法探究，但相关研究主要考察裂纹存在条件下相应结构的静态力学特性以及在不同载荷作用及不同转角下的裂纹开闭形式，对三维裂纹影响下三维转子动力学特性或非线性动力学特性的研究极为缺乏；另有极少的研究采用了三维有限元方法，研究了三维 Jeffcott 转子系统动力学特性，相关研究主要基于特定转角和转速下的裂纹开闭确定的情况展开，难以实现对连续转速下三维裂纹转子系统动力学特性的演变规律的追踪考察。而部分针对拉杆组合转子系统动力学特性的研究主要以无裂纹转子系统为主，对组合转子系统中接触界面的处理方式，多数研究以经典的分形接触理论或等效弹簧直接替代的方式来反映轮盘间接触界面效应，拉杆转子系统在装配完成后常常受到大载荷预紧作用，传统分形接触理论在没有充分考虑界面微凸体弹塑性变形以及微凸体相互耦合作用时无法直接适用，而直接采用弹簧模型等效，难以反映接触界面之间的微观粗糙形貌特征。

从动力系统的求解方面来看：部分研究基于有限元分析工具直接考察含裂纹转子系统的静态刚度及动态特性，这种方式难以连续追踪变参数（转速、不平衡量等）系统的动力响应；另一部分主要采用数值仿真方法，如被广泛采用的谐波平衡法、龙格-库塔数值积分法、Newmark 数值法、Floquet 理论和打靶法相结合。

从裂纹故障监测、识别等试验方面来看：相关实际动力学特性试验主要以单盘转子系统或简易双盘结构转子系统为主，对于复杂拉杆组合转子系统裂纹故障条件下的动力学试验极为缺乏，尤其是跨临界转速的动力学特性试验研究。同时，对于已有相关现场监测及试验结果，相关的理论研究并未充分反映此类裂纹故障转子系统结构及受力特点，诸多理论研究依旧沿用传统裂纹转子动力学研究中的局部刚度变化来考察系统动力学特性，很大程度上造成了试验及理论仿真的脱离。

因此，针对含裂纹拉杆组合转子系统鲜明的结构特征，反映裂纹的形态特征，充分考虑裂纹存在带来的局部柔性变化和转子整体形态的变化，考虑裂纹对整个转子系统转动不对称效应，充分计入轮盘间主要接触界面效应，分别开展一维和三维情况下的含裂纹故障复杂拉杆组合转子动力学及非线性动力学模型研究，探索三维裂纹盘式拉杆组合转子系统动力学特性分析方法，考察一维及三维裂纹对复杂拉杆组合转子系统的动力学特性影响情况，从理论和试验角度阐释实际中复杂拉杆组合转子系统裂纹故障下异常振动的原因，为此类旋转机械装备的在线故障诊断、监测预警提供理论指导，并进一步丰富复杂结构裂纹故障转子动力学理论。

1.6 本章小结

本章首先介绍了拉杆组合转子轴承系统在现代国防军工及经济发展中的重大装备的重要应用价值，以及其在国家重大科技专项“两机专项”科技攻关中的重要性；其次结合转子轴承系统典型裂纹故障案例，阐述研究含裂纹故障的复杂组合转子系统的动力学特性研究的必要性；然后对比分析一般整体结构转子系统和两类典型拉杆组合转子轴承系统的结构特点；最后针对含裂纹的转子轴承系统，从裂纹结构形式、动力学建模方法、动力学方程求解计算、裂纹故障监测与识别等方面分析了含裂纹故障的一般整体转子系统和拉杆组合转子系统的动力学特性研究现状。

通过本章学习，读者可以了解复杂组合转子系统典型故障形式、拉杆组合转子轴承系统的典型结构特点、含裂纹故障复杂拉杆组合转子系统的动力学及非线性动力学特性研究现状，为后续进一步了解此类复杂转子轴承系统的动力学研究提供重要前提。

第 2 章 转子系统中裂纹表征与建模方法

断裂力学作为固体力学的一个重要分支，自 20 世纪 50 年代以来持续引起关注，从聚焦材料微观机理的微观断裂力学到探究断裂体在外部边界条件（载荷、温度、介质腐蚀等）作用下的宏观裂纹萌生、扩展、断裂的宏观断裂力学，实际工程实践中这两种断裂并非严格割裂，常常由于材料表面或局部微观缺陷、外部复杂载荷边界条件共同作用逐步发展为宏观的断裂，而后者在不同的工程领域均有其自身的特点且并非仅仅是一种静态属性，裂纹故障萌生、扩展及断裂常常是系统动力学特性不断变化而导致的，转子裂纹即为旋转机械故障的一种典型表现形式，而在不同的转子轴承系统中亦均有其自身的属性。本章以宏观裂纹断裂为出发点，主要研究拉杆组合转子轴承系统的裂纹产生、扩展条件下系统的静态及动力学特性，而非聚焦于经典断裂力学产生机理或断裂本身的理论知识。

2.1 裂纹基本形式及其萌生—扩展

2.1.1 裂纹基本形式

根据受力情况的不同，裂纹可以分为张开型（Ⅰ型）裂纹、滑开型（Ⅱ型）裂纹、撕开型（Ⅲ型）裂纹三种类别，如图 2-1 所示。

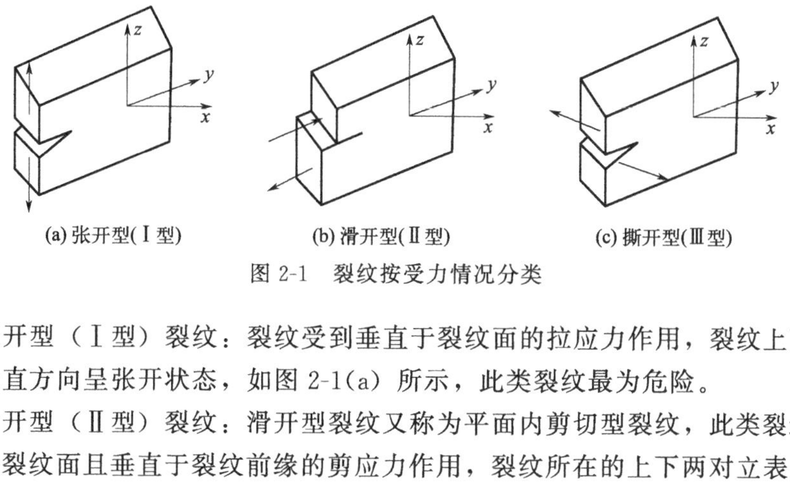

图 2-1 裂纹按受力情况分类

张开型（Ⅰ型）裂纹：裂纹受到垂直于裂纹面的拉应力作用，裂纹上下两表面在竖直方向呈张开状态，如图 2-1(a) 所示，此类裂纹最为危险。

滑开型（Ⅱ型）裂纹：滑开型裂纹又称为平面内剪切型裂纹，此类裂纹受到平行于裂纹面且垂直于裂纹前缘的剪应力作用，裂纹所在的上下两对立表面沿 y 轴产生相对滑移分开的状态，如图 2-1(b) 所示。

撕开型（Ⅲ型）裂纹：此类裂纹又称为反平面剪切型，裂纹受到既平行于裂纹面，又平行于裂纹前缘的剪应力作用，裂纹所在上下两表面沿 x 轴相对错开，如图 2-1(c) 所示。

根据裂纹故障的位置，裂纹可分为贯穿裂纹、表面裂纹、深埋裂纹、角裂纹四种主要类型，如图 2-2 所示。

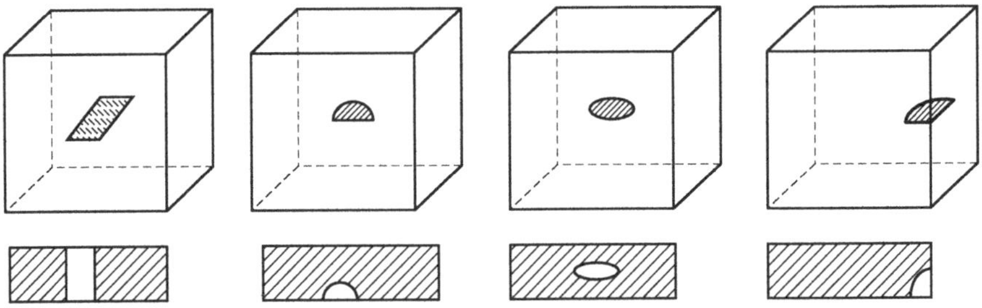

(a) 贯穿裂纹　(b) 表面裂纹　(c) 深埋裂纹　(d) 角裂纹

图 2-2　裂纹按故障位置分类

贯穿裂纹：贯穿结构件厚度的裂纹，一般把裂纹延伸到构件厚度一半以上视为穿透裂纹（深度可达结构内部，可能从表面延伸至构件核心），常作为理想尖裂纹处理，通常呈直线或斜线状。此种裂纹对结构整体安全威胁大。

表面裂纹：裂纹位于结构件表面或裂纹深度相对于构件厚度较小，一般简化为半椭圆片状裂纹。此类裂纹是一类极易高发且初期不易发现的裂纹，具有潜在的危害性。

深埋裂纹：裂纹位于结构件内部，一般简化为椭圆片状裂纹或圆片状裂纹，其对构件断裂的影响及危害需结合具体受力状态来判定。

角裂纹：裂纹位于结构件的转折位置或应力集中区域，一般简化为 1/4 椭圆片或圆片状裂纹，若不及时处理极易导致局部失效。

对于拉杆转子系统中可能出现的拉杆裂纹、转轴裂纹、轮盘裂纹，主要为Ⅰ型裂纹断裂（其中转轴盘根表面裂纹和拉杆裂纹为表面横向裂纹，如图 2-3 所示）或复合型裂纹（轮盘螺母沉孔位置的裂纹为角裂纹，如图 2-4 所示）。

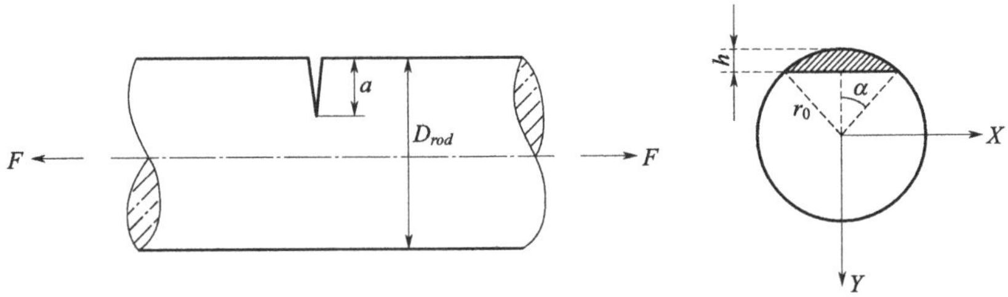

(a) 裂纹受力图　(b) 裂纹截面

图 2-3　拉杆（转轴盘根）表面裂纹示意图

Ⅰ型裂纹是因受到与裂纹面相互垂直的拉应力作用而形成的一种故障形式，其为实际工程机械结构中最为频发和多见的一种断裂故障模式。复合型裂纹由Ⅰ、Ⅱ、Ⅲ型裂纹相互组合而成。

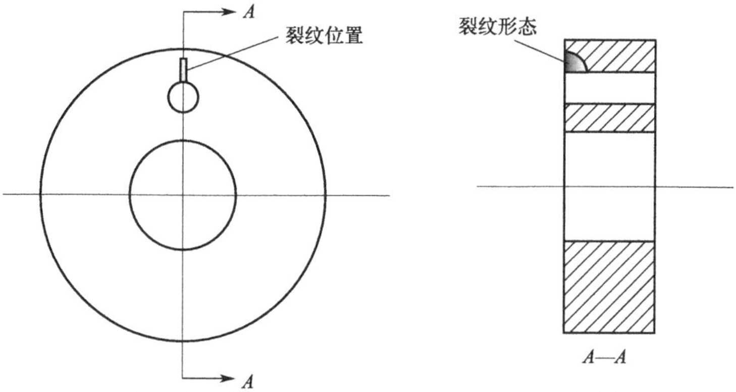

(a) 轮盘裂纹位置　　(b) 轮盘裂纹形态

图 2-4　轮盘螺母沉孔位置的裂纹示意图

图 2-4 所示的横向直裂纹可以视为一种特殊的斜裂纹，即裂纹角度为 0°的情况。需要指出的是，实际工程中，转子裂纹并非严格意义上的直裂纹或斜裂纹，而是一种具有三维属性的复杂形态结构。

2.1.2 裂纹的萌生与扩展

旋转机械装备主要由大量的零部件组合装配而成，即使在装配前对每个零部件都做了精密的检验且合格，亦难以保证其在服役过程中出现局部缺陷或裂纹。表面光滑的零部件表面，一方面在装配连接后两零部件相互接触，表面粗糙等级及表面性能会发生变化，另一方面在实际工作运行过程中，受到外载荷、高温、高热、冲击、腐蚀的影响以及系统动力的耦合作用，薄弱环节如应力集中点、腐蚀位点、冲击受损位点等均会萌生裂纹。裂纹萌生后将不同程度改变系统的力学特性，进而影响整个动力装备的性能发挥，乃至引发断裂及重大事故。

裂纹发展主要经历裂纹萌生、亚临界裂纹扩展、失稳扩展。裂纹扩展从宏观角度而言，其源于裂纹前缘且沿着裂纹开裂面不断发展延伸的过程。根据工程断裂力学可分为亚临界裂纹扩展和失稳扩展两种不同的扩展形式。亚临界裂纹扩展因载荷种类（静态载荷和动态载荷）及环境介质（惰性介质、活性介质）等工况条件差异，又可以分为蠕变裂纹扩展、机械疲劳裂纹扩展、应力腐蚀疲劳裂纹扩展。在静态载荷下主要产生蠕变裂纹及应力腐蚀裂纹扩展，在动态载荷条件下主要产生机械疲劳裂纹及腐蚀裂纹扩展，其中机械疲劳裂纹广泛存在于燃气轮机或飞机发动机的转轴、叶片、轮盘、预紧螺栓、轴承等关键结构件中，裂纹萌生以及裂纹扩展过程中系统的动力学特性是本章重点探究的内容。

基于传统疲劳断裂试验形成的 S-N（应力-等幅载荷数）曲线，如图 2-5 所示，可以定性度量材料的疲劳性能，但无法有效区分裂纹萌生和裂纹扩展阶段在总体寿命中所占的比重，亦无法确定断裂试件几何尺寸如厚度、大小等对寿命及疲劳极限的影响程度，实际中不同几何尺寸的零部件其疲劳极限常常有一定区别。此外，实际工程实践表明，以传统疲劳极限为设计目标的设计方法名义上满足设计边界，但在实际服役中常出现交变应力小于极限应力的情况下也会发生裂纹甚至断裂的现象。因此，掌握动态环境下装备关键动力系统的动力学特性，对于裂纹故障的诊断、识别、预测及抑制具有重要意义。

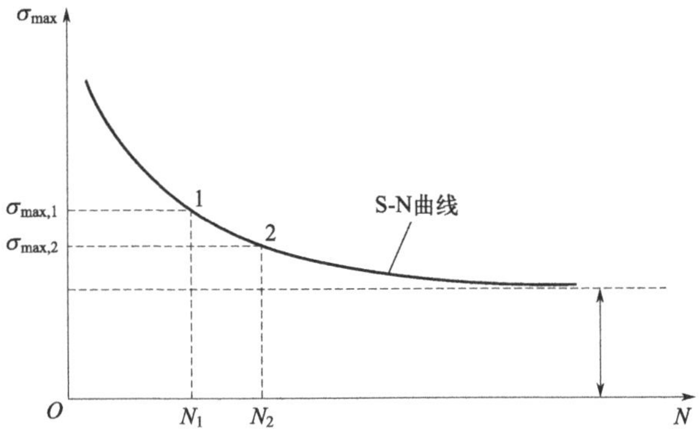

图 2-5　S-N 曲线

传统疲劳断裂试验获取的 S-N 曲线尽管无法准确区分裂纹发展阶段及其占比，但在机械结构设计及疲劳损失预估中仍有着重要的参考价值，而装备或动力系统的精细化设计及更为精确的评估则需在其基础上充分考虑裂纹的萌生及扩展所产生的动力学特性影响。实际工程实践中，裂纹故障发生多为材料自身的夹杂、缺陷引发的应力集中效应超过材料屈服强度，在动态疲劳载荷作用下，材料内部结构上的位错运动（材料晶体的平面移动）会产生滑移以及塑性变形；随着载荷的提升滑移加剧，当载荷下降时，由于应变硬化效应，原滑移面的相反方向将产生滑移，进而形成微裂纹。这种微裂纹传统研究主要通过微观组织观察或探伤加以甄别，其主要是一种静态检验方法，实际裂纹萌生及扩展会产生应力波的传递及能量的释放，其一定程度会改变系统的动力学参数，进而改变系统动力学特性，这也是本书尝试探究的内容。

2.2 裂纹的表征与建模方法

2.2.1 裂纹刚度表达

转子出现裂纹后，直观表现为裂纹位置出现缺陷或缝隙，力学特性上表现为裂纹附近位置应力应变发生局部变化，动力学特性表现为局部柔性增加、局部刚度减小，在裂纹转子动力学问题研究中通过计入局部刚度的影响，结合裂纹的工作模式下的开闭状态来反映裂纹转子系统的动力学特性，裂纹转子系统刚度的建模是裂纹转子动力学特性研究的基础。

在转子动力学特性的研究中，如何准确表征裂纹所产生的局部柔性或局部刚度变化则是进一步分析系统动力学特性的关键所在。对于裂纹局部刚度的计算处理方式，主要基于裂纹的引入会造成系统局部刚度降低，这种裂纹刚度变化的局部效应以圣维南原理[25,26] 载荷空间分布的近场效应作为假设前提，获取局部刚度。具体的计算刚度处理方法主要有局部刚度假定法，应力强度因子法，截面惯性矩、中性轴偏移、有限元相结合法。

(1) 局部刚度直接假定法

此种方法在计算裂纹转子系统刚度时，在裂纹坐标系下，通过对系统刚度扣除沿裂纹截面法线和切向方向裂纹导致的刚度减小量的方式来确定系统刚度，其刚度计算模型如式(2-1)[27-38]：

$$\boldsymbol{K}_{crack}=\begin{bmatrix}K_0 & 0\\ 0 & K_0\end{bmatrix}-f(\theta)\begin{bmatrix}\Delta K_\varepsilon & 0\\ 0 & \Delta K_\eta\end{bmatrix} \tag{2-1}$$

式中 K_0——无裂纹转子系统刚度的一半；

ΔK_ε——裂纹沿裂纹法线方向的刚度减小量；

ΔK_η——裂纹沿裂纹切线方向的刚度减小量；

$f(\theta)$ ——裂纹开闭拟合函数。

此种方法在计算中并未直接给出具体的裂纹刚度的局部变化，而是采用假定裂纹引起的刚度变化量与无裂纹刚度的比值关系来定量分析含裂纹转子系统动力学特性。

(2) 应力强度因子法

根据断裂力学理论，利用应力强度因子和应变能能量释放率函数[39] 求解裂纹轴段局部柔度，根据柔度和刚度之间的关系，最终获得裂纹局部刚度[40-50]。

此种方法主要基于断裂力学理论，首先分别通过三种应力强度因子（第一、

二、三应力强度因子 K_{I}、K_{II}、K_{III}）来表征与之对应的三种状态裂纹（张开型、剪切型、撕裂型）的尖端场效应，根据应力强度因子确定裂纹状态，结合应变能量释放率函数推导获得裂纹轴段的附加柔度，通过在无裂纹转子系统相应轴段计入裂纹附加柔度，获取裂纹转子系统柔度，再基于柔度与刚度的关系，获得裂纹系统刚度[42-44,49,50]，表达式为：

$$K_{SIFi}=\sigma_i\sqrt{\pi\alpha}F_i\left(\frac{\alpha}{\alpha'}\right) \tag{2-2}$$

式中 K_{SIFi}——第 i 型应力强度因子；

σ_i——相应应力强度因子下的应力；

$F_i\left(\frac{\alpha}{\alpha'}\right)$——应力强度因子修正系数，与裂纹形状相关的函数；

α——裂纹深度；

α'——裂纹截面总高度。

从式(2-2) 中可知应力强度因子为裂纹几何外形、裂纹尺寸、外部载荷的综合函数，表征了裂纹尖端受载和变形的强度，其是判断裂纹扩展的重要参考量。

根据得到的应力强度因子，应变能释放率函数[41-43,49] 可以表示为：

$$J(\alpha)=\frac{1-\nu}{E}\left[\left(\sum_{i}^{6}K_i^{\mathrm{I}}\right)^2+\left(\sum_{i}^{6}K_i^{\mathrm{II}}\right)^2\right]+\frac{1+\nu}{E}\left(\sum_{i}^{6}K_i^{\mathrm{III}}\right)^2 \tag{2-3}$$

式中 $J(\alpha)$——应变能释放率函数；

E,ν——材料弹性模量和泊松比；

K^{I}，K^{II}，K^{III}——Ⅰ、Ⅱ、Ⅲ型裂纹的应力强度因子。

通过对裂纹在单位宽度上产生的局部柔度进行积分即可得裂纹宽度方向的柔度表达式[41,43,49]，如式(2-4) 所示。

$$c_{ij}=\frac{\partial u_i}{\partial P_j}=\frac{\partial^2}{\partial P_i\partial P_j}\left[\int_{-b}^{b}\int_{0}^{\alpha}J(\alpha)\mathrm{d}\alpha\,\mathrm{d}x\right] \tag{2-4}$$

式中 c_{ij}——柔度系数；

u_i，P_i——沿第 i 个坐标方向的位移和力；

α——裂纹深度；

b——裂纹宽度。

最后根据裂纹在各自由度方向上的柔度系数，将裂纹轴段的附加柔度添加到相应无裂纹轴段，再利用柔度和刚度关系，结合裂纹开闭模拟函数即可求解裂纹引起的局部刚度。这种方法有效地反映了裂纹尖端场奇异效应，综合考虑了裂纹几何形貌及载荷影响。

(3) 截面惯性矩、中性轴偏移、有限元相结合法

这种方法主要根据形心位置，利用中性轴偏移，通过截面二次惯性矩表征裂纹，结合有限元理论获得裂纹单元的有限元刚度矩阵，并计入有限元转子系统刚度矩阵中进行动力学计算[51-62]。

当转子系统某个位置出现裂纹后，相应截面位置截面二次惯性矩、形心位置、中性轴线均发生变化。Mayes 和 Davies[53,54] 的研究显示：转子上的横向裂纹可通过裂纹所在位置处单元截面二次惯性矩的减小量（ΔI）来表征，如式(2-5) 所示：

$$\Delta I = I_0 \times \frac{\frac{R}{l}(1-\nu^2)F(\mu)}{1+\frac{R}{l}(1-\nu^2)F(\mu)} \tag{2-5}$$

式中 I_0——二次截面惯性矩；

μ——无量纲裂纹深度，$\mu = h/R$；

l——裂纹单元长度；

$F(\mu)$ ——裂纹柔度函数；

R——裂纹轴半径。

在此基础上，根据裂纹截面形心位置并利用中性轴偏移方法，分别求得裂纹单元的二次惯性矩，然后将裂纹转段部分视为有限元方法中的一个单元，利用有限元知识可以构建其刚度矩阵。

2.2.2 裂纹开闭形式的模拟

现有转子裂纹开闭形态的模拟一般可以分为两大类：常开裂纹[51,63-77] 和开闭裂纹模型（或称为呼吸裂纹）[49,59,61,71,78-110]。

常开裂纹模型：适用于裂纹表面上始终受拉应力的转子，裂纹则始终保持张开状态，通常在不平衡力远大于重力的情况下发生，对转轴刚度的影响主要是产生一个局部的不对称定值削弱。

开闭裂纹模型（呼吸裂纹)：适用于裂纹表面时而受拉应力、时而受压应力的裂纹转子，一般发生在转子水平安装且重力大于或与不平衡力相当的情况。这时，裂纹的张开与闭合取决于重力与不平衡力的合力，合力与裂纹方向的夹角随时间变化，裂纹面上受拉应力的区域也随时间而变化，使裂纹面时而张开，裂纹面上受压应力区域裂纹闭合，界面刚度恢复原值，时而闭合，时而半开半闭，形成呼吸裂纹模型。

(1) 方波函数模型

最早由 Gasch[23] 提出，主要通过铰链弹簧模拟裂纹的开闭，认为裂纹的开闭在瞬间完成，可以通过阶跃函数来表示裂纹的张开或闭合。这种模型考虑了裂纹开闭的基本特征，但是忽略了裂纹开闭过程的变化。其表达式为：

$$f(\phi)=\begin{cases}1 & \phi=0\sim\frac{\pi}{2},\frac{3\pi}{2}\sim2\pi\\ 0 & \phi=\frac{\pi}{2}\sim\frac{3\pi}{2}\end{cases} \tag{2-6}$$

式中，$f(\phi)$ 为裂纹开闭函数；ϕ 为裂纹方向角。

(2) 余弦波函数模型

余弦波模型[1,54,108] 由 Mayes 和 Davies 等人[1] 提出，粗略考虑了半开半闭过程，并且用这一模型对具有横向裂纹的多转子轴承系统进行了动力学特性分析。其表达式为：

$$f(\theta)=\frac{1+\cos\theta}{2} \tag{2-7}$$

式中，$f(\theta)$ 为裂纹开闭函数；θ 为裂纹方向角。

(3) 综合模型

为了更好地描述裂纹开闭状态：张开、闭合，以及开闭过渡状态的持续过程，高建民和朱晓梅[109] 综合开裂纹模型、方波模型、余弦波模型于一个模型之中，此模型整合了方波模型和余弦模型的优点等。其表达式为：

$$f(\psi)=\begin{cases}1 & 2j\pi-\pi+\alpha<\psi\leqslant2j\pi-\alpha\\ \frac{1}{2}\left[1+\cos\left(\frac{\psi+\alpha-2j\pi}{2\alpha}\pi\right)\right] & 2j\pi-\alpha<\psi\leqslant2j\pi+\alpha\\ 0 & 2j\pi+\alpha<\psi\leqslant\pi-\alpha+2j\pi\\ \frac{1}{2}\left[1+\cos\left(\frac{\psi-\pi+\alpha-2j\pi}{2\alpha}\pi\right)\right] & 2j\pi+\pi-\alpha<\psi\leqslant2j\pi+\pi+\alpha\end{cases} \tag{2-8}$$

式中，$f(\psi)$ 为裂纹开闭函数；ψ 为裂纹方向与轴心位移间矢量夹角；α 为裂纹深度；j 为整数，$j=0,1,2,\cdots$。

该模型将裂纹开闭分为三个阶段：完全张开、完全闭合、开闭过渡状态，相对于方波、余弦波模型，能较为细致地反映裂纹的整个过程。

(4) 拟周期函数模型

为进一步优化裂纹开闭状态，充分考虑开闭裂纹的持续过程，以及刚度随转动角度的变化关系，程礼[100] 给出了拟周期函数模型：

$$f(\cos\theta)=3.0992\left(\frac{1+\cos\theta}{2}\right)^4-10.3992\left(\frac{1+\cos\theta}{2}\right)^6+36.6247\left(\frac{1+\cos\theta}{2}\right)^{10}-55.192\left(\frac{1+\cos\theta}{2}\right)^{14}+106.86\left(\frac{1+\cos\theta}{2}\right)^{20}-80\left(\frac{1+\cos\theta}{2}\right)^{21} \tag{2-9}$$

式中，$f(\cos\theta)$ 为拟周期函数；θ 为弹性恢复力与裂纹方向的夹角。

此外，邹剑[32]、杜彦卫[110] 等人还给出了其他形式的拟周期函数，其表达式为：

$$f(\theta)=\frac{1}{2}+\frac{2}{\pi}\cos\theta-\frac{2}{3\pi}\cos(3\theta)+\frac{2}{5\pi}\cos(5\theta)-\frac{2}{7\pi}\cos(7\theta)+\cdots \tag{2-10}$$

式中，$f(\theta)$ 为裂纹开闭拟周期函数。

(5) AL-Shudeifat 和 Butcher 级数表达式法

AL-Shudeifat 和 Butcher[61] 从实际裂纹开闭效应出发，给出了如下两个新的级数形式拟合函数来模拟裂纹开闭情况，新的级数表达式为：

$$f_1(t)=a_0+\sum_{j=1}^{m}a_j\cos(j\Omega t)$$

$$f_2(t)=b_0+\sum_{j=1}^{p}b_j\cos(j\Omega t) \tag{2-11}$$

式中，$f_1(t)$、$f_2(t)$ 分别为裂纹开闭拟合函数；Ω 为转子的旋转速度；a_0、b_0、a_j、b_j 为拟合函数的系数；$p=2n$；m、n 是无限傅里叶级数解中使用的谐波数量。

(6) 有限元与接触理论相结合法

Georgantzinos 和 Anifantis[104] 将接触力学理论中接触界面效应和裂纹的开闭联系起来，从一个全新视角表征裂纹呼吸效应，将裂纹的开闭过程视为两接触表面的开闭，结合有限元模型建立相应的呼吸裂纹模型，在其模型中同时考虑了裂纹开闭过程中的摩擦效应，这种模型主要适用于准静态情况。

转轴的刚度、裂纹的开闭、轴的变形三者是相互耦合的，开闭裂纹转轴的刚度是与时间有关的函数，严格的运动方程是非线性的，只能用数值积分求解，作为裂纹问题研究的重点和难点之一，至今依旧没有一个公认的裂纹刚度动力学模型。

2.3 裂纹前缘应力奇异性

对于三维裂纹，在裂纹前缘（二维为裂纹尖端）会产生应力集中，且在裂纹前缘附近具有很强的应力奇异性。裂纹尖端应力场强度因子简称为应力强度因子，作为弹性断裂力学中一个重要物理量，其直观表征了裂纹前缘附近区域应力场强度大小情况，亦为判断裂纹扩展方向及破坏程度的重要参考量。

图 2-6 给出了二维裂纹尖端及三维裂纹前缘坐标系。

如图 2-6 所示，在裂纹前缘上任意一点建立局部坐标系，(x,y,z) 和

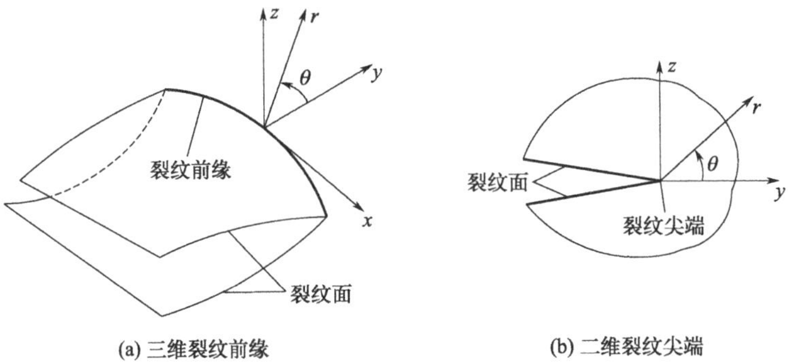

图 2-6 裂纹前缘（尖端）坐标系

(r,θ,z) 分别为裂纹前缘局部直角坐标系、局部柱坐标系。对于线弹性断裂，裂纹前缘位移场可以表示为[193]：

$$\begin{cases}u_x=\dfrac{2K_{\mathrm{III}}}{G}\sqrt{\dfrac{r}{2\pi}}\sin\dfrac{\theta}{2}+o(r)\\u_y=\dfrac{K_{\mathrm{I}}}{4G}\sqrt{\dfrac{r}{2\pi}}\left[(2k-1)\cos\dfrac{\theta}{2}-\cos\dfrac{3\theta}{2}\right]-\dfrac{K_{\mathrm{II}}}{4G}\sqrt{\dfrac{r}{2\pi}}\left[(2k+3)\sin\dfrac{\theta}{2}+\sin\dfrac{3\theta}{2}\right]+o(r)\\u_z=\dfrac{K_{\mathrm{I}}}{4G}\sqrt{\dfrac{r}{2\pi}}\left[(2k-1)\sin\dfrac{\theta}{2}-\sin\dfrac{3\theta}{2}\right]-\dfrac{K_{\mathrm{II}}}{4G}\sqrt{\dfrac{r}{2\pi}}\left[(2k+3)\cos\dfrac{\theta}{2}+\cos\dfrac{3\theta}{2}\right]+o(r)\end{cases}\tag{2-12}$$

式中 u_x,u_y,u_z——裂纹前缘局部直角坐标系下的对应 x、y、z 方向的位移分量；

K_{I}，K_{II}，K_{III}——Ⅰ型、Ⅱ型、Ⅲ型裂纹的应力强度因子；

r,θ——局部柱坐标系变量；

G——剪切弹性模量；

k——弹性系数；

$o(r)$——高阶无穷小项。

若两裂纹面对称，则根据对称关系 $u_z(r,-\theta)=-u_z(r,\theta)$，令 $\theta=\pm\pi$，忽略高阶无穷小项 $o(r)$，根据式(2-12) 则可得到应力强度因子分别为

$$\begin{cases}K_{\mathrm{I}}=\dfrac{2\sqrt{2\pi}G}{1+k}\times\dfrac{|u_z|}{r}\\K_{\mathrm{II}}=\dfrac{2\sqrt{2\pi}G}{1+k}\times\dfrac{|u_y|}{r}\\K_{\mathrm{III}}=2\sqrt{2\pi}G\ \dfrac{|u_x|}{r}\end{cases}\tag{2-13}$$

若两裂纹面不对称，同理可得

$$\begin{cases} K_{\mathrm{I}} = \dfrac{2\sqrt{2\pi}G}{1+k} \times \dfrac{|\Delta u_z|}{r} \\ K_{\mathrm{II}} = \dfrac{2\sqrt{2\pi}G}{1+k} \times \dfrac{|\Delta u_y|}{r} \\ K_{\mathrm{III}} = 2\sqrt{2\pi}G \dfrac{|\Delta u_x|}{r} \end{cases} \tag{2-14}$$

式中　$\Delta u_x, \Delta u_y, \Delta u_z$——局部坐标系下两裂纹面不对称产生的位移差。

根据应力强度因子，Ⅰ型裂纹的应力场可表示为

$$\sigma_{ij} = \frac{K_{\mathrm{I}}}{\sqrt{2\pi r}} f_{ij}(\theta) \tag{2-15}$$

式中　$f_{ij}(\theta)$——角分布函数。

式(2-15) 裂纹前缘应力场表达式中含有$\dfrac{1}{\sqrt{r}}$项，当 $r\rightarrow 0$ 时，$\dfrac{1}{\sqrt{r}}\rightarrow\infty$即相应的应力值趋于无穷大，这种现象被称为裂纹前缘（裂纹尖端）应力奇异性；对于二维裂纹则称为裂纹尖端奇异性，对于三维裂纹则称为裂纹前缘奇异性。据此可知，无限趋近于裂纹前缘位点的应力无法反映实际裂纹产生下前缘的应力水平。利用有限元方法进行三维裂纹建模时，为了克服这种奇异性，且可反映裂纹前缘应力水平，这里采用等参奇异单元法进行建模。

2.4 本章小结

本章主要介绍转子裂纹的三种基本形式，阐述了裂纹萌生及其扩展的机理，同时重点介绍了裂纹动力学建模过程中需要重点处理的裂纹刚度表达及裂纹开闭模拟方法、裂纹尖端及前缘奇异性，其是后续研究中裂纹动力学建模的基础，是探究含裂纹故障转子系统动力学不可或缺的基础内容。

第3章 拉杆组合转子系统中接触界面的建模

各类机械装备为满足功能、性能和加工制造装配的要求，一般都不是一个连续的整体，而是由各种零件按照一定的具体要求组合起来的，因而接触界面广泛存在。通常称零件、组件、部件之间相互接触的表面为机械结合面，简称结合面或接触面、接触界面[194,195]。

结合面主要可以分为三类，即固定结合面、半固定结合面和运动结合面。固定结合面是最为普遍的一种结合面，它主要起固定连接和支承的作用，如组合转子系统多级轮盘界面，预紧拉杆螺母与轮盘间的接触界面。运动结合面是指相互连接的两个零部件之间在工作状态时存在宏观相互运动的结合面，最常见的是滑动导轨和滚动导轨的连接面、轴承的连接面、丝杠与螺母。而半固定结合面则是指有时固定有时又会出现相对运动的结合面，如汽车刹车盘、风电机组发电机制动器、摩擦离合器的连接与接触、齿轮传动啮合接触、高铁轮毂接触、预紧拉杆与轮盘拉杆孔之间的随动接触等。

工程零部件表面看似光滑，实际不可避免地存在一定的表面粗糙度及表面形貌特征，这种形貌特征因材料、加工方法不同而具有一定的差异，且在实际工作运行中，表面形貌特征亦会呈现不同程度的演变。因此，对于机械结构两接触体所形成的结合面，宏观上看似光滑的理想接触，微观上实际却是凹凸不平的粗糙峰谷相互作用，如图 3-1 所示。实际工程表面的粗糙属性决定了两接触界面间的接触作用并非理想的完整接触，接触的存在破坏了结构的连续性，其本质上属于柔性结合，其既存储能量又消耗能量，表现出既有弹性又有阻尼，即存在接触刚度和接触阻尼，这种结构不连续性对结构的刚度、阻尼产生重要的影响，对于精密装备则更为突出。

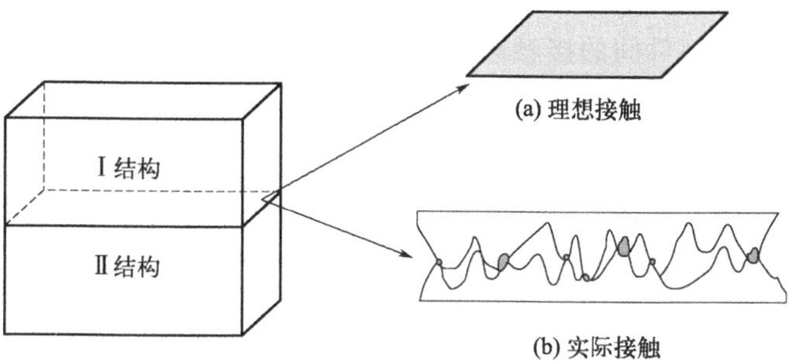

图 3-1 粗糙表面的宏观和微观接触

零部件相互接触形成结合面，结合面的静动态特性则是机械结构或系统整体刚度及阻尼的重要组成部分，也是其薄弱环节[3]，结合面的存在破坏了结构的连续性，造成了系统模态的复杂化，其对于整机静动力学特性的作用，无论是整机精确建模，还是系统精确动力学分析都增加了挑战，能否准确反映接触界面微观形貌特征、接触变形机制、接触演变机理及微观界面尺度与宏观系统尺度的不一致，直接关系到子系统或整机装备的精细化设计、校核优化有效性、动力学特性分析准确性、可靠性评估及设备综合性能发挥优劣等关键问题。而随着微纳米技术的蓬勃发展，对接触界面接触行为的深入探究变得更为重要，宏观行为上无关紧要的力量在微观上却是不可忽略的力量[196]。

对于旋转机械系统而言，因其常处于不同转速工作模式下，且面临高转速、大载荷、随机冲击等极限工况的挑战，零部件之间形成的接触界面影响效应更为突出。对于滑动轴承支承下的一般整体结构的转子轴承系统而言，滑动轴承工作表面的形貌特征直接影响其疲劳寿命，其所涉及的核心问题是结构-温度-流体多场耦合条件下的复杂接触难题（其所涉及的工程界面摩擦润滑基础理论本书不做深入探索），在转子系统高速运转工作过程中，这种多场耦合的复杂接触机制及演变规律则更具挑战。

对于滚动轴承支承的一般整体结构的转子轴承系统，因滚动轴承本身的多体组合特性，所涉及的接触难题则更为棘手，如保持架与内外滚道的接触、滚动体与保持架的接触、滚动体与内外圈的接触、润滑介质与各部件的接触，相关接触常常相生相克。对于复杂的拉杆组合转子系统，则在一般整体转子轴承系统上增加了各级轮盘之间的接触、叶片与轮盘的榫卯接触、预紧螺栓螺母与涡轮盘之间的接触、预紧螺栓或拉杆与轮盘孔之间的接触等。在进行系统或整机动力学研究过程中，所面临的重要挑战恰恰是这些关键零部件及其连接所引发的疲劳损失、应力集中、裂纹故障等，如轴承内圈疲劳剥落、保持架断裂、转子裂纹、轮盘裂纹、轴径磨损、螺栓松动及断裂、盘根开裂等。工程实践表明，众多装备或系统机械故障的基础归因可以追溯到接触这一基本理论。对于拉杆组合转子轴承系统，处理好各类零部件间的接触影响是开展系统动力学特性精确分析的关键影响因素之一，也是精确动态力学特性分析不可忽略的重要前提。

而对于接触这一复杂行为该如何进行表征呢？接触力学发展到今天已经成为固体力学的一个重要分支。接触力学这门学科可以追溯到 1882 年 H. Hertz 所发表的经典论文《论弹性固体的接触》，尽管其局限于无摩擦的理想弹性体接触，但其为后续接触力学的深入研究和接触理论的延展（如摩擦、磨损、疲劳损伤、润滑等）奠定了重要而坚实的力学基础。

在赫兹接触力学模型的基础上，后续相关研究逐步尝试消除无摩擦、理想弹性固体等局限，将固体接触拓展到滑动接触、滚动接触，同时将塑性接触变形机制与弹性接触变形机制相结合，形成了不再仅局限于理想弹性体的弹性接触变形机制，而是将弹性、弹塑性、塑性几种典型接触变形机制相结合的接触力学探究，同时针对不同材料、不同工况开展了多样化的接触基础理论探究。在接触力学基础模型探究中，也逐渐形成了以 Greenwood 和 Williamson 提出的 GW 统计接触模型[197] 和 Majumdar A 和 Bhushan B[198,199] 所提出的 MB 分形接触理论为代表的接触理论基础模型。

为此，首先介绍赫兹接触理论、GW 统计接触理论、MB 分形接触理论三种接触基础理论模型，同时进一步介绍复杂组合转子轴承系统中微观界面和宏观系统大尺寸之间的尺度跨越处理方法。

3.1 粗糙界面接触基本理论模型

3.1.1 赫兹接触理论模型

1882 年，国际知名数学期刊 *Journal für die reine und angewandte Mathematik* 发表了德国物理学家海因里希·鲁道夫·赫兹（Heinrich Rudolf Hertz）的《论弹性固体的接触》(*Ueber die beruhrung fester elasticcher korper*)[200] 一文，标志着 Hertz 接触理论的诞生，这一理论源自玻璃透镜间光学干涉实验（两个玻璃透镜在相互接触力作用下产生的弹性变形是否会对干涉条纹产生影响），其主要用于研究弹性固体在相互接触的力的作用下所产生的弹性变形及应力分布情况，该理论通过数学方法推导了接触区域的压力分布公式，揭示了理想弹性体接触变及应力应变规律，成为接触力学领域的经典基础理论，至今仍被广泛使用。

赫兹接触理论模型研究的是两个弹性体在外力作用下接触时的变形情况，其理论公式是建立在如下四点假设基础上的。

① 变形尺度：两接触体接触面发生的形变是微小的，接触面的有效尺度要远远小于两个物体间的相对曲率半径。

② 材料特性：每个接触体都可以看作是一个弹性半空间，仅发生理想弹性变形。

③ 表面特性：相互接触的两个物体表面光滑、无摩擦力影响，不考虑实际界面粗糙度及微观形貌影响。

④ 接触形态：接触区域呈轴对称的椭圆且压力分布均匀。

赫兹接触模型如图 3-2 所示。设两个弹性体的曲率半径分别为 R_1 和 R_2，两弹性半空间的球心分别为 O_1 和 O_2，在两球的子午面截线上，与 z_1 和 z_2 轴相距为 r 的两点 M 和 N 的坐标分别为 Z_1、Z_2。

当两个弹性体相互接触时，接触区域的压力分布可以通过以下基本方程描述：

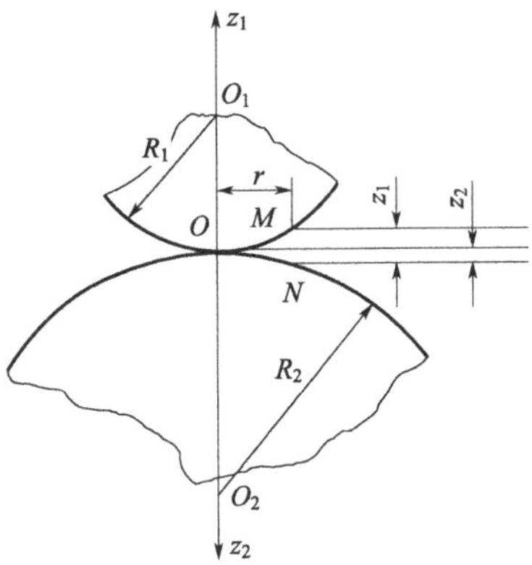

图 3-2　Hertz 接触模型[200]

$$p(r)=\frac{3}{2}E'\left(\frac{\delta}{a}\right)^{3/2}\left(1-\frac{r^2}{a^2}\right)^{1/2} \tag{3-1}$$

式中，$p(r)$ 为接触区域的压力；r 为从接触中心计算的径向距离；δ 为接触区域的最大弹性变形量；a 为接触区域的半径；E'为等效弹性模量。

$$\frac{1}{E'}=\frac{1-\nu_1^2}{E_1}+\frac{1-\nu_2^2}{E_2} \tag{3-2}$$

式中，E_1、E_2 为两接触体材料的弹性模量；ν_1、ν_2 为两接触体材料的泊松比。

接触半径 a 可通过式(3-3) 表示，则最大压力出现在接触区域的中心位点即径向距离 $r=0$ 时，如式(3-4) 所示。

$$a=2\sqrt{\frac{R_1R_2}{R_1+R_2}\delta} \tag{3-3}$$

$$p_{\max}=\frac{3}{2}E'\left(\frac{\delta}{a}\right)^{3/2} \tag{3-4}$$

尽管赫兹接触理论模型存在诸多假设条件，且和工程实际存在差异，但其在计算两物体相互作用下的接触变形及压力分布较为方便快捷，同时为接触力学模型的改进及丰富提供了有效理论基础。基于 Hertz 接触模型中压力和变形的关系，可以进一步推导出微凸体的接触刚度及阻尼效应，通过对粗糙界面分布微凸体的数值积分可以获得整个粗糙表面的刚度及阻尼，进而为系统动力学的建模提供关键动力学参量。

3.1.2　GW 统计接触理论模型

1966 年，Greenwood 和 Williamson[197] 提出了著名的 GW 统计接触模型，

该模型认为粗糙表面的微凸体高度遵从高斯分布，其为从统计角度研究接触界面力学特性以及接触界面的各种非线性特性研究奠定了重要基础。

GW 统计接触模型将两个粗糙平面的接触等效为一光滑刚性平面和一粗糙表面之间的相互接触，如图 3-3 所示。

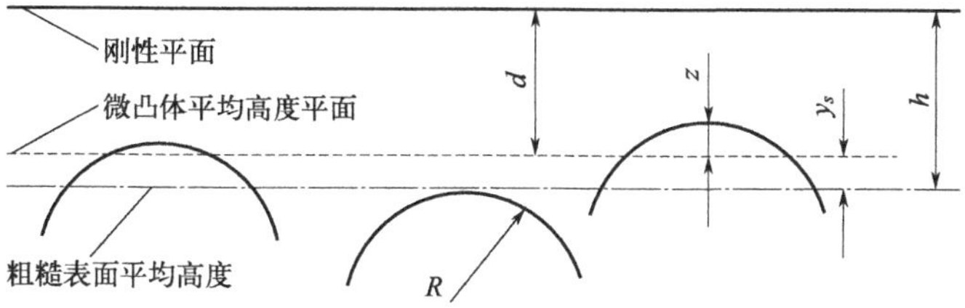

图 3-3　GW 统计接触模型

图 3-3 中，R 为微凸体的曲率半径；z 为微凸体高度；d 为微凸体的平均高度与刚性平面间的分离距离（微凸体变形量为）；h 为粗糙表面平均高度与刚性平面之间的距离；y_s 为微凸体平均高度与粗糙表面平均高度的距离；微凸体的变形量 δ 即为 $z-d$。

GW 统计接触理论模型假设条件：

① 高斯分布假设：粗糙面由若干等曲率半径的微小球体以高斯分布的形式覆盖在光滑表面上。

② 独立性假设：每个凸峰与弹性面接触时满足赫兹接触理论公式，且各个凸峰之间完全独立互不影响。

③ 弹性假设：微凸体变形以弹性变形为主。

④ 单一尺度假设：忽略粗糙表面的多尺度特性。

假设微凸体的高度分布函数为 $\phi(z)\ \mathrm{d}z$，粗糙表面上微凸体的总数量为 N，η 为微凸体的面密度函数，A_n 为名义接触面积，则根据赫兹接触理论可知三者之间的关系为

$$N=\eta A_n \tag{3-5}$$

根据微凸体的变形量 $\delta=z-d$，当粗糙表面上分布的微凸体的变形量 $\delta>0$ 时，即为 $z>d$ 时，微凸体发生接触，整个粗糙表面产生接触的微凸体数量 n 可表示为

$$n=N\int_d^{\infty}\phi(z)\mathrm{d}z \tag{3-6}$$

根据赫兹接触关系，粗糙表面总的接触面积 A 和总的接触载荷 F 可以分别表示为

$$A=\pi NR\int_d^{\infty}(z-d)\phi(z)\mathrm{d}z \tag{3-7}$$

$$F=\frac{4}{3}NER^{\frac{1}{2}}\int_{d}^{\infty}(z-d)^{\frac{3}{2}}\phi(z)\mathrm{d}z \tag{3-8}$$

尽管GW接触模型为粗糙表面间接触问题的探究提供了新的接触建模思路，但因其假设中仍存在多种与实际工程表面接触不一致的不足，如实际工程粗糙表面微凸体曲率半径并非完全相等，微凸体变形亦并非仅有弹性变形，此外微凸体之间并非完全独立。

针对GW模型假带来的局限性，有学者在GW接触模型基础上，围绕改变微凸体曲率半径，采用不同的分布函数表征粗糙表面微凸体的分布，考虑弹性之外的弹塑性接触变形机制，考虑粗糙表面微凸体的相互作用影响，尝试提出针对粗糙表面随机性所产生的统计参数不确定性问题的多尺度模型。

(1) 变曲率半径模型

为了改善经典GW模型中曲率相等的不足，Whitehouse和Archard[201]提出了变曲率半径的WA统计接触模型，Onions和Archard发展了OA统计基础模型[202]，这两种改进模型主要聚焦微凸体曲率半径和高度之间的相关性描述及其联合分布概率密度函数的建立。

(2) 改变微凸体分布函数模型

Tomota和Kondoh等[203]利用Johnson分布代替高斯分布来表示粗糙表面微凸体的高度和曲率，以改善经典GW统计接触模型中的微凸体等曲率的问题。

(3) 考虑弹塑性变形机制模型

实际工程表面接触相互作用过程中，微凸体的变形机制不仅只有弹性机制，还存在弹塑性过渡变形机制以及完全塑性变形机制。为了克服GW统计接触模型中仅考虑微凸体弹性变形机制的不足，Chang和Etsion[204]等人提出了CEB统计接触模型，该模型将微凸体的变形分为弹性和塑性变形两种机制，其不足在于弹性和塑性临界出现了阶跃现象。针对CEB统计接触模型中的弹性和塑性临界阶跃问题，Zhao和Maietta等[205]将微凸体的变形分为弹性变形、弹塑性变形、完全塑性变形三个阶段，采用对数函数和4阶多项式函数来模拟微凸体弹塑性变形时的平均接触压力以及接触面积和微凸体变形量的关系，并提出了ZMC接触模型。

Kogut和Etsion[206]根据单个微凸体与刚性平面的有限元仿真结果，进一步将弹塑性过渡接触变形阶段细分为第一弹塑性变形阶段和第二弹塑性变形阶段，从而形成了弹性变形、第一弹塑性变形、第二弹塑性变形、完全塑性变形四个变形阶段，进而提出了KE模型。

Jackson和Green[207]通过对所建立的单个微凸体与刚性光滑平面接触的有

限元模型进行分析，表明：不同载荷下，微凸体的变形量不同，相应的接触面积、接触载荷随变形量的演变规律并不完全和赫兹接触变形一致，进而给出了适应于不同载荷条件下的JG接触理论模型[208]，其变形机制与KE模型基本一致，但临界状态的判定有所差异。

(4) 考虑微凸体相互作用模型

为了考虑粗糙表面接触过程中微凸体之间的相互作用，通过考虑其他微凸体的压力引起的额外变形量来表征微凸体横向之间的相互作用影响，其接触示意图如图3-4所示。

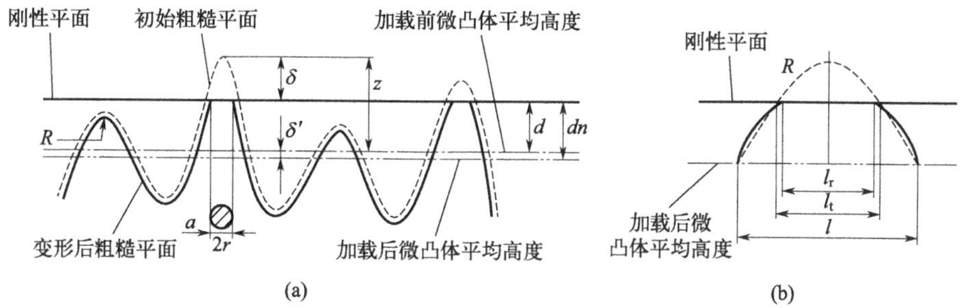

图3-4　考虑微凸体相互作用的接触力学模型[209]

当不考虑微凸体的相互影响时，如经典GW模型，此时微凸体的变形量$\delta=z-d$，而实际两粗糙界面在接触的过程中，每个微凸体并非孤立存在，彼此之间难免会出现相互作用，此时主要表现为相互横向挤压作用，其结果导致微凸体变形增大，微凸体的总变形量除了法向载荷产生的变形，还有微凸体相互挤压作用产生的变形δ'，因此实际仅在法向载荷作用下微凸体的变形应为

$$\delta=(z-d)-\delta' \tag{3-9}$$

基于相关思路，结合Hertz接触理论模型和经典GW接触模型，Zhao和Chang[210]进一步给出了改进优化统计接触理论模型。Sepehri和Farhang[211,212]，Abdo和Farhang[213]进一步考虑微凸体相互错位产生的“肩并肩”侧向接触相互作用影响，如图3-5所示，进而更进一步修正并丰富了经典GW统计接触模型。

(5) 多尺度接触模型

基于GW统计接触模型建模思路，可以采用大量统计参数有效表征粗糙表面的随机特性，并可以有效分析具有不同特征表面的接触特性，而由于粗糙表面的随机性及非稳定性，不同加工方式、不同载荷等条件下所获取的统计参数特征也不尽相同，这种差异同时也受到材料的影响，进而导致对相应粗糙表面接触行为的计算及预测评估结果也不具有唯一性，这种不唯一性主要是由于表面粗糙度、横向相关长度等参数均会随测量尺度发生变化，换言之，粗糙表面的统计特

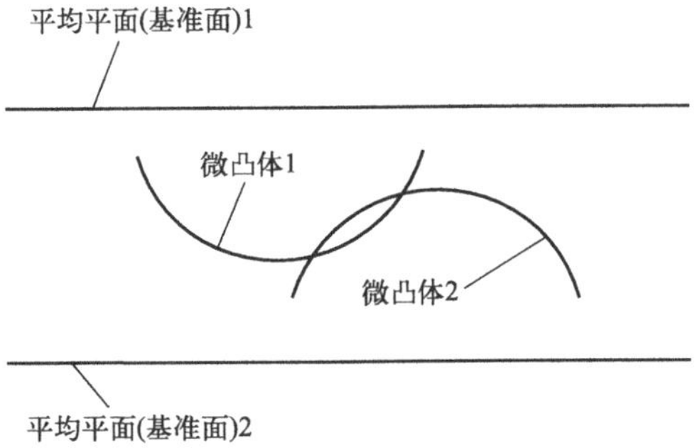

图 3-5　微凸体的“肩并肩”侧向接触相互作用

征参数对测量仪器的分辨率及取样长度具有高度依赖性，如当使用高倍率的显微物镜采集高分辨率散斑图时，则可分辨物体更细微的表面结构，高分辨率观测条件下更多细节会被不断放大，反之亦然，因此在一定测量环境条件下所获得的粗糙表面的统计学特征参数无法完全反映粗糙表面的全部有效信息。

针对 GW 统计接触模型在表征粗糙表面时对测量尺度的依赖性，Archard[214]、Jackson 和 Streator[215]、Jackson 和 Ghaednia[216] 较早就开始探究弹性变形机制下粗糙面表面的多尺度接触建模方法，在其所提出的多尺度接触模型中，假设较小的微凸体堆叠附着于较大的微凸体上，以此来表征粗糙表面的多尺度特性。

Archard 多尺度模型假设条件：

① 总载荷相同原则：假定不同观测尺度上微凸体的总载荷相同。

② 同一尺度载荷相同原则：同一尺度下的微凸体受到的载荷完全相同。

$$A=(\prod_{i=1}^{i_{\max}}\overline{a}_i\eta_i)A_n \tag{3-10}$$

$$F=\overline{f}_i\eta_iA_{i-1} \tag{3-11}$$

式(3-10) 和式(3-11) 中，$\overline{a}_i$ 和 $\overline{f}_i$ 分别为某一尺度 i 上单个微凸体的接触面积和接触载荷；A_i 为某一尺度 i 上微凸体的总接触面积；η_i 为微凸体密度。

3.1.3 分形接触理论模型

分形接触模型以分形几何学理论为基础，分形几何学是一门以不规则几何形态为研究对象的几何学理论。相对传统欧氏几何学的研究对象为整数维数，一般描述物体形貌时，通常是利用具有整数维数的点、线、面所组成的欧氏几何来形容，如零维的点、一维的线、二维的面、三维的立体乃至四维的时空，这些维数都呈整数形式。但在真实的自然界中，许多现象却无法用整数维数来描述，例如曲折蜿蜒的海岸线、弥漫的烟雾、崎岖的山峦形貌、云朵、聚合物的结构、肺部支气管、微血管、地表土壤的渗水结构、表面粗糙度、树木的叶脉、微观分子与原子不规则的运动轨迹、流体运动时产生的紊流等。分形几何学则有所差异，其最大的特点是：研究对象为分数维数（非整数维数），如摩托集（contor set）0.6309、方块分形（box fractal）1.4649、科克曲线（Koch curve）1.2618、门格海绵（Menger sponge）2.2768 等[217]。相对分形几何学而言，传统欧氏几何只是分形几何学的特例。

对于一物体的表面形貌，当我们观测时，将物体不同程度地放大之后，可以发现不同程度下的局部表面形貌和整体形貌极为相似，于是便显示其分形的特征。分形这一概念最早由 Benoit B. Mandelbrot 先生提出，出自其经典著作 *The Fractal Geomtry of Nature*[218]。他对于分形的定义：是指一类混乱但其局部与整体却具有相似结构的图案。Mandelbrot 从海岸线的长度开始探讨，发现以不同的尺度去测量海岸线的长度会有不同的结果。因为当基本测量单位缩小时，原本因测量单位所忽略的细节又会显现出来，以至于海岸线的长度会越量越大。这时产生了一个矛盾现象：在欧氏几何中，线段的长度是有限的，但是海岸线的长度却会随尺度改变，这显示出一维的线段无法满足海岸线的维度。Mandelbrot 正是这样发展出分形几何理论，并将分形运用在地理学的地形地貌、天文学的星体分布，甚至是经济学中价格的波动，并获得很大的成功[219]。

分形对象具有“标度不变性”规律，即在度量尺度由 r 变为 λ_r 后，图形结构的细节特征保持不变。分形几何学的研究对象为自然界中具有大尺度无规则性而小尺度时却有规则性的物体或现象，利用分形理论可以在看似无规则的现象中找到规则性，并提供由局部认识整体的多尺度特性。符合分形几何的物体或现象，必须具有自相似性（self-similarity）与自仿射性（self-affinity）的性质[220]，如图 3-6 所示。

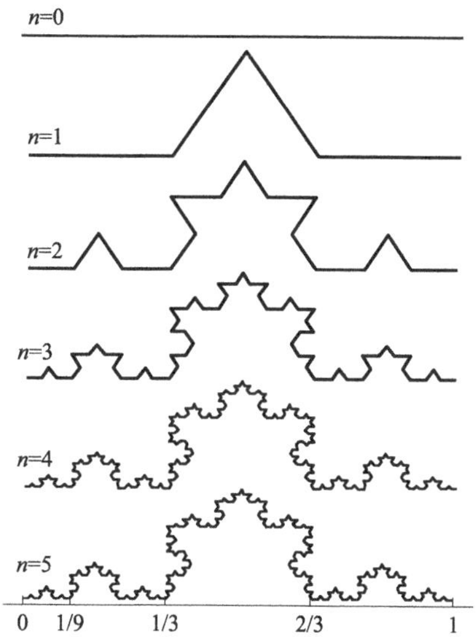

图 3-6　不同尺度下的科赫曲线

分形接触理论是分形几何在工程领域的重要应用之一，其主要采用两个重要分形参数（分形维数 D 和特征长度尺度系数 G）来描述粗糙表面的几何形貌，其克服了 GW 统计模型在粗糙表面表征上的尺度单一性。Majumdar A 和 Bhushan B[198,199] 研究表明：粗糙表面具有自仿射分形特征，其分形特征与尺度无关，可以提供存在于分形面上所有尺度范围内的全部粗糙度信息，且利用分形特征可以建立确定而唯一的表面接触模型。相对于传统统计理论方法，分形接触理论突出的贡献在于：其在表征粗糙表面的形貌方面具有独特的优势，利用分形特征可以建立确定而唯一的表面接触模型。

1989 年，Ling[49] 率先开始将分形几何理论应用于摩擦表面现象，代表分形接触理论的初步形成，但其有一定的局限性，仅适用于微观尺度。Majumdar 和 Bhushan[198,199] 于 1991 年提出了更加通用的分形接触理论，且具有自仿射性和尺度独立，并适合表征表面粗糙度，适用于范围从纳米到毫米尺度。

因粗糙表面轮廓的随机性、多尺度、无序性如图 3-7 所示，其数学特征表现为连续、不可微、自仿射性。Majumdar 和 Bhushan[199,221] 等人发现 Weierstrass-Mandelbrot 函数（下称 W-M 函数）可满足上述特征。

$$z(x)=G^{(D-1)}\sum_{n=n_1}^{\infty}\frac{\cos(2\pi\gamma^n x)}{\gamma^{(2-D)n}},1<D<2;\gamma>1;\gamma^{n_1}=1/L \tag{3-12}$$

式中，$z(x)$ 为轮廓高度，x 为轮廓位移坐标；D 为分形维数，定量地反映出表面轮廓在所有尺度上的不规则性和复杂程度；G 为分形粗糙度，反映 $z(x)$ 大小的特征尺度系数，G 值越大，表面越粗糙，表现出的细节越多；L 为取样长度，γ^n 决定表面粗糙度的频谱，其值为 $\gamma^{n_1}=1/L$，γ 是大于 1 的常数，对于服从正态分布的随机表面，常取 $\gamma=1.5$。分形维数 D 和分形粗糙度 G 可以通过表面轮廓功率谱函数求得（更多关于分形参数 G 和 D 的获得方法可以参考文献［222］）。

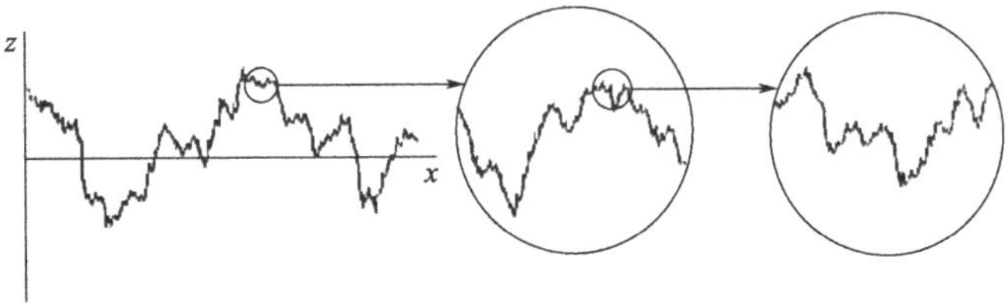

图 3-7　表面轮廓自仿射性的定性描述图[198]

采用分形接触理论，结合赫兹弹性接触公式，可以将粗糙表面上的单个微凸体的分布密度函数和法向载荷分别表示为式(3-13)和式(3-14)。

$$n(a')=\frac{D}{2}\psi^{(2-D)/2}a_l'^{D/2}a'^{-(D+2)/2},0<a'\leqslant a_l' \tag{3-13}$$

$$p(a')=\frac{4}{3\sqrt{2\pi}}E'G^{D-1}a'^{(3-D)/2} \tag{3-14}$$

式(3-13) 中，a'为被刚性平面所截得的微凸体截面的面积，其半径为 r'；a_l'为最大的微接触截面积，接触示意图如图 3-8 所示；ψ 为域扩展因子，按此式：$\dfrac{\psi^{(2-D)/2}-(1+\psi^{-D/2})^{-(2-D)/D}}{(2-D)/D}=1$（其中 $\psi>1$），根据文献［223］可得出相应的值。

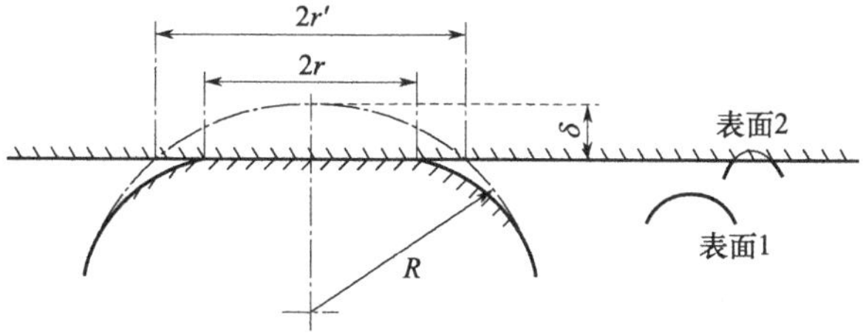

图 3-8 当量粗糙表面一与理想刚性表面二的接触

基于单个微凸体的分形接触力和变形之间的关系，可以获得其对应的接触刚度，进而通过数学积分获得整个粗糙界面的接触刚度。

3.2 粗糙界面法向和切向接触刚度等效建模

对于盘式拉杆组合转子轴承系统，整个转子系统在预紧力作用下产生众多的粗糙接触界面（轮盘间接触、拉杆螺母头和轮盘端面之间的接触、拉杆和轮盘拉杆孔之间的侧向接触），如图 3-9 所示为 M701F 燃气轮机转子 1/12 循环对称接触有限元模型。能否准确建立系统主要接触界面的接触刚度模型是进行复杂组合转子系统及装备动力学精确分析的关键因素之一。

由于拉杆组合转子系统常在大预紧力作用下精密装配而成，使接触界面刚度对拉杆组合转子系统的整体动力学特性会产生一定影响。前面所阐述的仅考虑弹性变形的赫兹接触理论模型、GW 统计接触模型以及分形接触模型均无法直接适用于大载荷作用下界面理论建模。为此需要基于上述接触基础理论，结合拉杆组合转子系统的大预紧装配特点，建立适用于此类组合转子系统的接触界面模型。

实际工程表面并非理想的光滑平面，而是具有一定表面粗糙度的复杂曲面，如图 3-10 所示。

3.2.1 法向接触刚度等效方法

本节首先以法向接触刚度等效为例，介绍常规弹塑性接触等效处理方法，其

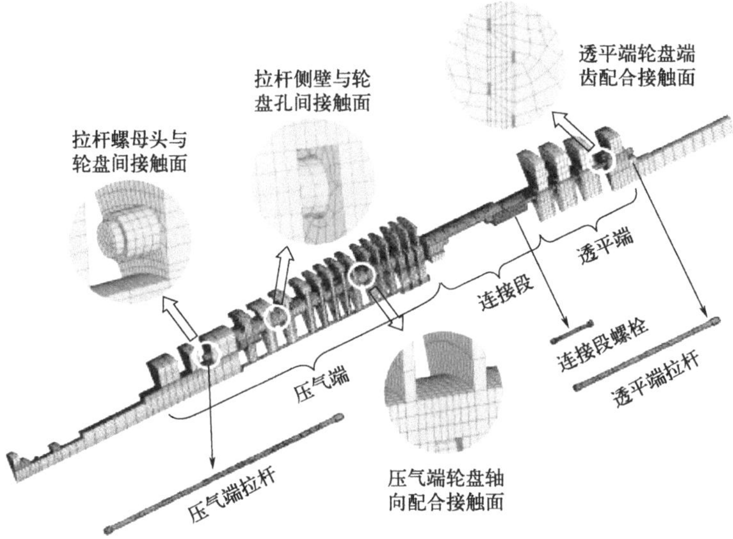

图 3-9　M701F 燃气轮机转子 1/12 循环对称接触有限元模型

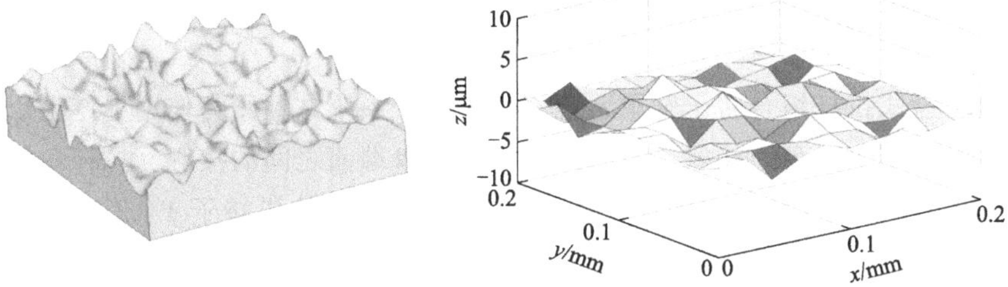

(a) 实际粗糙表面形貌示意图　　(b) 粗糙表面形貌三维仿真示意图

图 3-10　实际工程粗糙表面形貌及仿真表面形貌

次介绍有一定厚度的接触层等效方法，然后介绍适用于工程计算的无厚度接触层等效方法，最后给出切向无厚度接触层等效方法。

(1) 传统弹簧接触等效

当两粗糙表面相互接触时，常将其等效为一个光滑刚性平面和一个粗糙表面(粗糙接触体)，将法向载荷或压力施加于粗糙体，约束施加于光滑刚性平面，如图 3-11(a) 所示，常规界面等效处理方法将这一接触等效为有限个法向均值弹簧单元和一个无界面的接触体，接触示意图如图 3-11(b) 所示。

根据刚度的定义，则均值弹簧的刚度 K 被定义为

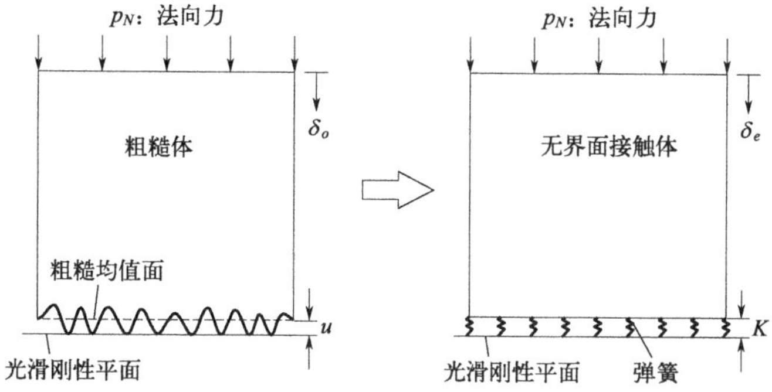

(a) 粗糙界面接触等效系统　　(b) 等效弹簧接触系统

图 3-11　典型粗糙接触系统的传统界面等效方法

p_N—法向压力，即载荷除以名义接触面积；u—刚性平面与粗糙均值面之间的距离；

δ_o—粗糙接触系统的总体位移；δ_e—弹簧等效系统的总体位移

$$K=\frac{\mathrm{d}p_N}{\mathrm{d}u} \tag{3-15}$$

基于上述定义，假定粗糙表面微凸体高度服从高斯分布，采用有限元法建立粗糙接触体的 3D 模型，如图 3-12(a) 所示；在粗糙体上施加法向压力，在刚性面上施加约束，如图 3-12(b) 所示，则即可建立粗糙体-刚性面接触系统有限元模型。

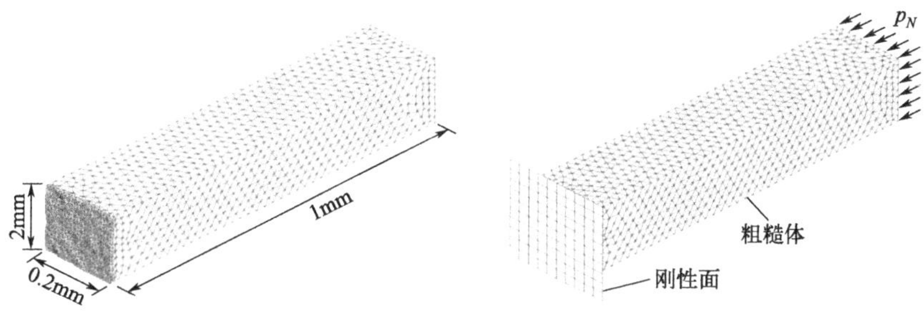

(a) 含粗糙表面微元体　　(b) 微元体粗糙表面与刚性平面等效接触

图 3-12　粗糙接触表面和刚性平面接触等效示意图

假设该粗糙体为完全弹性和理想弹塑性两种材料，利用拉格朗日接触算法，计算接触面在不同法向压力下的变形 du，根据式(3-15) 得到两种材料假设下的一般法向接触刚度 K，如图 3-13 所示。

根据图 3-13 可知，两种材料在载荷较小时，法向接触刚度随载荷的增大近似呈线性关系增大，随着载荷持续增大，完全弹塑性模型对应刚度继续呈线

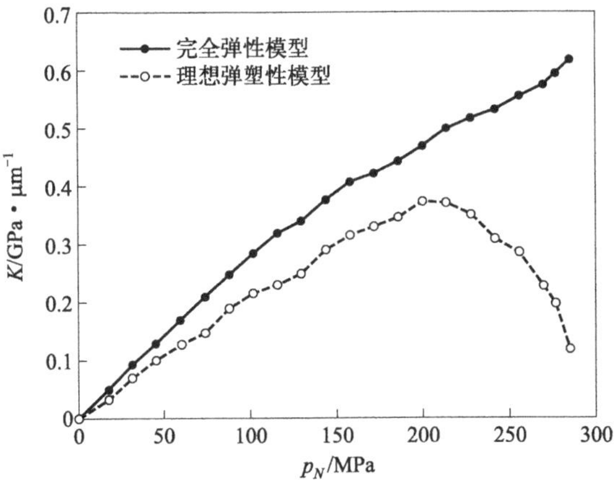

图 3-13　完全弹性和理想弹塑性接触模型对应的法向接触刚度

性增大，当接近材料屈服极限附近时，理想弹塑性材料则因部分材料进入塑性而导致刚度下降。这种界面刚度等效方法因简单易行，在工程实际中被广泛采用。

正确等效方法的基本前提是等效前后整体位移不变。研究表明，上述传统一般界面等效方法对于完全弹性材料接触这种等效是准确且有效的，而对于弹塑性材料，因等效前后存在整体位移差，如图 3-14 所示，且该差异随法向压力的增大而增大，说明传统一般等效方法在处理弹塑性接触时存在明显误差，没有实现完全等效。

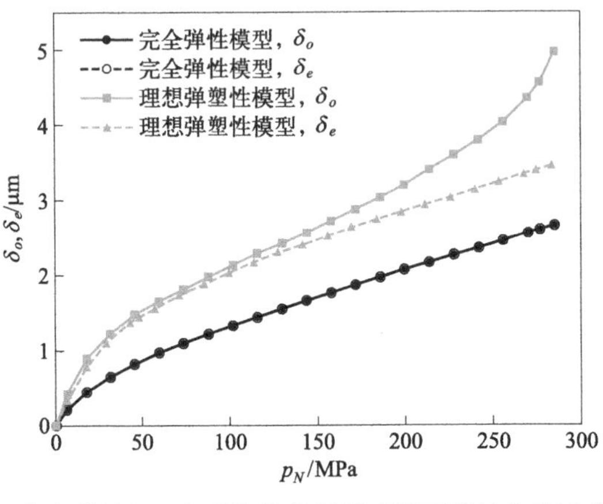

图 3-14　完全弹性和理想弹塑性接触模型界面等效方法准确性验证

传统等效方法产生误差的原因在于只计入了接触面的塑性，并未计入接触面下层塑性区域对刚度的削弱效应。

(2) 具有一定厚度的接触层等效方法

针对此问题，将粗糙体划分为无界面块体和接触层（厚度为 u_{CL}）两部分，然后将接触层等效成法向均值弹簧，如图 3-15 所示，即将受压引起的变形考察区域扩大到整个接触层，形成接触层等效方法。此时，弹簧刚度 K_{CL} 定义为接触层法向刚度，其计算方法见式(3-16)，计算结果及其验证如图 3-16 所示。

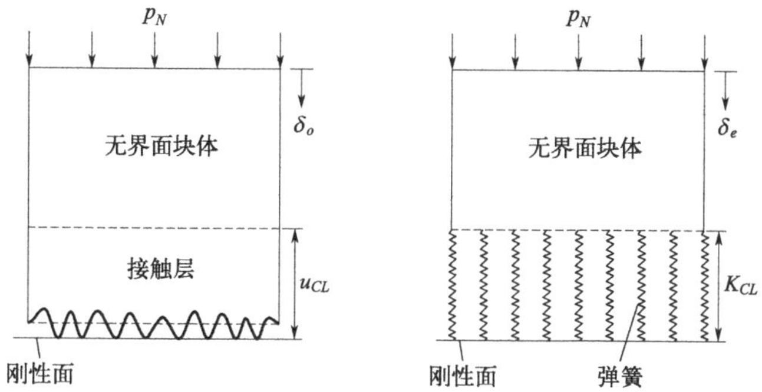

图 3-15　粗糙体-刚性面接触系统的接触层等效方法

$$K_{CL}=\frac{\mathrm{d}p_N}{\mathrm{d}u_{CL}} \tag{3-16}$$

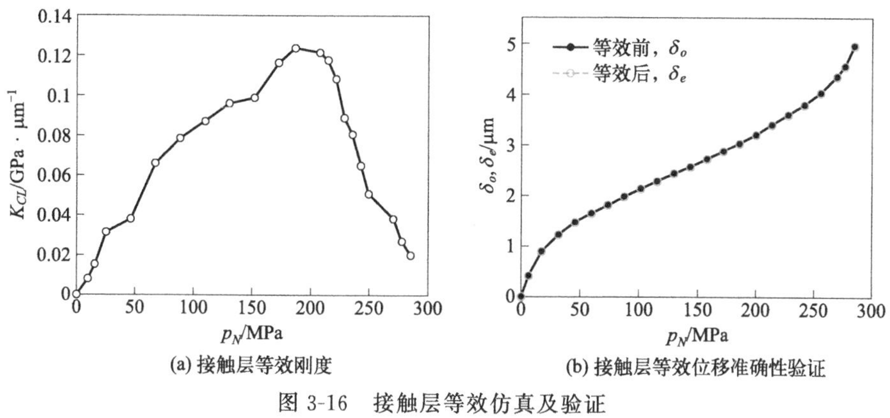

图 3-16　接触层等效仿真及验证

接触层等效不足之处在于：存在明显厚度，在实际工程计算中引入一定厚度接触层会增加计算难度。为此，引入无厚度的接触层等效方法。

(3) 无厚度接触层等效方法

针对有厚度接触等效在实际应用中的不便，剔除接触层厚度对等效过程的影响，提出无厚度接触层等效：将接触层等效成一个与其厚度相同的光滑层和无厚度法向均质弹簧（如图 3-17 所示），由于该弹簧计入了接触层中塑性流动造成的刚度削减影响，因此该弹簧刚度被定义为无厚度接触层法向刚度 K_C，实际上 K_C 就是计及界面下层材料塑性影响的改进法向接触刚度。此外，该光滑层的法向刚度 K_L 可通过固体力学的方法求解。

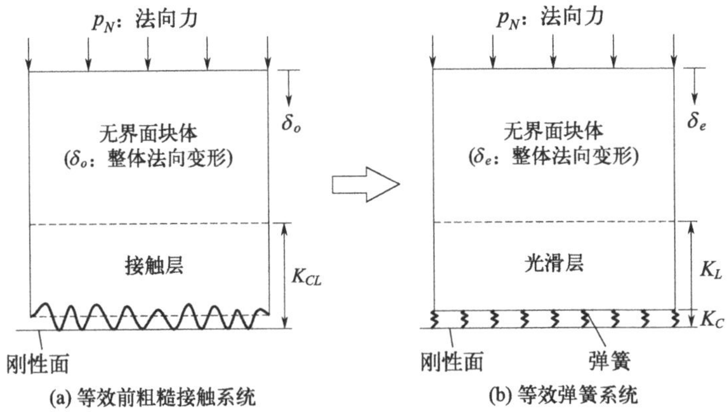

图 3-17　无厚度接触层粗糙接触界面和刚性平面接触等效示意图

图 3-17(a) 给出了含接触层厚度的法向接触示意图，其中接触层的法向刚度为 K_{CL}，图 3-17(b) 给出了将一定厚度接触层法向刚度等效为具有相应刚度（K_L）的光滑层和等效后的法向接触刚度（K_C）的示意图，K_{CL}、K_L、K_C 之间满足如下关系

$$\frac{1}{K_{CL}}=\frac{1}{K_C}+\frac{1}{K_L} \tag{3-17}$$

根据式(3-17) 可获得等效后的接触界面刚度如下

$$K_C=\frac{K_L K_{CL}}{K_L-K_{CL}} \tag{3-18}$$

3.2.2 切向接触刚度等效方法

图 3-18(a) 给出了切向载荷 F_t 作用下两粗糙体表面的接触示意图。

等效前其对应的整体切向刚度为 K_w，这里将其等效为尺寸相当的无界面块体的切向刚度 K_b［如图 3-18(c) 所示］和等效后的切向接触刚度 K_e［如图 3-18(b) 所示］。

同法向刚度等效处理方法，可求得等效后的切向接触刚度满足如下关系

$$K_e=\frac{K_b K_w}{K_b-K_w} \tag{3-19}$$

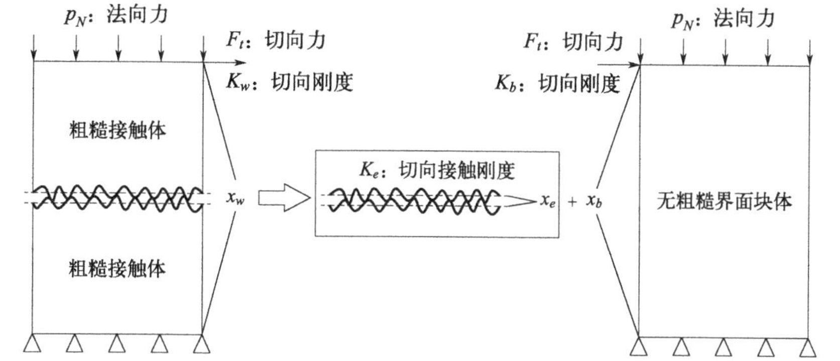

图 3-18　两粗糙体接触系统的动力学等效

上述法向和切向刚度等效处理，为利用三维方法处理复杂大面积界面的接触问题以及跨尺度动力学分析奠定了理论基础。在三维裂纹转子轴承系统动力学分析中，较为精确的建模如何有效计入相关主要接触界面动力学影响，还需要处理好组合转子系统中小尺寸的微观接触界面效应和大尺寸的宏观组合转子系统动力学分析之间的矛盾关系。

3.3　微观界面与宏观转子系统的跨尺度等效方法

如何在三维裂纹组合转子系统宏观动力学特性分析中计入接触界面动力学参数，是本小节的关注点所在。

实际表征微观粗糙接触界面的几何参数尺度多为微米级，而宏观转子轴承系统相关结构参数的数量级常为厘米或米级，二者尺度相差较大，在现有计算机条件下，直接在三维分析工具诸如 ANSYS、ABAQUS、NASTRAN 中建立包含粗糙表面形貌特征的接触界面，其节点数目将剧烈增加，对于富含粗糙接触界面的复杂组合转子系统，其静力学和动力学计算处理均较为困难。

因此，采用合适的方式将微观接触界面动力学特性计入宏观系统动力学参数中，是三维动力学分析需要克服的困难，其亦为复杂组合转子轴承系统动力学特性分析方法研究中的重要部分，为此，在前述无厚度接触层等效方法基础上，引入无厚度的跨尺度接触界面等效处理方法[224-226]，进而形成复杂组合转子系统的三维跨尺度动力学计算方法，计入接触界面微观特征的三维裂纹转子系统跨尺度动力学分析基本思路如图 3-19 所示，其主要步骤如下：

① 基于微元体基础等效理论，通过对计入粗糙界面表面形貌的接触微元体

模型的接触等效分析，可以获得与接触微元体相应的接触刚度-接触应力（压力）关系；

② 通过三维组合转子系统应力应变分析，可以获得接触界面各个接触对上对应节点的接触应力状态，将相关应力作为插值条件，结合接触微元特性获得接触界面上各接触单元的等效接触刚度；

③ 将获得的各接触单元刚度根据接触单元各高斯积分点的应力值分配到与相应单元关联的各节点上，从而获得整个接触界面的各节点的等效接触刚度，在三维动力学分析中，采用等效的弹簧刚度单元代替接触界面各结点刚度值，参与三维动力学分析计算[225]。

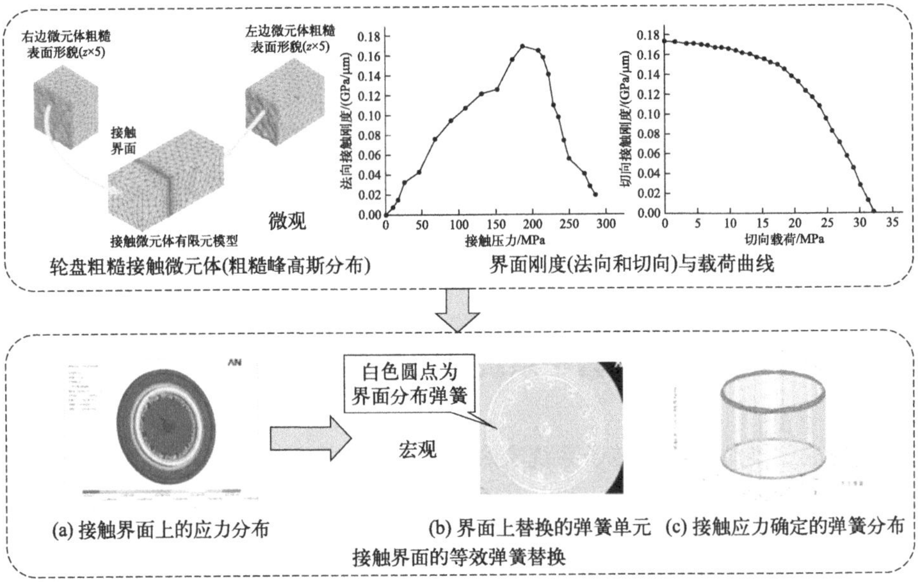

图 3-19　计入接触界面微观特征的三维跨尺度建模方法

至此，在上一节含裂纹组合转子系统动力学方程的基础上，结合式(3-17)～式(3-19)，运用无厚度的接触等效理论和微观与宏观跨尺度动力学分析方法，可以对计入接触界面动力学效应后的裂纹组合拉杆转子系统进行三维动力学特性分析，进而形成含裂纹故障的复杂拉杆组合转子系统非线性动力学特性分析方法。

3.4 本章小结

本章结合拉杆组合转子轴承系统中主要接触界面分布情况，重点阐述了粗糙界面建模的三种基础理论模型（赫兹接触理论模型、GW统计接触模型、分形接触模型），进而给出了粗糙界面法向刚度及切向刚度的等效建模方法，其中重点分析了传统理想弹塑性变形机制下界面法向刚度建模方法及其存在的不足，进而提出了有厚度的接触层等效界面刚度建模等效方法，给出了适用于工程界面建模分析的无厚度接触层法向及切向刚度建模方法。

此外，针对微观界面的小尺度与宏观转子系统的尺度跨越问题，提出了三维界面宏微观跨尺度等效处理方法，此部分既是复杂转子系统动力学建模的基础，亦是微观界面能适用于工程实际的重要理论支撑。

第4章 一维拉杆裂纹组合转子轴承系统动力学建模及求解方法

长期以来，裂纹转子动力学问题的相关研究主要以一维方法为主，相应的模型多基于单盘 Jeffcott 或是多盘整体结构的转子系统，结构相对简单，其不含接触界面，无预紧力作用，便于计算处理；而盘式拉杆组合转子系统，整个转子系统通常为多段转轴、多级轮盘、多根拉杆通过大预紧力作用连接在一起，在各部件之间连接处产生众多的接触界面，应力集中位点相对较多，诸如拉杆螺母头端部、轮盘拉杆孔边缘、转轴盘根位置等处，这些应力集中位点常受到交变应力作用，极易萌生裂纹。对于此类含裂纹复杂组合转子，无法直接运用传统裂纹转子动力学模型进行动力学分析，其需进一步综合考虑裂纹、预紧效应、接触界面等因素。此外，当拉杆转子系统出现裂纹时，系统拉应力远大于重力效应，相应的裂纹状态主要以开裂纹为主。

为此本章在一般整体转子动力学研究的基础上，针对传统一维方法的不足，充分反映拉杆组合转子结构特点，建立考虑多种因素影响下的综合动力学模型，尝试从一维角度揭示裂纹对复杂拉杆组合转子系统的动力学影响规律，进一步丰富含裂纹故障的复杂拉杆组合转子系统动力学理论，为深入开展含裂纹故障的复杂拉杆转子系统的动力学研究提供有益而必要的参考。

4.1 一般整体转子轴承系统动力学建模

相对于传递矩阵法，有限元法计算结果精度更高，采用有限元法分析转子动力学问题，从只考虑移动惯性下的弯曲振动到其模型已包括转动惯量、陀螺力矩、轴向载荷、剪切变形等多种因素。现代计算机技术的发展使有限元法在对大型复杂转子结构系统进行临界转速计算、动力响应分析、稳定性考察等方面优势突出，亦可避免传递矩阵法可能出现的数值不稳定性。为此本节基于一维铁木辛柯梁单元理论，采用有限元方法[227] 进行一维转子系统模型的建立。

(1) 转子离散化处理

一般整体转子动力学模型（如图 4-1 所示）的建立主要采用一维有限元方法思想：即对转子转轴采用 2 节点 8 自由度的 Timoshenko（铁木辛柯）梁单元（如图 4-2 所示）离散化处理，通过哈密顿原理进行组装，将轮盘添加到对应节点位置，轴承节点位置计入油膜力。图 4-1 为典型的三盘整体转子轴承系统，图 4-2 为 Timoshenko 梁单元模型，一个 Timoshenko 梁单元含有两个节点，每个节点包含 2 平动自由度（x, y）和 2 转动自由度（ψ, φ）。

(2) 系统外力（重力及不平衡力）

单个 Timoshenko 梁单元重力为（$0, mg/2, 0, 0, 0, mg/2, 0, 0$），根据所离散

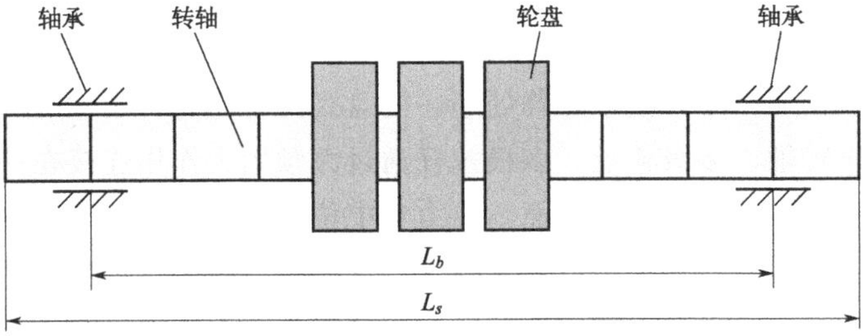

图 4-1　一般整体结构三盘转子轴承系统示意图

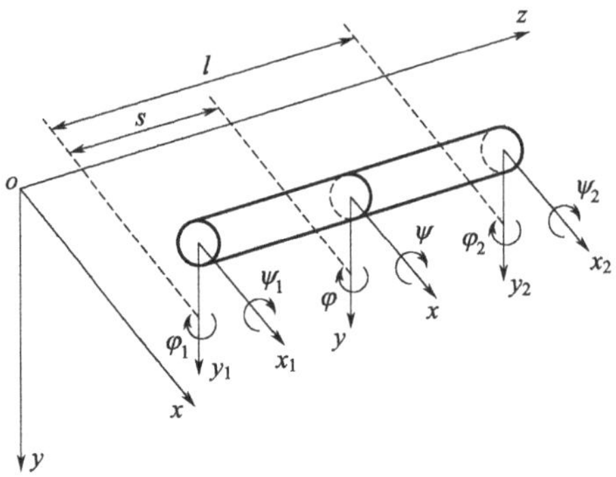

图 4-2　铁木辛柯梁单元

出的节点数，按照哈密顿原理组装，轮盘重力叠加于相应的节点即可。

系统不平衡力矢量可表示为 $\boldsymbol{F}_e=(F_{ex},F_{ey},0,0)$，其中系统不平衡量在水平方向（$x$）和竖直方向（$y$）上的分量 F_{ex} 和 F_{ey} 的表达式分别如下所示

$$F_{ex}=me\omega^2\sin(\phi+\omega t)=me_x\omega^2\cos(\omega t)+me_y\omega^2\sin(\omega t) \tag{4-1}$$

$$F_{ey}=me\omega^2\cos(\phi+\omega t)=me_y\omega^2\cos(\omega t)-me_x\omega^2\sin(\omega t) \tag{4-2}$$

式中　ϕ——不平衡量与 y 轴正方向的初始角度；

ω——转速；

e——不平衡量。

(3) 非线性油膜力模型

径向轴承油膜力矢量 $\boldsymbol{F}_B=(F_{Bx},F_{By},0,0)$，对于滑动圆轴承，本书采用 Pinkus 无限长轴承假定[228] 及 Sommerfled 边界条件，$P(0)=P(2\pi)=P_0$，得到油膜动压力分布的解析表达式，采用“静态 π”油膜假设，对油膜动压力分布解析式由 0 到 π 积分，可得径向油膜力 F_r 和切向油膜力 F_t 分别如式(4-3)所示。

$$
\begin{cases}
F_r=\sigma\omega\left[\left(1-2\dfrac{\mathrm{d}\varphi}{\mathrm{d}\tau}\right)\times\dfrac{2\varepsilon^2}{(2+\varepsilon^2)(1-\varepsilon^2)}+\dfrac{\pi}{(1-\varepsilon^2)^{3/2}}\times\dfrac{\mathrm{d}\varepsilon}{\mathrm{d}\tau}\right]\\
F_t=-\sigma\omega\left[(1-2\dfrac{\mathrm{d}\varphi}{\mathrm{d}\tau})\times\dfrac{\pi\varepsilon}{(2+\varepsilon^2)(1-\varepsilon^2)^{1/2}}+\dfrac{4}{(1+\varepsilon)(1-\varepsilon^2)}\times\dfrac{\mathrm{d}\varepsilon}{\mathrm{d}\tau}\right]
\end{cases}
\tag{4-3}
$$

式中 σ——Sommerfeld 系数，$\sigma=6\mu B(R^2/c^2)$；

ε——偏心距，$\varepsilon=\sqrt{x^2+y^2}$；

φ——偏位角，$\varphi=\arctan(x/y)$。

由坐标变换关系可得转子受到的径向轴承力分量表达式应为：

$$
\begin{cases}
F_{Bx}=-F_r\sin\theta-F_t\cos\theta=-F_r(x/\varepsilon)\sin\theta-F_t(y/\varepsilon)\\
F_{By}=-F_r\cos\theta+F_t\sin\theta=-F_r(y/\varepsilon)\sin\theta+F_t(x/\varepsilon)
\end{cases}
\tag{4-4}
$$

(4) 系统动力学方程

$$
\boldsymbol{M}^S\ddot{\boldsymbol{x}}^S+\boldsymbol{G}^S\dot{\boldsymbol{x}}^S+\boldsymbol{K}^S\boldsymbol{x}^S=\boldsymbol{F}_G+\boldsymbol{F}_e+\boldsymbol{F}_B \tag{4-5}
$$

式中，$\boldsymbol{x}=(x_1,y_1,\psi_1,\varphi_1,\cdots,x_m,y_m,\psi_m,\varphi_m)$，方程维数 n = 单个节点自由度数（4）×节点数（m）$=4m$；$\boldsymbol{M}^S$、$\boldsymbol{G}^S$、$\boldsymbol{K}^S$ 维数为 $4m\times4m$，分别为系统的质量矩阵、系统陀螺力矩阵、系统刚度矩阵；$\boldsymbol{x}$、$\boldsymbol{F}_G$、$\boldsymbol{F}_e$、$\boldsymbol{F}_B$ 分别为系统广义位移矢量、系统重力矢量、系统不平衡力矢量、轴承油膜力矢量，其相应的维数为 $4m\times1$。

4.2 一维拉杆动力学模型

图 4-3 所示为典型的一维三盘拉杆组合转子轴承系统，其基本参数分别为：转子长度 $L_s=1.0\mathrm{m}$，轴承跨距 $L_b=0.8\mathrm{m}$，轴直径 $d_d=0.06\mathrm{m}$，轮盘直径 $D_d=0.16\mathrm{m}$，拉杆长度 $L_{rod}=0.30\mathrm{m}$，拉杆直径 $d_{rod}=0.01\mathrm{m}$，轮盘厚度 $L_d=0.08\mathrm{m}$。

相对于转子的转轴和轮盘质量，周向均布拉杆的质量相对较小，其主要作用：通过拉杆端部的预紧螺母使转子系统结合为一体，可将其等效为如图 4-4 所示的弹簧模型，求得每根拉杆在旋转时产生的动态弹簧力并添加到转子轴承系统中即可。

动态弹簧力与拉杆端部螺母头的空间位置密切相关，这里视拉杆端部螺母头位置与对应位置的轮盘固结一体；通过对轮盘相应位置点瞬时坐标的确定获得拉杆的瞬时变形量，而对于距离轮盘中心半径为 r 处的坐标则通过固结在转轴上的对应节点的动态坐标（x,y,ψ,φ）来进一步确定。如图 4-5 所示，建立系统的绝对坐标系 $o\text{-}xyz$，通过对绝对坐标系的一次平移和三次旋转变换获得轮盘随动坐

标系 $o_3\text{-}x_3y_3z_3$，其中 $o'\text{-}x'y'z'$、$o_1\text{-}x_1y_1z_1$、$o_2\text{-}x_2y_2z_2$ 为变换过程中产生的转换坐标系[159,229]，γ、φ、ψ 分别为坐标系变换过程中的方位转角。

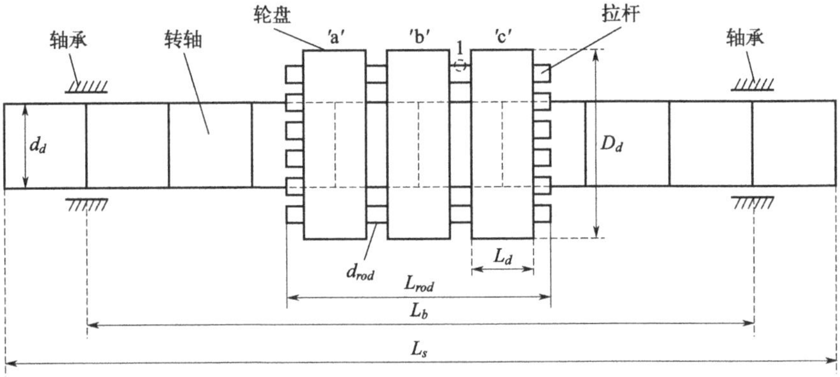

图 4-3　一维三盘拉杆组合转子轴承系统示意图

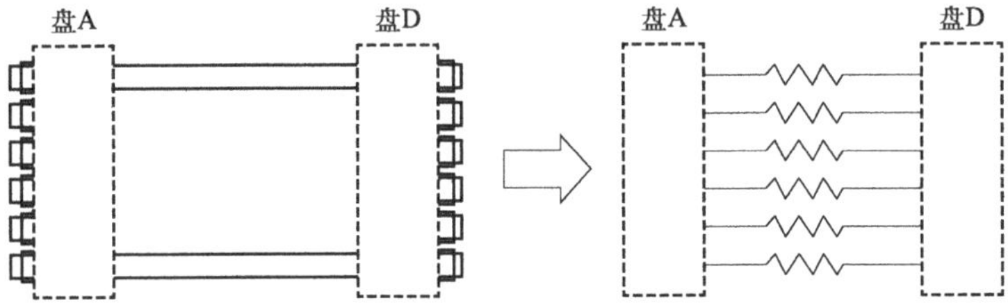

图 4-4　拉杆等效处理

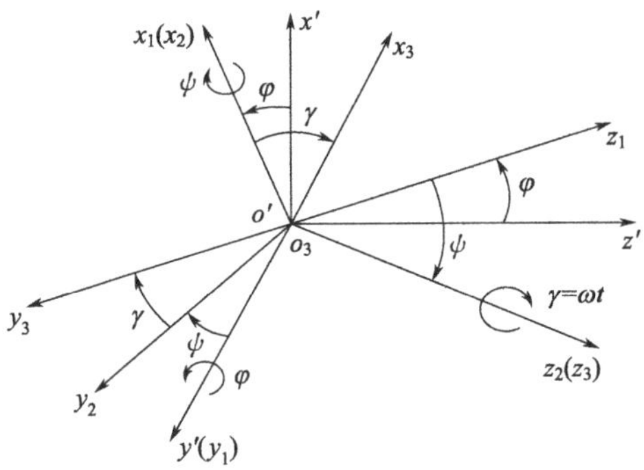

图 4-5　刚性盘坐标变换示意图

在随动坐标系下，对于第 i 根拉杆，在某一时刻其中一侧轮盘 A 中心的空间位置坐标为（x_a, y_a, z_a），转角坐标为（$\psi_a, \varphi_a, \omega t$），该盘对应拉杆端部的螺母头的空间位置坐标记为（$x_a^i, y_a^i, z_a^i$），则有如下关系表达式[159,229]：

$$\begin{bmatrix} x_a^i \\ y_a^i \\ z_a^i \end{bmatrix} = \begin{bmatrix} x_a \\ y_a \\ z_a \end{bmatrix} + \boldsymbol{T}_1 \boldsymbol{T}_2 \boldsymbol{T}_3 \begin{bmatrix} r\cos\gamma_i \\ r\sin\gamma_i \\ 0 \end{bmatrix}$$

$$= \begin{bmatrix} x_a + r\cos(\omega t+\gamma_i)\cos\varphi_a + r\sin(\omega t+\gamma_i)\sin\psi_a \sin\varphi_a \\ y_a + r\sin(\omega t+\gamma_i)\cos\psi_a \\ z_a - r\cos(\omega t+\gamma_i)\sin\varphi_a + r\sin(\omega t+\gamma_i)\sin\psi_a \cos\varphi_a \end{bmatrix} \tag{4-6}$$

式中，变换矩阵 $\boldsymbol{T}_1$、$\boldsymbol{T}_2$、$\boldsymbol{T}_3$ 分别如下

$$\boldsymbol{T}_1 = \begin{bmatrix} \cos\varphi_a & 0 & \sin\varphi_a \\ 0 & 1 & 0 \\ -\sin\varphi_a & 0 & \cos\varphi_a \end{bmatrix}, \boldsymbol{T}_2 = \begin{bmatrix} 1 & 0 & 0 \\ 0 & \cos\psi_a & -\sin\psi_a \\ 0 & \sin\psi_a & \cos\psi_a \end{bmatrix}, \boldsymbol{T}_3 = \begin{bmatrix} \cos(\omega t) & -\sin(\omega t) & 0 \\ \sin(\omega t) & \cos(\omega t) & 0 \\ 0 & 0 & 1 \end{bmatrix}$$

式中 ψ_a——轮盘相对 x 轴的转角；

φ_a——轮盘相对 y 轴的转角；

ω——转子转速；

r——拉杆中心所在分布圆的半径；

γ_i——第 i 根拉杆在圆盘端面上相对于参考位置的方位角，$\gamma_i = 2\pi i/n(i=1,2,\cdots,n, n=12)$；

对式(4-6) 进行一阶近似处理则有

$$\begin{bmatrix} x_a^i \\ y_a^i \\ z_a^i \end{bmatrix} = \begin{bmatrix} x_a + r\cos(\omega t+\gamma_i) \\ y_a + r\sin(\omega t+\gamma_i) \\ z_a - r\varphi_a \cos(\omega t+\gamma_i) + r\psi_a \sin(\omega t+\gamma_i) \end{bmatrix} \tag{4-7}$$

则第 i 根拉杆在另一侧轮盘 D 位置上对应位置的螺母头的坐标可以类似表达为

$$\begin{bmatrix} x_d^i \\ y_d^i \\ z_d^i \end{bmatrix} = \begin{bmatrix} x_d + r\cos(\omega t+\gamma_i) \\ y_d + r\sin(\omega t+\gamma_i) \\ z_d - r\varphi_d \cos(\omega t+\gamma_i) + r\psi_d \sin(\omega t+\gamma_i) \end{bmatrix} \tag{4-8}$$

联立式(4-7) 和式(4-8)，则第 i 根拉杆的瞬时长度（L^i）即为

$$L^i = \sqrt{(x_d^i - x_a^i)^2 + (y_d^i - y_a^i)^2 + (L_0 + z_d^i - z_a^i)^2} \tag{4-9}$$

则第 i 根拉杆的动态伸长量（ΔL^i）应为拉杆瞬时长度（L^i）与拉杆原始长度（L_0）的差值，即为

$$\Delta L^i = L^i - L_0 = (z_d^i - z_a^i) + \frac{(x_d^i - x_a^i)^2}{2} + \frac{(y_d^i - y_a^i)^2}{2} + \frac{(z_d^i - z_a^i)^2}{2} + \cdots \tag{4-10}$$

考虑轮盘本身为刚性盘（可忽略其自身在 z 方向的变形），对式(4-10）一阶近似处理并联立式(4-7）和式(4-8)，则有如下表达式：

$$\Delta L^i = z_d^i - z_a^i = -r(\varphi_d - \varphi_a)\cos(\omega t + \gamma_i) + r(\psi_d - \psi_a)\sin(\omega t + \gamma_i) \tag{4-11}$$

在系统受到扰动情况下，第 i 根拉杆动态轴向力可表达为

$$F^i = F_0^i + \Delta F^i = F_0^i + \frac{EA}{L_0}\Delta L^i \tag{4-12}$$

式中 F_0^i——第 i 根拉杆的初始预紧力；

A——第 i 根拉杆的横截面积。

则第 i 根拉杆的弹性势能为

$$U^i = \int_0^{\Delta L^i}\left(F_0^i + \frac{EA}{L_0^i}l\right)\mathrm{d}l = F_0^i\Delta L^i + \frac{EA}{2L_0}(\Delta L^i)^2 \tag{4-13}$$

对于整个拉杆组合转子系统，n 根拉杆的总势能应为

$$\sum_{i=1}^{n}U^i = \sum_{i=1}^{n}F_0^i\Delta L^i + \sum_{i=1}^{n}\frac{EA}{2L_0}(\Delta L^i)^2 \tag{4-14}$$

将式(4-11）代入式(4-14）中，根据三角函数知识整理后则有如下表达式

$$\sum_{i=1}^{n}U^i = [-a \quad a \quad -b \quad b]\begin{bmatrix}\varphi_d\\ \varphi_a\\ \psi_d\\ \psi_a\end{bmatrix} + [\varphi_d \quad \varphi_a \quad \psi_d \quad \psi_a]\begin{bmatrix}c & -c & 0 & 0\\ -c & c & 0 & 0\\ 0 & 0 & c & -c\\ 0 & 0 & -c & c\end{bmatrix}\begin{bmatrix}\varphi_d\\ \varphi_a\\ \psi_d\\ \psi_a\end{bmatrix} \tag{4-15}$$

式中，$a = r\sum_{i=1}^{n}F_0^i\sin(\omega t + \gamma_i)$；$b = r\sum_{i=1}^{n}F_0^i\cos(\omega t + \gamma_i)$；$c = \frac{nEA}{2L_0}r^2$。

对于式(4-15)，第一项即为预紧力 F_0^i 产生的附加力矩，第二项为 n 根拉杆所产生的附加刚度，即为一维拉杆动力单元附加刚度 $\boldsymbol{K}_{rod}$；当所有拉杆受到均匀预紧力作用时，相应的附加刚度矩阵可以表示为

$$\boldsymbol{K}_{rod}=\begin{bmatrix} c & -c & 0 & 0 \\ -c & c & 0 & 0 \\ 0 & 0 & c & -c \\ 0 & 0 & -c & c \end{bmatrix} \tag{4-16}$$

当拉杆非均匀预紧时，其所产生的附加力矩为

$$\boldsymbol{f}_{rod}=r[-a \quad a \quad -b \quad b]^{\mathrm{T}} \tag{4-17}$$

鉴于上述拉杆动力学建模过程可知，相对于非拉杆转子系统，当周向均布拉杆等效为质量忽略的弹簧模型时，所有拉杆均匀预紧下，其将产生拉杆附加刚度，而当拉杆预紧不均时，除了提供附加刚度外，还提供了附加力矩，这种力矩效应使转子系统发生初始弯曲效应，对于缺陷（如裂纹）转子，裂纹发生后常造成系统应力水平发生变化，进而影响系统动力学特性。

4.3 一维接触界面动力学模型

实际工程零部件表面并非理想光滑表面，当元件或零部件组合在一起时也并非理想接触，实为两粗糙表面的相互作用，不同加工方式或精度形成的加工表面使零件表面的粗糙形貌不同，这种粗糙接触界面效应对整个系统而言，既表现为弹性也表现为阻尼。接触刚度是整个动力系统刚度的重要组成部分，对整个系统的动力学特性有着重要影响，较为精确的动力学模型需要考虑接触界面效应。而拉杆组合转子系统中多种接触界面，诸如相邻轮盘的接触界面、拉杆螺母头与轮盘端面的接触界面、拉杆与拉杆孔内壁之间的接触界面，其中轮盘间接触界面及拉杆螺母头接触界面是最为重要的一类接触界面，也是一维动力学研究中主要考虑的接触界面，这里以轮盘间接触界面为例，说明界面在拉杆转子系统中的动力学建模处理方法。

如图 4-6 所示，这里将接触界面等效成无质量弹簧，根据势能定理和接触界面所处位置的动态坐标关系，接触界面产生的总弹性势能 $U_{总}$ 应为接触界面 x、y、z 方向的势能之和[230]

$$U_{总}=U_x+U_y+U_z \tag{4-18}$$

接触界面 x、y、z 方向的势能应为接触界面上各接触微元势能的之和，即为

$$U_x=\int_0^{2\pi}\int_0^r \frac{1}{2}k_t(x_L^i-x_R^i)^2 r\,\mathrm{d}r\,\mathrm{d}\gamma \tag{4-19}$$

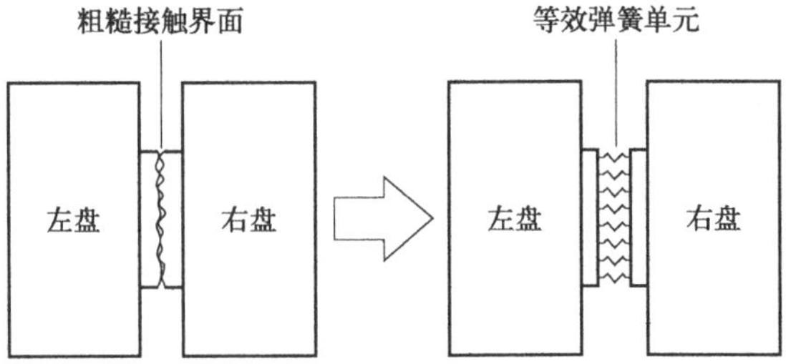

图 4-6　一维接触界面等效动力学模型

同理可得

$$U_y=\int_0^{2\pi}\int_0^r \frac{1}{2}k_t(y_L^i-y_R^i)^2 r\mathrm{d}r\mathrm{d}\gamma \tag{4-20}$$

$$U_z=\int_0^{2\pi}\int_0^r \frac{1}{2}k_n(z_L^i-z_R^i)^2 r\mathrm{d}r\mathrm{d}\gamma \tag{4-21}$$

式中　k_n——接触界面微元法向接触刚度；

k_t——接触界面微元切向接触刚度；

r——微元在接触界面上的径向位置；

γ——微元在接触界面的周向位置。

(x_L^i, y_L^i, z_L^i) 和 (x_R^i, y_R^i, z_R^i) 分别代表接触界面上第 i 个微元接触对两粗糙表面均值中心的空间坐标。

参照前面拉杆动力学建模过程，接触界面上的切向和法向势能可进一步表达为[230]

$$U_z=\int_0^{2\pi}\int_0^r \frac{1}{2}k_n(z_L^i-z_R^i)^2 r\mathrm{d}r\mathrm{d}\gamma=\frac{1}{8}k_n\pi r^4[(\psi_L^i-\psi_R^i)^2+(\varphi_L^i-\varphi_R^i)^2] \tag{4-22}$$

式中，ψ_L^i、ψ_R^i 和 φ_L^i、φ_R^i 分别代表两接触界面上第 i 个微元相对 x 和 y 轴的空间转角坐标。

则整个接触界面总势能为

$$U_{总}=\frac{\pi r^2}{2}k_t(x_L^i-x_R^i)^2+\frac{\pi r^2}{2}k_t(y_L^i-y_R^i)^2+\frac{\pi k_n r^4}{8}(\psi_L^i-\psi_R^i)^2+\frac{\pi k_n r^4}{8}(\varphi_L^i-\varphi_R^i)^2 \tag{4-23}$$

$$\boldsymbol{U}_{总}=[x_L^i \quad y_L^i \quad \psi_L^i \quad \varphi_L^i \quad x_R^i \quad y_R^i \quad \psi_R^i \quad \varphi_R^i]^{\mathrm{T}}$$
$$\boldsymbol{K}_c\,[x_L^i \quad y_L^i \quad \psi_L^i \quad \varphi_L^i \quad x_R^i \quad y_R^i \quad \psi_R^i \quad \varphi_R^i]=\boldsymbol{q}_c^{\mathrm{T}}\boldsymbol{K}_c\boldsymbol{q}_c \tag{4-24}$$

式中　$\boldsymbol{q}_c$——两接触界面的位移向量，$\boldsymbol{q}_c=[x_L^i \quad y_L^i \quad \psi_L^i \quad \varphi_L^i \quad x_R^i \quad y_R^i \quad \psi_R^i \quad \varphi_R^i]^{\mathrm{T}}$；

$\boldsymbol{K}_c$——一维接触界面刚度矩阵，其为 8×8 阶方阵，如下所示：

$$
\boldsymbol{K}_c = \begin{bmatrix} a_c & 0 & 0 & 0 & -a_c & 0 & 0 & 0 \\ 0 & a_c & 0 & 0 & 0 & -a_c & 0 & 0 \\ 0 & 0 & b_c & 0 & 0 & 0 & -b_c & 0 \\ 0 & 0 & 0 & b_c & 0 & 0 & 0 & -b_c \\ -a_c & 0 & 0 & 0 & a_c & 0 & 0 & 0 \\ 0 & -a_c & 0 & 0 & 0 & a_c & 0 & 0 \\ 0 & 0 & -b_c & 0 & 0 & 0 & b_c & 0 \\ 0 & 0 & 0 & -b_c & 0 & 0 & 0 & b_c \end{bmatrix} \tag{4-25}
$$

式中，$a_c=\dfrac{\pi k_t r^2}{8}$；$b_c=\dfrac{\pi k_n r^4}{8}$。

4.4 一维含拉杆裂纹建模及其转子系统非线性动力学模型

当图 4-3 中标号为 1 的位置对应的第 j 根拉杆出现横向裂纹，裂纹形式如图 4-7 所示，其受力面积将发生变化，相应拉杆所受的轴向力可以表示为

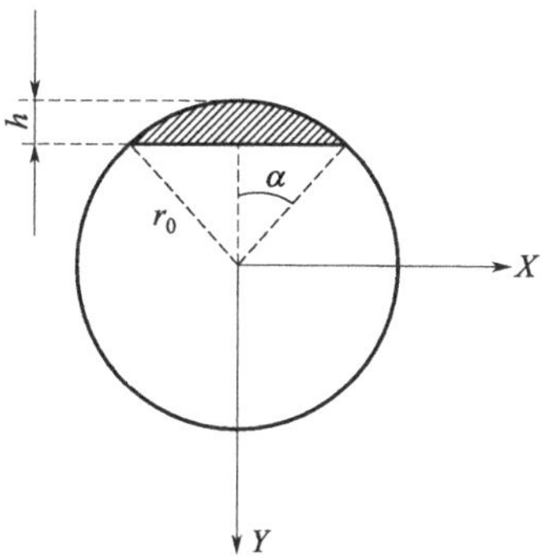

图 4-7 拉杆裂纹截面示意图

$$
F^j = F^{i0} + \frac{EA_c}{L_0}\Delta L^i \tag{4-26}
$$

式中 A_c——裂纹截面面积，$A_c=r_0^2(\pi-\alpha+\sin\alpha-\lambda\sin\alpha)$；

λ——代表裂纹的相对深度，$\lambda=h/r_0$。

第 j 根拉杆的弹性势能可表达为

$$
U^j = \int_0^{\Delta L^i}\left\{F^{i0} + \frac{Er_0^2[\pi-\alpha+(1-\lambda)\sin\alpha]l}{L_0}\right\}\mathrm{d}l \tag{4-27}
$$

则第 j 根裂纹拉杆和其余 $n-1$ 根无裂纹拉杆势能之和应为

$$\sum_{\substack{i=1\\i\neq j}}^{n}U^i+U^j=\begin{bmatrix}-a\\b\\-b\\b\end{bmatrix}\begin{bmatrix}\varphi_d\\\varphi_a\\\phi_d\\\phi_a\end{bmatrix}^{\mathrm{T}}+\frac{1}{2}\begin{bmatrix}\varphi_d\\\varphi_a\\\phi_d\\\phi_a\end{bmatrix}^{\mathrm{T}}\boldsymbol{K}_{rod}\begin{bmatrix}\varphi_d\\\varphi_a\\\phi_d\\\phi_a\end{bmatrix}+\frac{1}{2}\begin{bmatrix}\varphi_d\\\varphi_a\\\phi_d\\\phi_a\end{bmatrix}^{\mathrm{T}}\boldsymbol{K}_{rodc}\begin{bmatrix}\varphi_d\\\varphi_a\\\phi_d\\\phi_a\end{bmatrix}\tag{4-28}$$

式中　$\boldsymbol{K}_{rodc}$——裂纹拉杆产生的附加刚度矩阵，其表达式如下所示

$$\boldsymbol{K}_{rodc}=\begin{bmatrix}f_0&-f_0&p_0&-p_0\\-f_0&f_0&-p_0&p_0\\0&0&g_0&-g_0\\0&0&-g_0&g_0\end{bmatrix}\tag{4-29}$$

式中，$f_0=EAf(\lambda)r^2\cos^2(\omega t+\gamma_i)/(\pi L_0)$；$g_0=EAf(\lambda)r^2\sin^2(\omega t+\gamma_i)/(\pi L_0)$；$p_0=EAf(\lambda)r^2\sin[2(\omega t+\gamma_i)]/(\pi L_0)$；$f(\lambda)=-\alpha+\sin\alpha-\lambda\sin\alpha$。

拉杆裂纹造成转子系统结构不再对称，由式(4-29) 可知裂纹产生的附加刚度矩阵为非对称矩阵，裂纹的产生使拉杆组合转子系统局部柔度增加，刚度降低。

根据有限元方法和转子轴承动力学理论，结合拉杆组合转子轴承系统的建模方法，计入裂纹拉杆动力学模型、接触界面动力学模型后，则含拉杆裂纹的盘式拉杆组合转子轴承系统动力学方程可以表示为

$$\boldsymbol{M}^S\ddot{\boldsymbol{x}}^S+\boldsymbol{G}^S\dot{\boldsymbol{x}}^S+\boldsymbol{K}^S\boldsymbol{x}^S=\boldsymbol{Q}^S+\boldsymbol{F}^S\tag{4-30}$$

式中，$\boldsymbol{M}^S=\boldsymbol{M}^r+\boldsymbol{M}^d$；$\boldsymbol{G}^S=\boldsymbol{G}^r+\boldsymbol{G}^d$；$\boldsymbol{K}^S=\boldsymbol{K}^r+\boldsymbol{K}_c^S+\boldsymbol{K}_{rod}^S+\boldsymbol{K}_{rodc}^S$；$\boldsymbol{Q}^S=\boldsymbol{Q}^r+\boldsymbol{Q}^d$；$\boldsymbol{F}^S=\boldsymbol{F}_{rod}+\boldsymbol{F}_{oil}$；$\boldsymbol{M}$、$\boldsymbol{G}$、$\boldsymbol{K}$、$\boldsymbol{Q}$ 分别为质量矩阵、陀螺力矩阵、刚度矩阵、外力矢量；上角标 S、r 分别代表系统和转子；下角标 rod、$rodc$ 分别指代无裂纹和含裂纹拉杆相关项；$\boldsymbol{K}_c^S$、$\boldsymbol{K}_{rod}^S$、$\boldsymbol{K}_{rodc}^S$ 是由相应的 $\boldsymbol{K}_c$、$\boldsymbol{K}_{rod}$、$\boldsymbol{K}_{rodc}$ 构成的系统整体矩阵。

4.5　一维拉杆裂纹盘式拉杆组合转子系统动力学方程求解

为了高效率计算且保留所需要的相关必要节点信息，这里保留系统轴承位置节点、轮盘位置节点的非线性自由度，同时保留部分线性自由度，采用自由界面模态综合法[231,232] 对系统自由度进行缩减处理，缩减后的系统可表示为

$$\boldsymbol{M}\ddot{\boldsymbol{q}}+\boldsymbol{G}\dot{\boldsymbol{q}}+\boldsymbol{K}\boldsymbol{q}=\boldsymbol{Q}\tag{4-31}$$

式中 $\boldsymbol{M},\boldsymbol{G},\boldsymbol{K},\boldsymbol{Q}$——缩减后的系统质量矩阵、系统阻尼力矩阵、系统刚度矩阵，分别可以表示为 $\boldsymbol{M}=\boldsymbol{T}^{\mathrm{T}}\boldsymbol{M}^{S}\boldsymbol{T}$，$\boldsymbol{G}=\boldsymbol{T}^{\mathrm{T}}\boldsymbol{G}^{S}\boldsymbol{T}$，$\boldsymbol{K}=\boldsymbol{T}^{\mathrm{T}}\boldsymbol{K}^{S}\boldsymbol{T}$，$\boldsymbol{Q}=\boldsymbol{T}^{\mathrm{T}}\boldsymbol{Q}^{S}+\boldsymbol{T}^{\mathrm{T}}\boldsymbol{F}^{S}$；

$\boldsymbol{q}$——缩减后的节点自由度信息；

$\boldsymbol{T}$——物理坐标转换到模态坐标的模态综合转换矩阵。

引入状态变量 $\boldsymbol{X}$，即 $\boldsymbol{X}=(\boldsymbol{q}^{\mathrm{T}},\dot{\boldsymbol{q}}^{\mathrm{T}})^{\mathrm{T}}$，则缩减后的系统动力学方程可以进一步表达为

$$\dot{\boldsymbol{X}}=\begin{bmatrix}\dot{\boldsymbol{q}}\\ \boldsymbol{M}^{-1}(\boldsymbol{Q}-\boldsymbol{K}\boldsymbol{q}-\boldsymbol{G}\dot{\boldsymbol{q}})\end{bmatrix} \tag{4-32}$$

系统周期解的求解，实质为两点边界值问题，假定系统受到以 T_0 为周期的周期载荷 $\boldsymbol{Q}_{ex}(t)$，边界条件 $\boldsymbol{X}(t)=\boldsymbol{X}(t+T_0)$，则有

$$\begin{cases}\dot{\boldsymbol{X}}=\boldsymbol{f}(\boldsymbol{X},t,\lambda_s)\\ \boldsymbol{X}(t)=\boldsymbol{X}(t+T_0)\end{cases} \tag{4-33}$$

式中，$\boldsymbol{f}(\boldsymbol{X},t,\lambda_s)=\begin{bmatrix}\dot{\boldsymbol{q}}\\ \boldsymbol{M}^{-1}(\boldsymbol{Q}-\boldsymbol{K}\boldsymbol{q}-\boldsymbol{G}\dot{\boldsymbol{q}})\end{bmatrix}$，其中 λ_s 为系统参数如角速度 ω 和不平衡量 e。

采用四阶龙格-库塔法求得周期解，结合周期解的预测追踪算法技术[159,229,233] [如式(4-34)]，实现对周期解随外参数变化下演变规律的追踪，从而掌握系统的非线性动力学特性。

$$\begin{cases}\boldsymbol{X}_{n+1}=\boldsymbol{X}_n-\left[\dfrac{\partial \boldsymbol{H}(\boldsymbol{X},\lambda_s)}{\partial \boldsymbol{X}_s}\right]^{-1}\times\dfrac{\partial \boldsymbol{H}(\boldsymbol{X},\lambda_s)}{\partial \lambda_s}\times\Delta\lambda_s\\ \lambda_{s(n+1)}=\lambda_{s(n)}+\Delta\lambda_s\end{cases} \tag{4-34}$$

式中，$\boldsymbol{H}(\boldsymbol{X},\lambda_s)$ 为由 $\boldsymbol{X}$ 和 Poincaré 映射 $\boldsymbol{P}$ 构成的非线性方程，即 $\boldsymbol{H}(\boldsymbol{X},\lambda_s)=\boldsymbol{X}-\boldsymbol{P}(\lambda_s,\boldsymbol{X})=\boldsymbol{0}$[159,229,233]。

4.6 一维拉杆裂纹组合转子轴承系统非线性动力学特性

4.6.1 系统非线性稳定性及分叉特性

图 4-8 以裂纹深度 $h=0.2r_0$（r_0 为拉杆半径）时的裂纹转子系统为例，研究了含裂纹拉杆转子系统和无裂纹转子系统非线性动力学特性。

由图 4-8 可知，与无裂纹拉杆组合转子相比，含裂纹拉杆转子系统非线性分

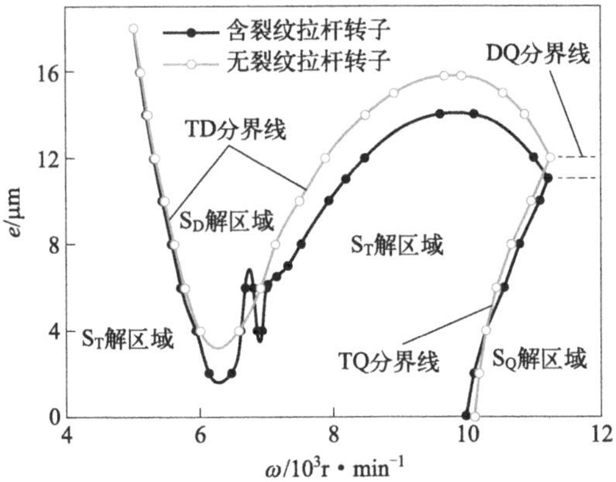

图 4-8 含裂纹（裂纹深度：$h=0.2r_0$）与无裂纹拉杆组合转子系统 e-ω 分叉转迁集

TD 分界线—稳定周期解与倍周期解的分界线；TQ 分界线—稳定周期解与伪周期解的分界线；DQ 分界线—倍周期解与伪周期解的分界线；S_T—周期解区域；S_D—倍周期解区域；S_Q—伪周期解区域

叉特性亦存在三种典型的解区域：周期解区域（S_T）——主要由 TD 分界线和 TQ 分界曲线形成；倍周期解区域（S_D）——主要由 TD 分界线和 DQ 分界曲线形成；伪周期区域（S_Q）——主要由 DQ 分界线和 TQ 分界曲线形成。但其亦呈现以下几个重要特征：

① 裂纹组合拉杆转子系统 e-ω 的分叉转迁集曲线整体发生了下移，裂纹故障的出现使系统稳定周期解的区域减小，裂纹转子系统的倍周期解和伪周期解曲线分界线发生了下移。

② 在临界转速附近区域（e-ω 曲线第一个波谷位置处），含裂纹组合拉杆转子系统 e-ω 的分叉转迁集曲线局部出现双波谷形态。

③ 在转速较低范围内（临界转速之前或曲线第一个波谷位置之前转速范围），如图 4-9 所示，当系统不平衡量较大（大于 4μm）时，裂纹故障组合转子系统周期解区域有所降低，但并未大幅降低，相比于裂纹的影响，此时系统不平衡量对系统非线性影响更为明显。

④ 对于平衡转子系统（$e=0$μm），裂纹转子系统稳定性降低，其较早进入伪周期区域进而发生失稳，如图 4-10 所示，随着不平衡的增加系统发生线性失稳。

图 4-11 中给出了接触界面对拉杆组合转子系统非线性分叉特性的影响情况，结合图 4-12 和图 4-13 可以发现，考虑拉杆组合转子系统中主要的接触界面（轮盘间接触界面、拉杆螺母头与轮盘端面接触界面），系统的分叉特性曲线整体向上移动，接触界面的计入并未改变曲线的整体变化趋势，但有助于提高系统的稳定性，使对于裂纹组合转子动力学特性的考察更为准确。

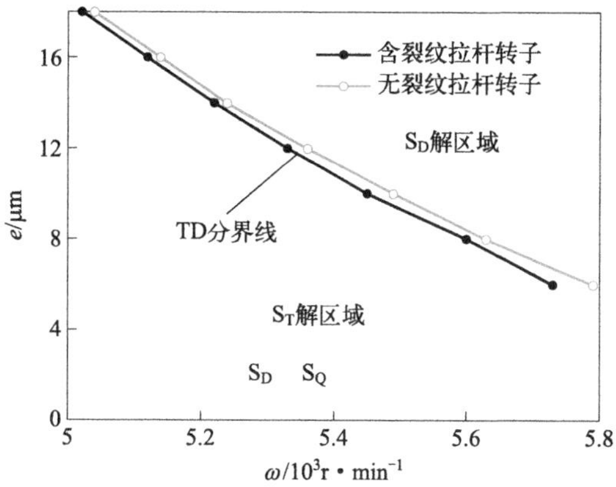

图 4-9 两种拉杆转子系统 e-ω 分叉转迁子集 Ⅰ

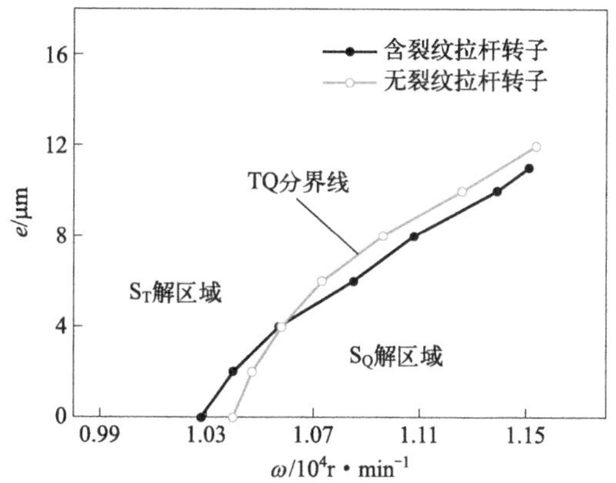

图 4-10 两种拉杆转子系统 e-ω 分叉转迁子集 Ⅱ

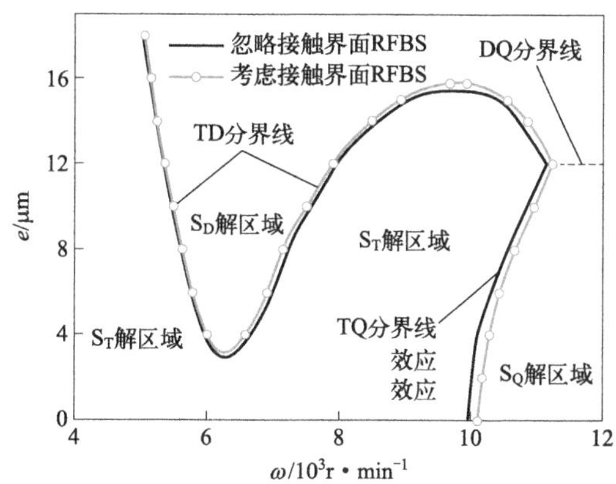

图 4-11 整体转子和无裂纹拉杆转子系统 e-ω 分叉转迁集

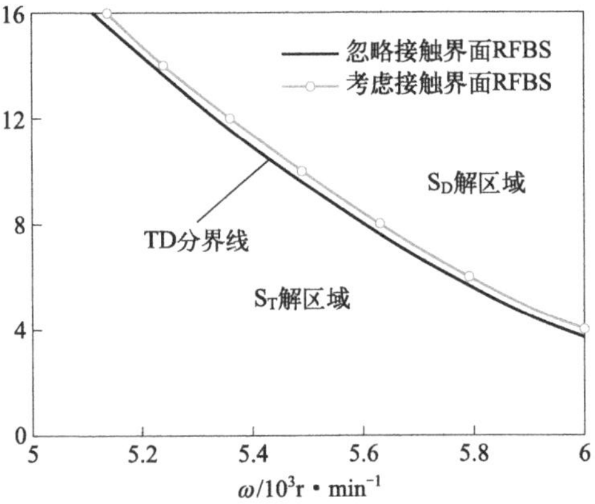

图 4-12　界面对拉杆转子 e-ω 分叉转迁集的影响Ⅰ

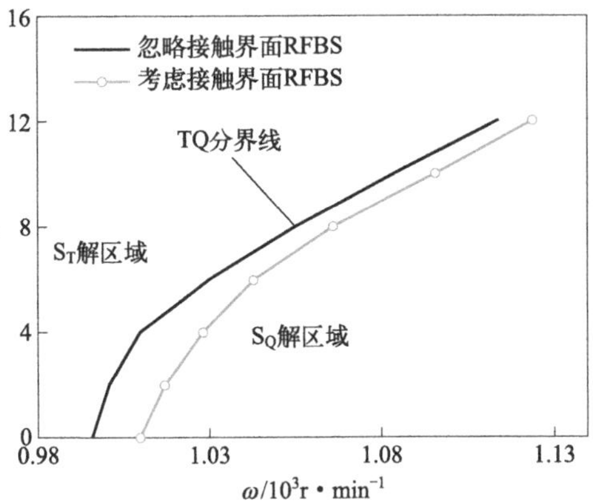

图 4-13　界面对拉杆转子 e-ω 分叉转迁集的影响Ⅱ

4.6.2 裂纹深度对系统非线性动力学特性的影响

图 4-14 和图 4-15 给出了裂纹深度分别为 $0.1r_0$、$0.2r_0$、$0.3r_0$（r_0 为拉杆半径）时，系统非线性分叉特性曲线的变化情况。随着裂纹深度的增加，系统 e-ω 的分叉转迁集曲线逐步整体下移，系统稳定性进一步降低，在一临界转速附近呈现的双波谷形态逐渐加剧；当裂纹深度为 $0.3r_0$ 时，即使对于平衡转子系统（$e=0\mu m$）亦会较早地从稳态周期解区域进入倍周期解区域，同时随着转速的不断增大，在接近线性失稳点时，伪周期线性失稳现象进一步加快，如图 4-15 所示。

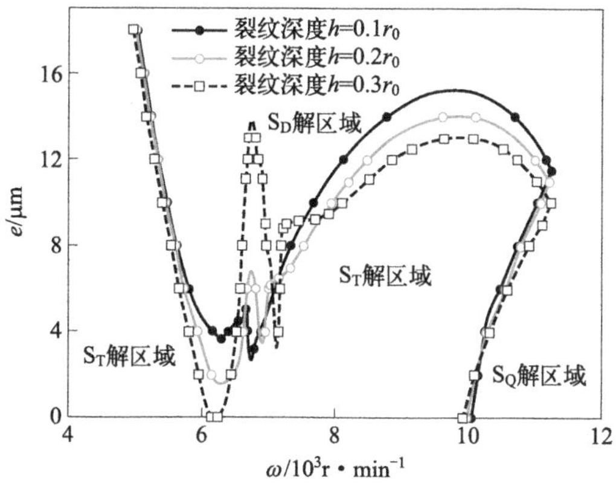

图 4-14 裂纹深度对系统 e-ω 分叉转迁集的影响（一）

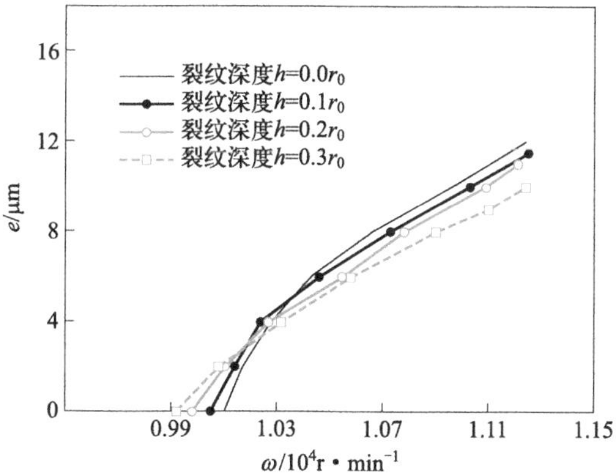

图 4-15 裂纹深度对系统 e-ω 分叉转迁集的影响（二）

4.6.3 不平衡量对非线性动力学特性的影响

为了考察不同不平衡量对系统非线性动力学特性的影响情况，在本小节裂纹转子系统均以 $h=0.2r_0$ 的裂纹为例进行说明。这里分别研究了不平衡量为 $e=0\mu m$、$e=6\mu m$、$e=11\mu m$ 三种情况下转子系统非线性动力响应情况。

(1) $e=0\mu m$

由图 4-14 及图 4-15 可知，不平衡量 $e=0\mu m$ 时，因为裂纹故障的影响，含裂纹转子系统先于无裂纹转子系统发生线性失稳，裂纹转子系统在 $\omega=10130r \cdot min^{-1}$ 时发生 Hopf 型分叉，无裂纹转子系统在 $\omega=10200r \cdot min^{-1}$ 时发生伪周期分叉，随着裂纹深度增加发生线性失稳的转速进一步降低。

图 4-16 和图 4-17 分别给出了含裂纹和无裂纹拉杆转子系统轴承及轮盘节点

位置的动力响应轨迹，可以发现两种转子系统进入线性失稳时其 Hopf 型分叉和伪周期分叉轴心轨迹形态。图 4-18 显示了含裂纹和无裂纹转子系统线性失稳碰摩时轨迹形态，含裂纹和无裂纹转子系统分别在 $\omega=11330\mathrm{r}\cdot\mathrm{min}^{-1}$ 和 $\omega=11470\mathrm{r}\cdot\mathrm{min}^{-1}$ 时发生失稳碰摩现象。

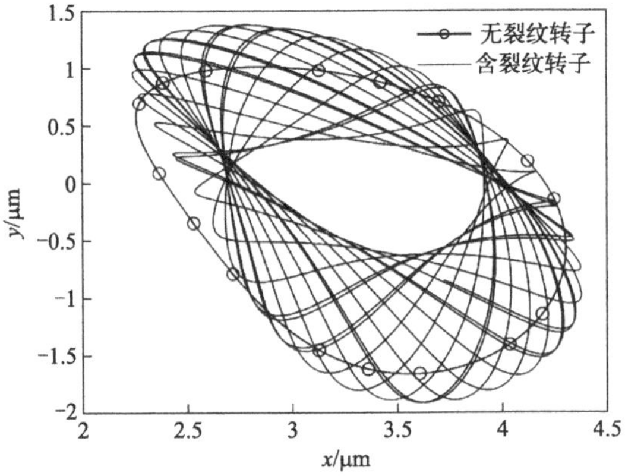

图 4-16　轴承节点的动力响应轨迹

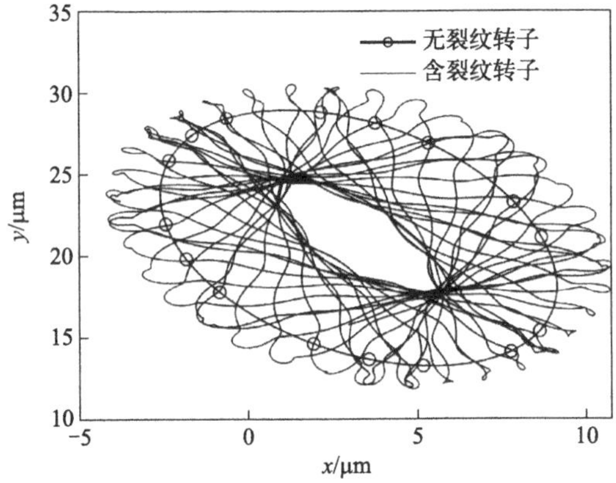

图 4-17　轮盘节点的动力响应轨迹

图 4-19 和图 4-20 给出了整个转子系统上 9 个节点在 $\omega=10200\mathrm{r}\cdot\mathrm{min}^{-1}$ 时的轴心轨迹，此时含（无）裂纹两种转子系统的瞬时弯曲形态如图 4-21 所示，可以发现两种转子系统均发生了一阶弯曲现象，但因裂纹的存在，裂纹转子系统的弯曲程度大于无裂纹转子系统，说明裂纹的存在使转子发生了附加的弯曲现象；此时图 4-22 给出两种系统的庞加莱截面均为封闭环曲线，进一步说明其伪周期失稳涡动形态。

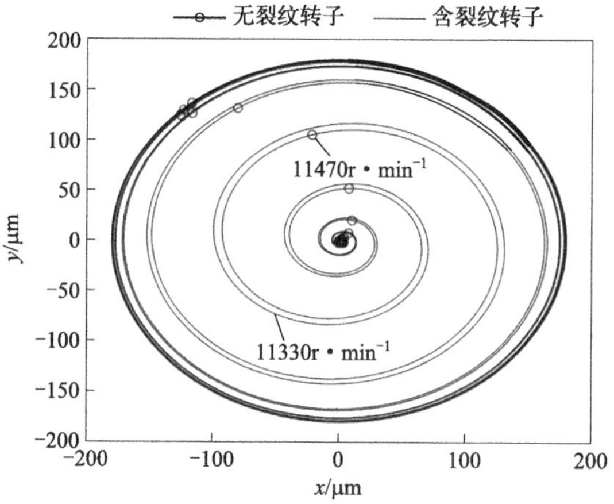

图 4-18　含裂纹和无裂纹拉杆转子系统失稳碰摩特性

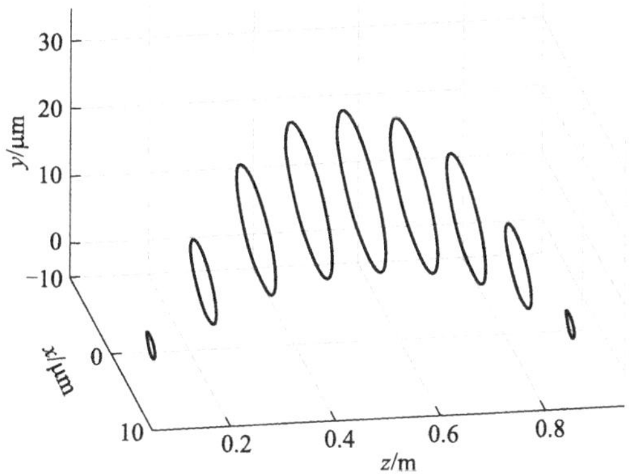

图 4-19　无裂纹系统在 10200r • min^{-1} 时的轴心轨迹

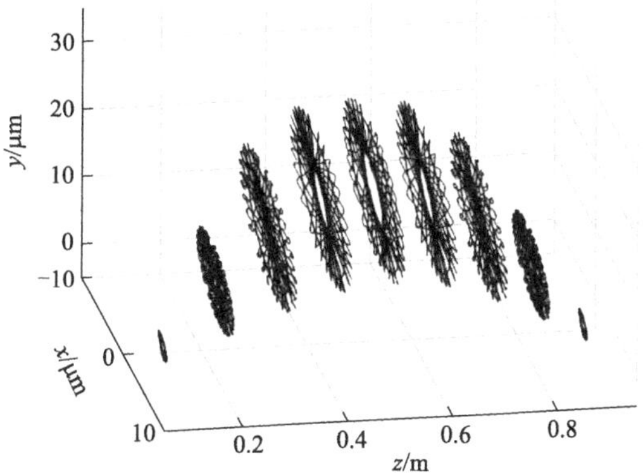

图 4-20　含裂纹系统在 10200r • min^{-1} 时的轴心轨迹

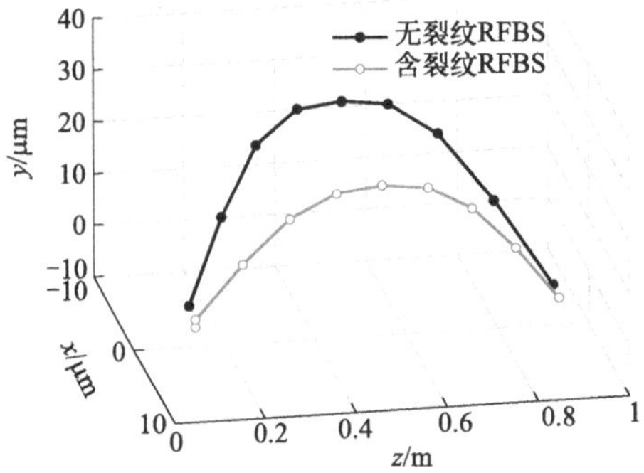

图 4-21　两种转子系统在 10200r・min^{-1} 时的瞬时弯曲形态

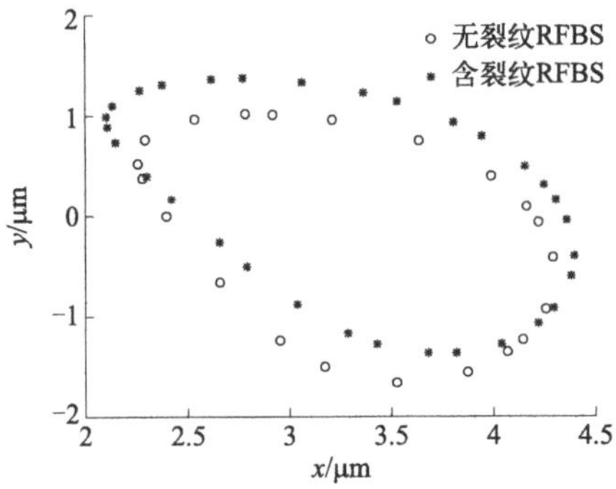

图 4-22　两种转子系统在 10200r・min^{-1} 时的庞加莱截面

图 4-23 给出了 $\omega = 10200$r・min^{-1} 时两种转子系统的振动频谱分析结果，对于无裂纹转子系统平衡为零时其为平衡转子，并无工频成分 170Hz，而裂纹转子系统不仅产生了 170Hz 的工频成分，还产生了 68Hz、30.6Hz、268.5Hz、370Hz 等成分的谐频振动，说明裂纹转子系统由于裂纹的存在，引入了附加不平衡激励，进而使转子系统产生工频及谐频成分的振动频率。

(2) $e = 6\mu m$

结合图 4-8 及图 4-24、图 4-25 可以发现，随着转速的增加，裂纹转子系统经历稳态周期解区域后在 5780r・min^{-1} 进入倍周期解区域，无裂纹转子系统在 5790r・min^{-1} 进入倍周期解区域，图 4-24 及图 4-25 轴心轨迹以及庞加莱截面单个孤立点和两个离散点进一步说明了这一点；图 4-25 同时显示裂纹转子系统在 5840r・min^{-1} 时进入高倍周期解区域；图 4-26 轴承节点轴心轨迹和图 4-27 轮盘节点轴心轨迹表明在转速为 6810r・min^{-1} 时，裂纹转子系统穿出倍周期解区域进入稳态周期解区域，而此时无裂纹转子仍停留在倍周期解区域，结合图 4-8 可以发现，裂纹转子系统两次倍由周期解区域穿出进入周期解区域，无裂纹转子系统并无此现象。

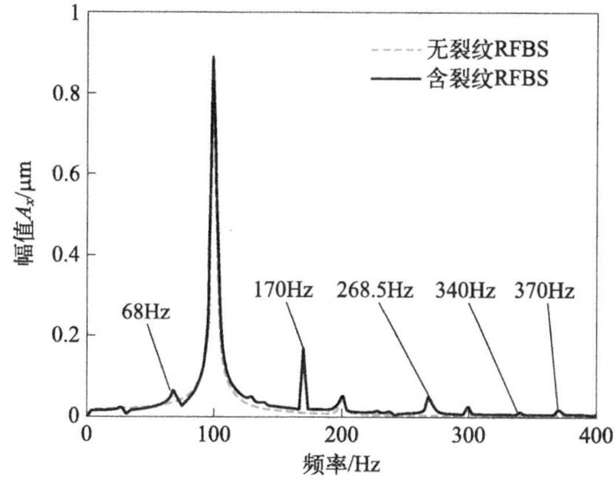

(a) 水平方向频谱分析

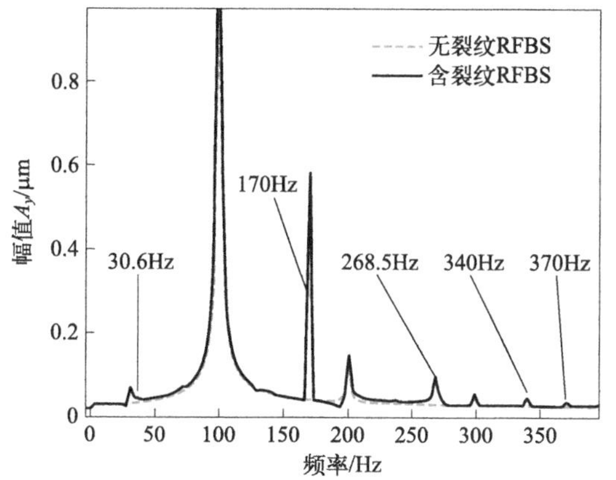

(b) 竖直方向频谱分析

图 4-23 两种转子系统在 10200r·min^{-1} 时的振动频谱分析

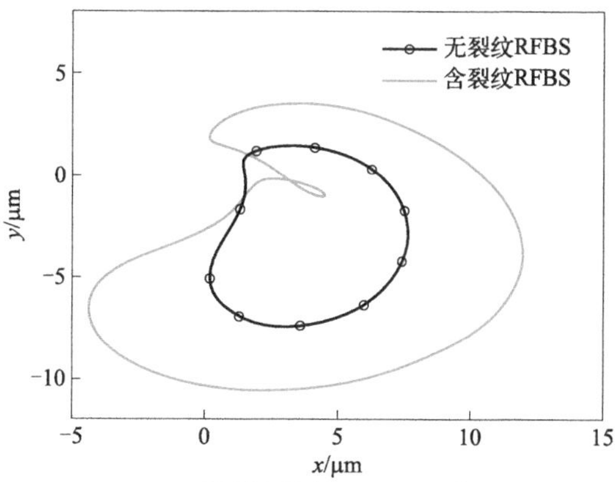

(a) 轴心轨迹(5780r·min^{-1})

图 4-24

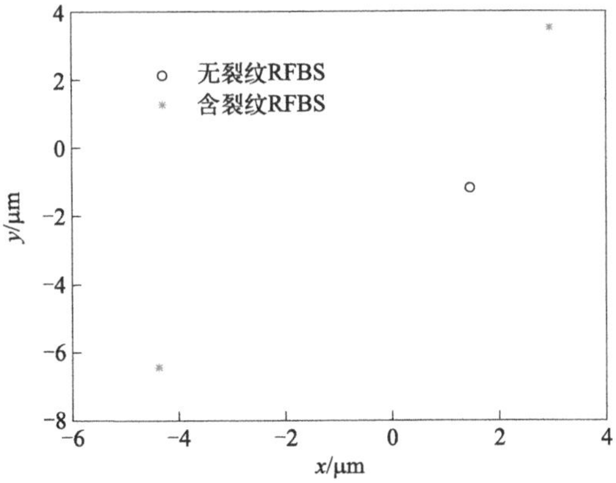

(b) 庞加莱截面(5780r·min^{-1})

图 4-24 轴承节点的轴心轨迹及庞加莱截面（一）

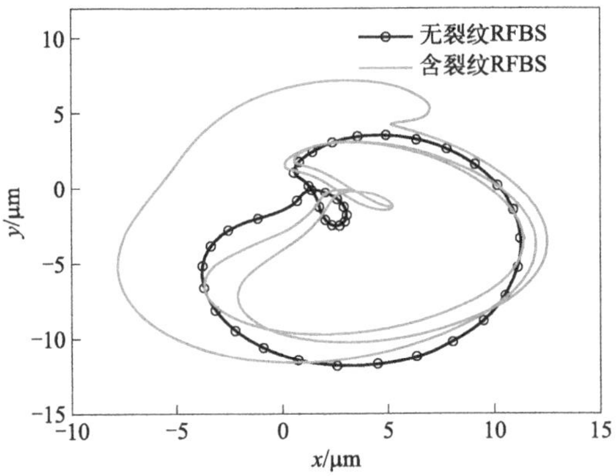

(a) 无裂纹(5790r·min^{-1})和含裂纹(5840r·min^{-1})

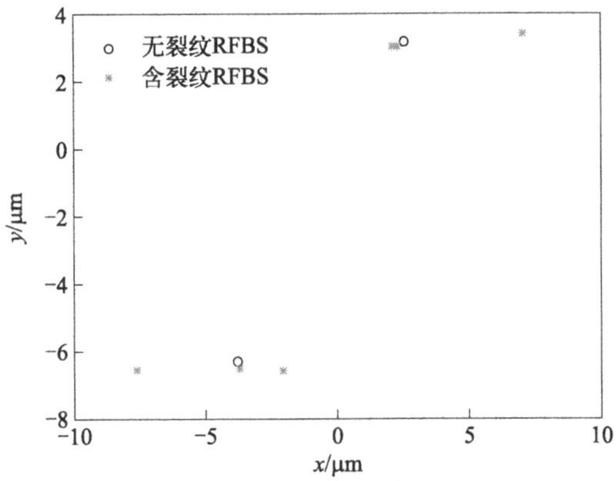

(b) 庞加莱截面(无裂纹5790r·min^{-1}和含裂纹5840r·min^{-1})

图 4-25 轴承节点的轴心轨迹及庞加莱截面（二）

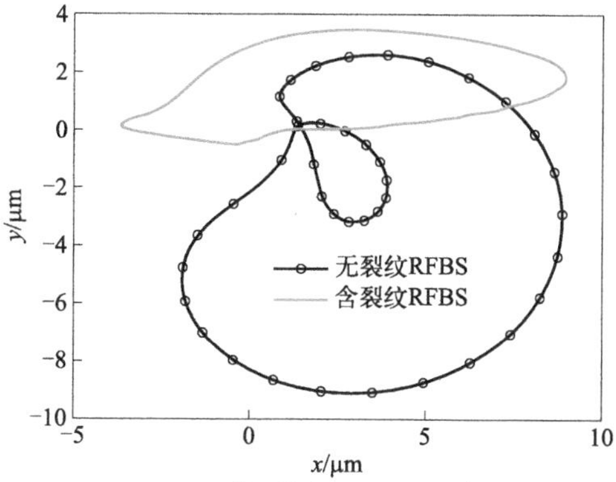

(a) 轴心轨迹(6810r • min^{-1})

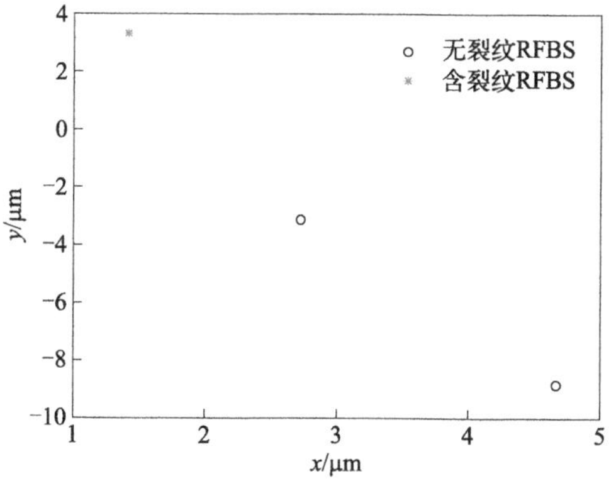

(b) 庞加莱截面(6810r • min^{-1})

图 4-26 轴承节点的轴心轨迹及庞加莱截面 (6810r • min^{-1})

此后，随着转速的进一步提高，含裂纹和无裂纹转子系统分别在 10450r • min^{-1} 和 10600r • min^{-1} 时由稳态周期解区域进入伪周期区域，相应的轴心轨迹如图 4-28(a) 所示，与其对应的庞加莱截面均为环形封闭形态，如图 4-28(b) 所

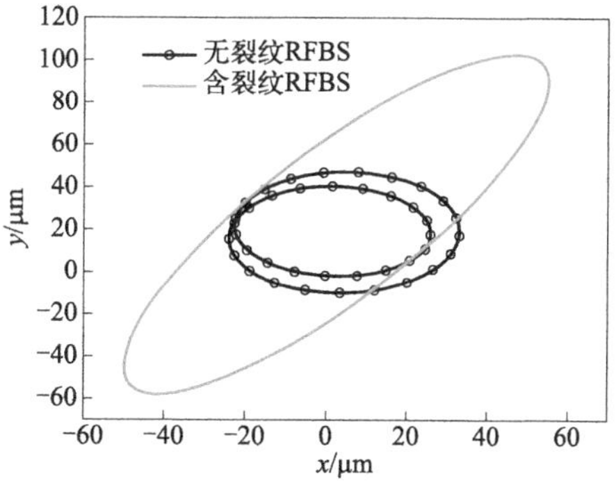

(a) 轴心轨迹(6810r • min^{-1})

图 4-27

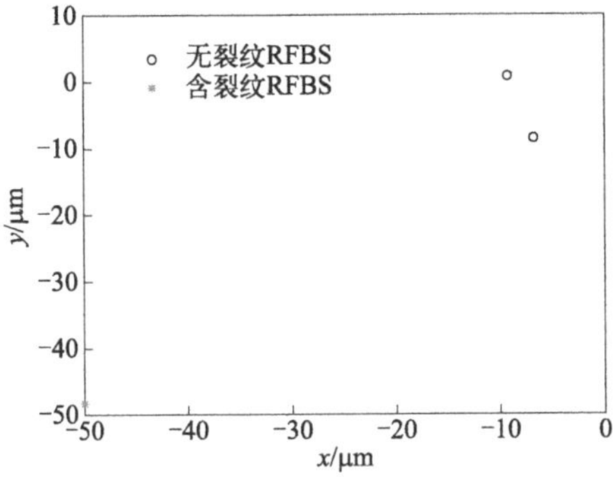

(b) 庞加莱截面(6810r·min^{-1})

图 4-27 轮盘节点的轴心轨迹及庞加莱截面（6810r·min^{-1}）

示。图 4-29 显示含裂纹转子系统在 10820r·min^{-1} 出现失稳碰摩现象，而无裂纹转子系统在失稳碰摩转速为 10900r·min^{-1}。

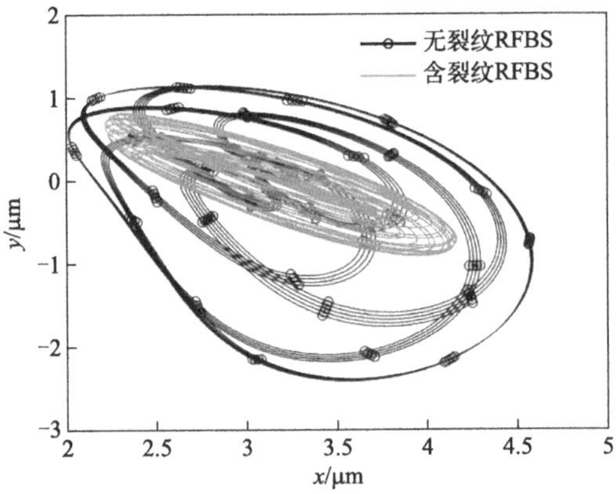

(a) 轴心轨迹(含裂纹:10450r·min^{-1}，无裂纹:10600r·min^{-1})

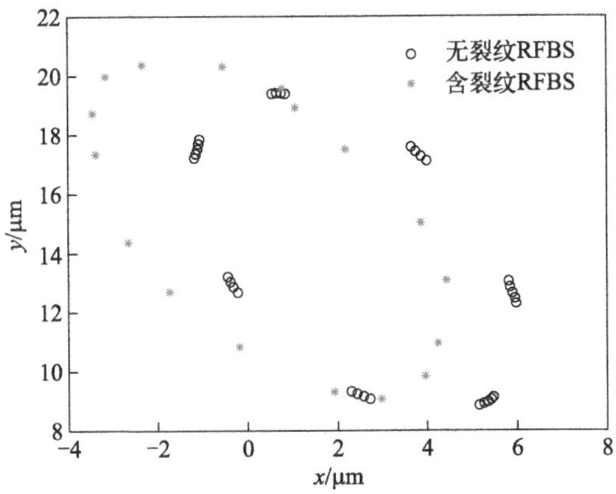

(b) 庞加莱截面

图 4-28 轴承节点的轴心轨迹及庞加莱截面

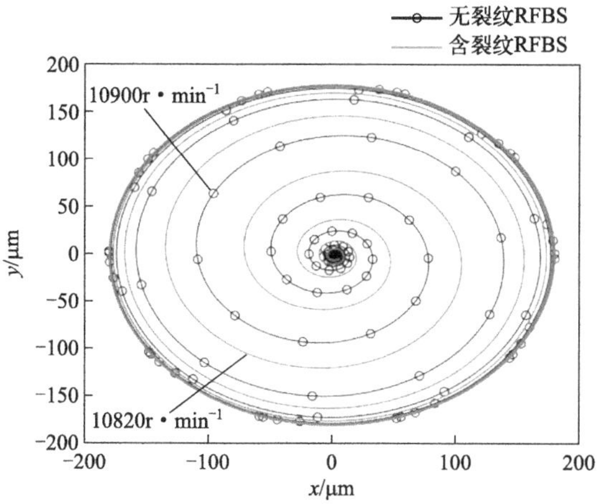

图 4-29　含裂纹和无裂纹拉杆转子系统失稳特性

结合图 4-24～图 4-29 可知，相比无裂纹转子系统，裂纹转子系统因裂纹故障的出现，其非线性动力响应变得更为丰富，同样条件下更容易出现失稳及碰摩现象。

图 4-30 和图 4-31 给出了转速为 6810r • min^{-1} 时，两种转子系统 9 个节点的轴心轨迹情况，其中裂纹转子系统为倍周期解，对应无裂纹转子为周期解解形式。图 4-32 和图 4-33 分别给出了无裂纹转子系统在转速为 10450r • min^{-1} 时和含裂纹转子系统在 10600r • min^{-1} 时的系统整体伪周期轴心轨迹，尽管轨迹均为伪周期形式，但轨迹形态有明显的区别。图 4-34 给出了两种转子系统在 6810r • min^{-1} 和 10600r • min^{-1} 时的轴心线弯曲形态。

图 4-35 给出了 ω=5780r • min^{-1} 时含（无）裂纹两种转子系统在水平和竖直方向的振动频谱分析结果，对于不平衡转子系统（e=6μm），两种转子系统不

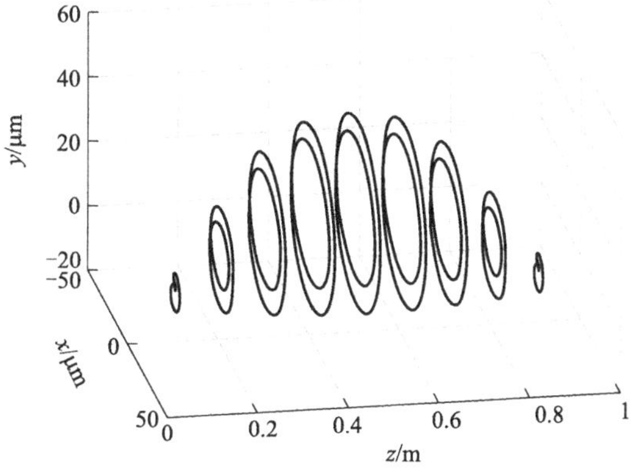

图 4-30　无裂纹系统在 6810r • min^{-1} 时的轴心轨迹

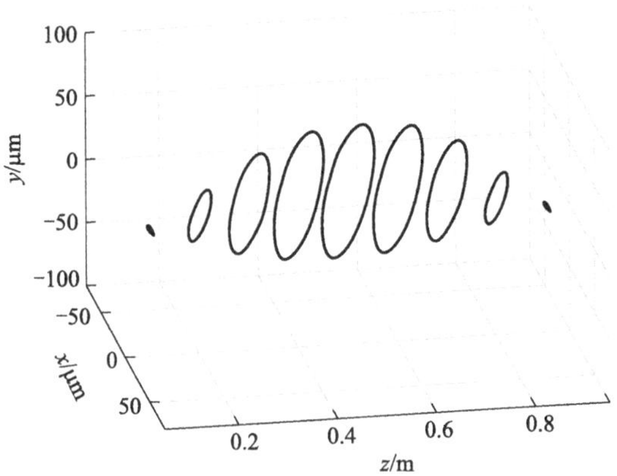

图 4-31　含裂纹系统在 6810r·min^{-1} 时的轴心轨迹

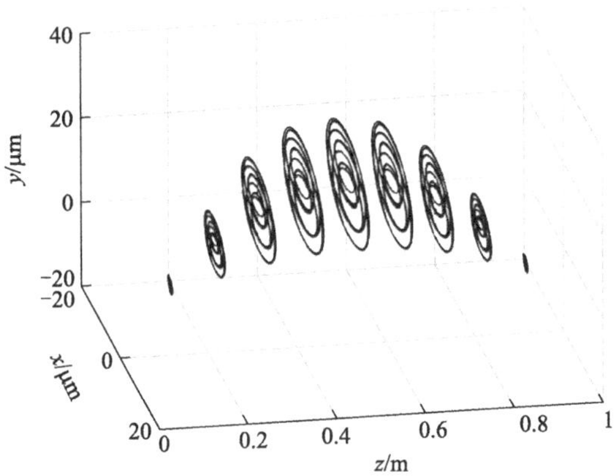

图 4-32　无裂纹系统在 10450r·min^{-1} 时的轴心轨迹

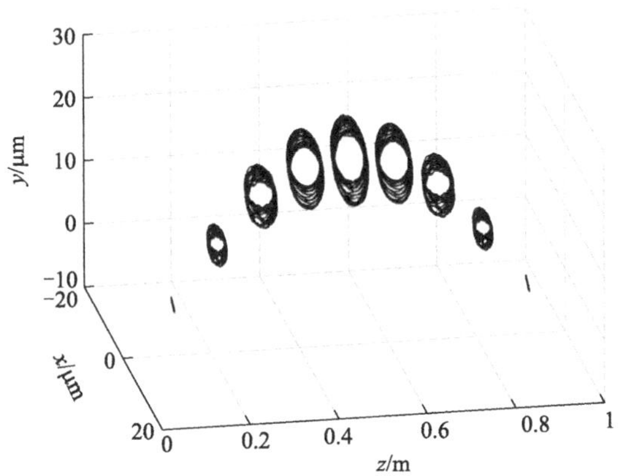

图 4-33　含裂纹系统在 10600r·min^{-1} 时的轴心轨迹

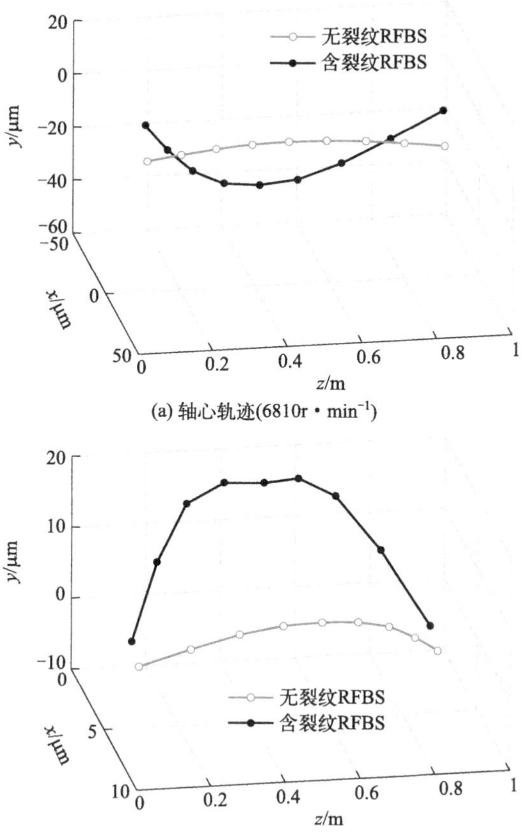

(a) 轴心轨迹(6810r·min^{-1})

(b) 轴心轨迹(10600r·min^{-1})

图 4-34　两种转子系统轴心线弯曲形态

仅均存在工频振动频率 96.3Hz，裂纹转子系统还存在 48.2Hz、144.5Hz、240.8Hz 等谐频振动频率成分，对比图 4-23 两种转子系统（$e=0\mu m$）的频谱成分，进一步显示由于裂纹故障的存在，转子系统产生了附加的不平衡响应，进而使转子系统产生工频及丰富的谐频成分振动。

(3) $e=11\mu m$

此不平衡量下，结合图 4-8 可以发现，随着转速增加，两种转子系统均经历稳态周期解—倍周期解—稳态周期解过程，二次稳态周期结束后裂纹转子系统在转速为 11200r·min^{-1} 时进入倍周期分叉轨道，并经由倍周期分叉失稳，而无裂纹转子系统在转速为 11080r·min^{-1} 时进入伪周期轨道，并经由伪周期发生失稳；图 4-36(a) 给出的含裂纹转子系统在 11210r·min^{-1}、无裂纹转子系统在 11100r·min^{-1} 时的轴承节点位置的轴心涡动轨迹显示了这一区别，图 4-36(b) 为对应的庞加莱截面，此时无裂纹转子系统庞加莱截面为封闭环形形态，而裂纹

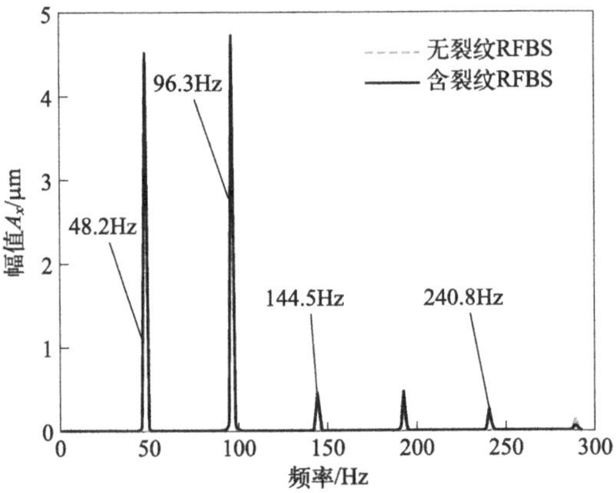

(a) 水平方向频谱分析

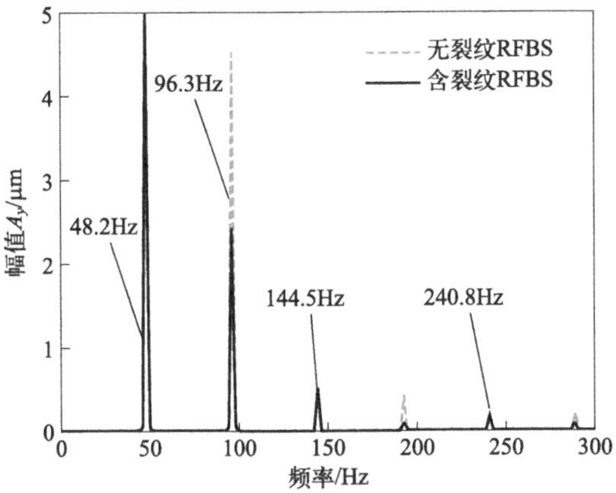

(b) 竖直方向频谱分析

图 4-35 含裂纹及无裂纹转子系统在 5780r·min^{-1} 时的频谱分析

转子系统为两孤立的离散点，进一步证实了这种非线性动力学分叉特性。

结合图 4-8 亦可进一步发现，当不平衡量增加至 $e=12\mu m$ 时，两种转子系统非线性动力学分叉特性演变规律相近，均经历稳态周期解—倍周期解—稳态周期解—倍周期解历程并经由倍周期分叉轨道发生失稳，且裂纹转子系统更易发生失稳，但相比于无裂纹转子系统，裂纹转子系统两次由稳态周期解进入倍周期解的转速均有所提前，且随着转速的提高，这一情况更为明显；此条件下，含裂纹和无裂纹转子系统经由稳态周期解演变为倍周期解的转速分别为 10990r·min^{-1}、11240r·min^{-1}，图 4-37 给出了含裂纹转子系统在 11250r·min^{-1}、无裂纹转子系统在 11010r·min^{-1} 时的轴承节点位置的轴心涡动轨迹及对应庞加莱截面，轴心轨迹形态和庞加莱截面上两孤立的离散点均证实了这一非线性动力学特性。

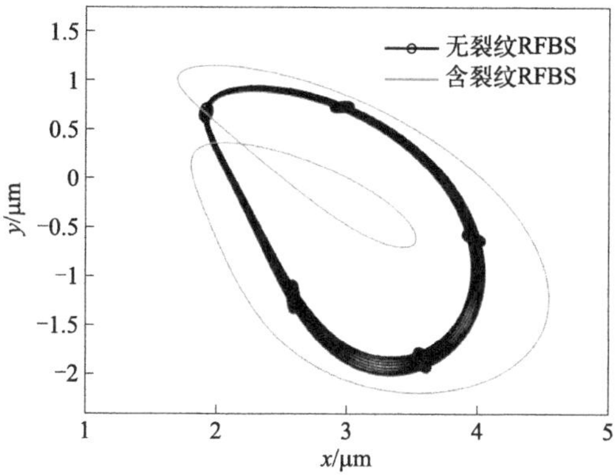

(a) 轴心轨迹
(含裂纹：11210r • min^{-1}，无裂纹：11100r • min^{-1})

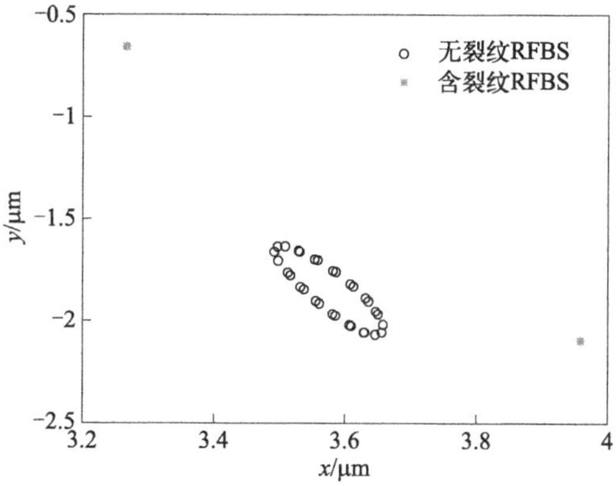

(b) 庞加莱截面

图 4-36 轴承节点的涡动轨迹（$e=11\mu m$）

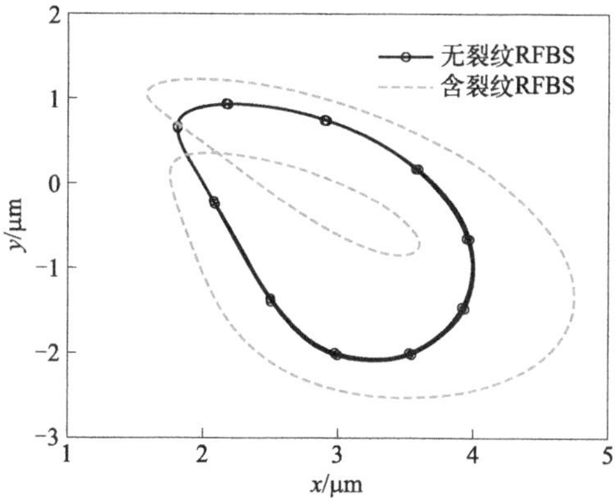

(a) 轴心轨迹
(含裂纹：11250r • min^{-1}，无裂纹：11010r • min^{-1})

图 4-37

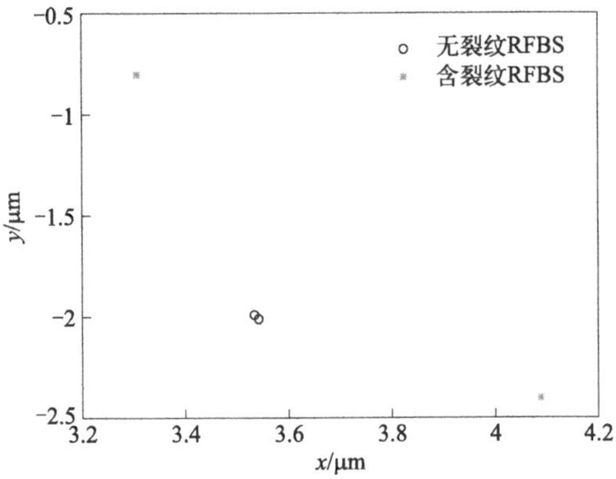

(b) 庞加莱截面

图 4-37 轴承节点的涡动轨迹（$e=12\mu m$）

图 4-38 和图 4-39 给出了不平衡量 $e=11\mu m$ 时两种系统整个转子上 9 个节点位置的轴心轨迹；图 4-40 给出了 $e=11\mu m$、转速为 $11100r \cdot min^{-1}$ 时两种转子系统此时的轴心弯曲形态，可发现两转子均发生了较为突出的一阶弯曲形态，而裂纹转子系统弯曲程度更加剧烈，进一步说明裂纹故障的存在导致了转子弯曲程度加剧，引入了附加不平衡效应。图 4-41 显示在不平衡量 $e=11\mu m$ 时，含裂纹和无裂纹转子系统发生碰摩失稳的转速分别为 $11080r \cdot min^{-1}$、$11260r \cdot min^{-1}$。

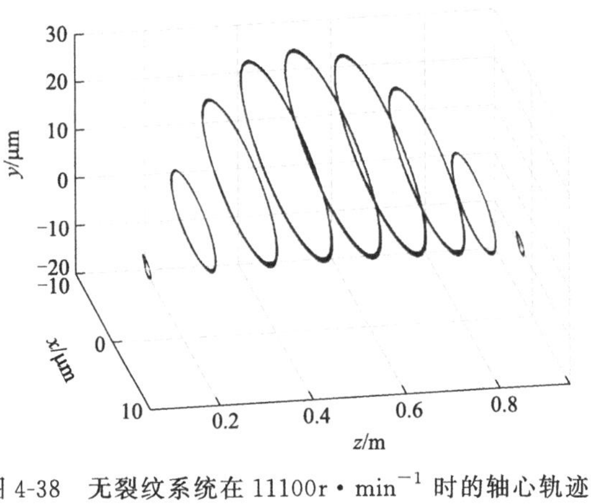

图 4-38 无裂纹系统在 $11100r \cdot min^{-1}$ 时的轴心轨迹

图 4-42 给出了不平衡量 $e=11\mu m$、转速 $\omega=8100r \cdot min^{-1}$ 时两种转子系统的在水平和竖直振动方向上的频谱分析结果，由图可知，在给定不平衡量作用下，两系统工频振动成分突出，水平和竖直方向除了一致的工频及倍频频谱成分外，裂纹转子系统还产生了 67.5Hz、204.4Hz、337.4Hz 谐频振动成分，进一步表明裂纹的存在使转子系统受到谐频成分的激励作用，进而产生相应的谐频振动，振动频率亦

更为复杂，谐频振动可作为判断转子系统出现裂纹故障的重要频谱分析参考。

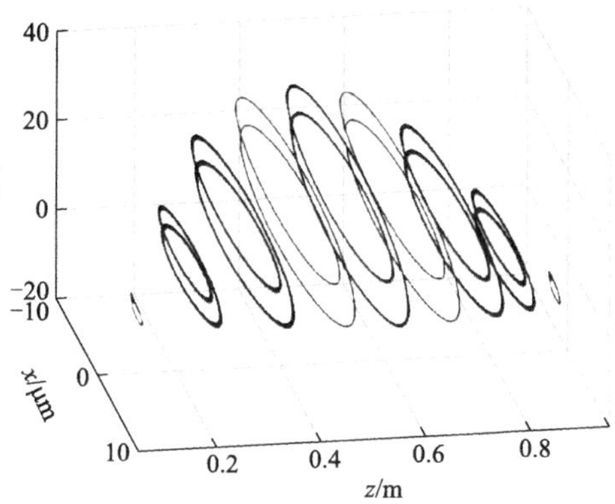

图 4-39　含裂纹系统在 11210r・min^{-1} 时的轴心轨迹

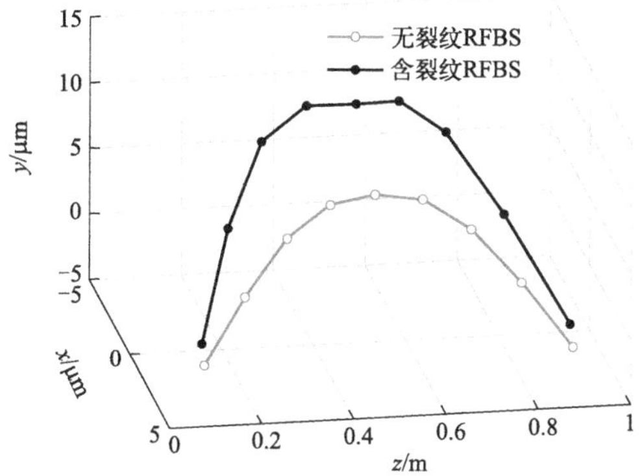

图 4-40　两种转子系统在 11100r・min^{-1} 时的轴心弯曲形态

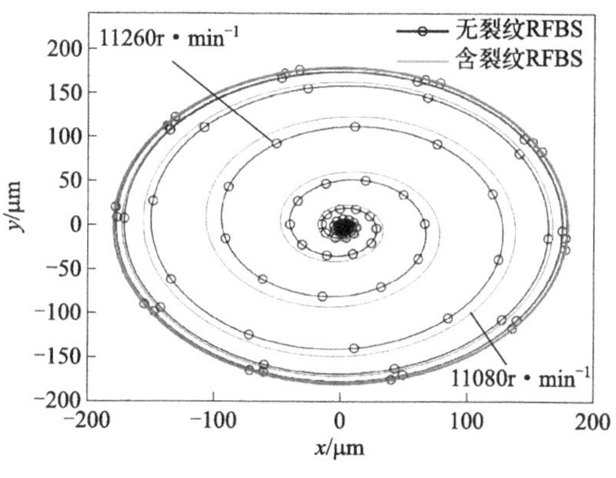

图 4-41　两种拉杆转子系统失稳特性（$e=11\mu m$）

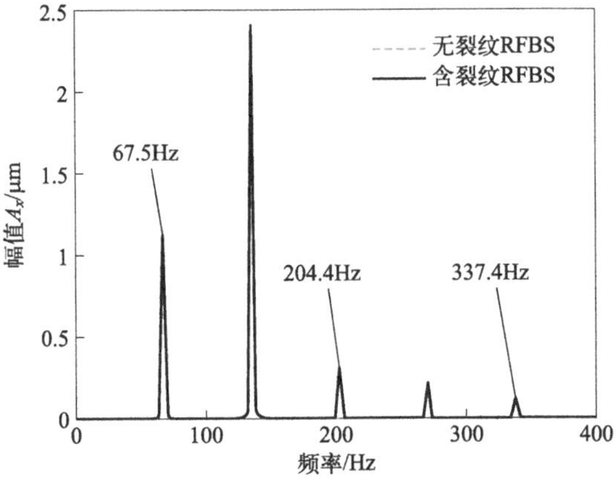

(a) 水平方向频谱分析

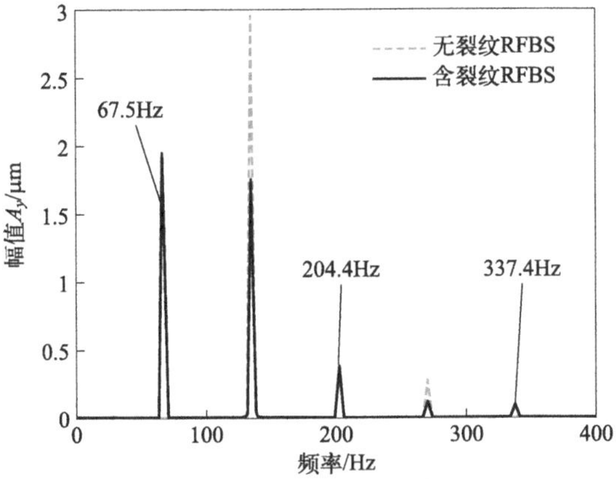

(b) 竖直方向频谱分析

图 4-42　含裂纹及无裂纹转子系统 8100r・min^{-1} 时的频谱分析

4.6.4　裂纹拉杆组合转子系统振动特性

转子系统的振动特性是对转子动力学行为进行实时监测、故障预警、故障分析的最直接且有效的措施之一。图 4-43 和图 4-44 分别给出了随着转速增加，含裂纹及无裂纹转子系统轴承节点和轮盘节点位置水平和竖直两个方向的在一临界转速前后系统振动幅值变化情况。

由图 4-43 和图 4-44 可知，随着转速增加，裂纹转子系统振动幅值逐渐增大，跨越一临界转速后，振幅快速下降，但可以发现裂纹转子系统在水平和竖直方向的振动幅值始终均大于对应转速下的无裂纹转子系统振动幅值，在临界转速附近裂纹转子的振动幅值数倍于无裂纹转子系统，在轮盘节点位置，这种振动幅值倍数差距更为突出。

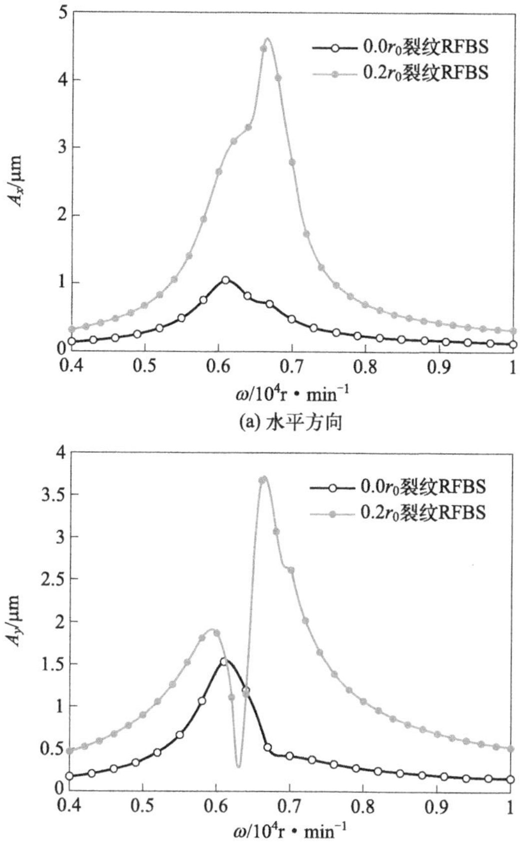

(a) 水平方向

(b) 竖直方向

图 4-43 轴承节点位置振动特性

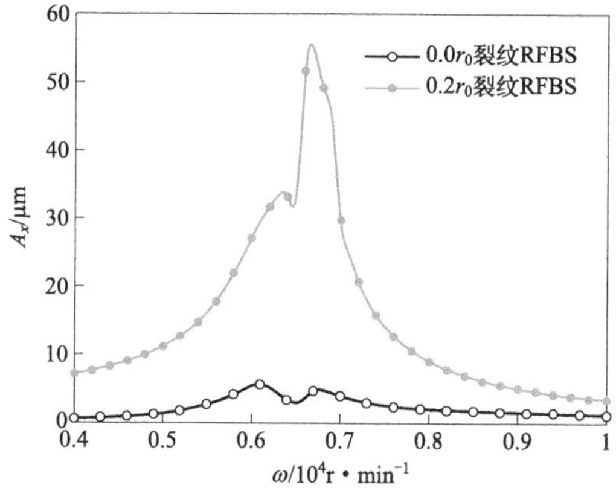

(a) 水平方向

图 4-44

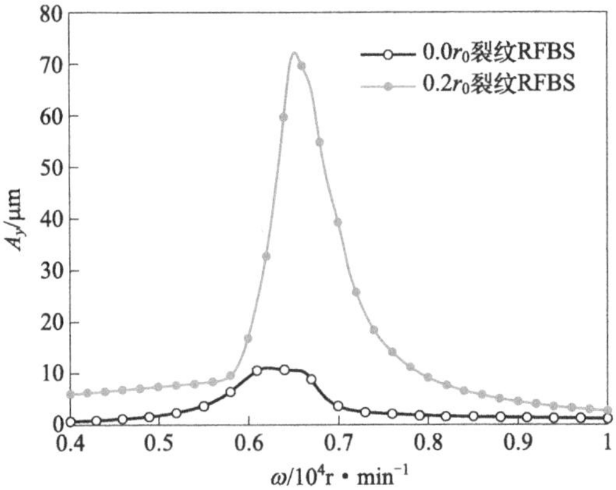

(b) 竖直方向

图 4-44　轮盘节点位置振动特性

图 4-45 和图 4-46 分别给出了不同裂纹深度下，轴承节点和轮盘节点位置振动幅值随转速的变化规律。从图中可以看出，随着裂纹深度增加，转子系统的振动强度越趋剧烈，可以发现即使深度只有 1.5mm 的裂纹，裂纹转子系统亦可产生数倍于无裂纹转子系统的振动幅值。

总体而言，综合考虑复杂拉杆组合转子系统相关影响因素，建立相关非线性动力学模型，一定程度上揭示了裂纹对复杂拉杆组合转子非线性动力学特性及振动特性的影响规律，发现了裂纹故障的存在会使系统产生附加不平衡激励，使系统振动加剧，但受限于一维方法，裂纹故障的存在使转子系统产生的附加弯曲效应难以量化确定，裂纹对转子系统的应力影响情况难以评估，裂纹自身的形态特征在一维方法中难以有效反映，此外，裂纹动力学模型的建立主要基于惯性坐标系，并未考虑裂纹产生的结构不对称而引发的转动效应。

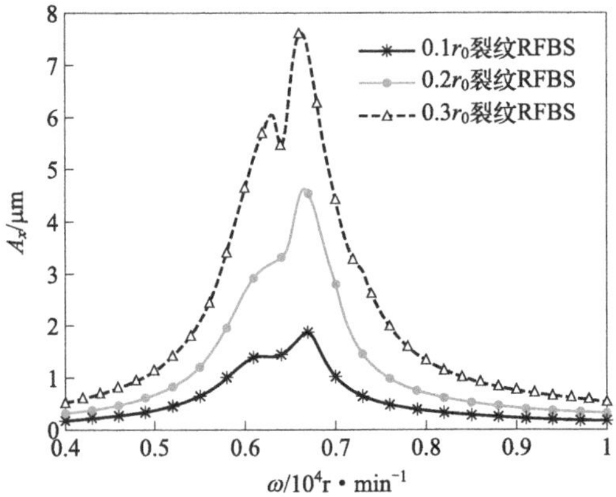

(a) 水平方向

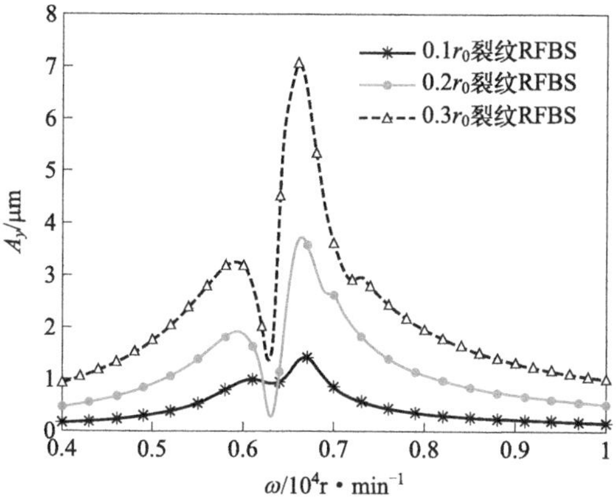

(b) 竖直方向

图 4-45　裂纹深度对轴承节点位置振动特性的影响

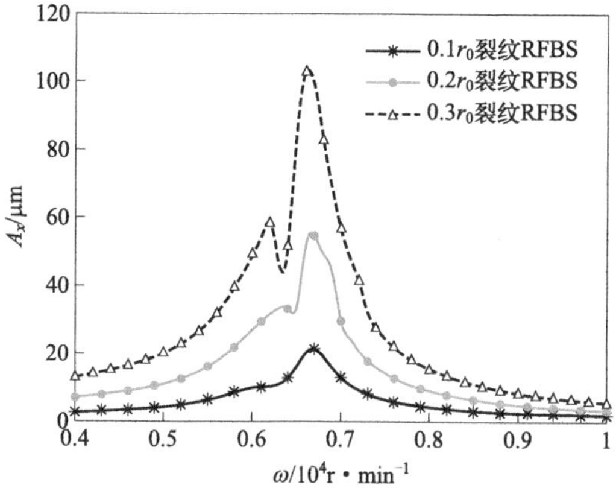

(a) 水平方向

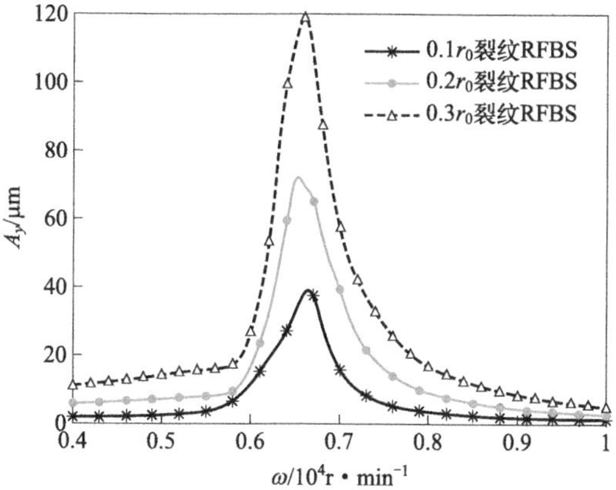

(b) 竖直方向

图 4-46　裂纹深度对轮盘节点位置振动特性的影响

4.7 本章小结

本章针对含拉杆裂纹的典型三盘拉杆组合转子系统，采用铁木辛柯梁单元对一般整体转子系统进行一维有限元离散化处理，在此基础上进一步综合考虑非线性油膜力、拉杆动力学模型、一维接触界面动力学模型，基于弹性势能关系推导了拉杆裂纹产生的附加刚度矩阵，进而建立了一维含拉杆裂纹的拉杆转子系统非线性动力学模型；采用自由界面模态综合法缩减系统，利用四阶龙格-库塔法求解非线性动力学系统，同时采用周期解路径追踪技术研究了连续参数连续变化情况下系统的非线性动力学稳定性及分叉规律，考察了裂纹的存在及裂纹深度、不平衡量对转子系统振动特性和非线性动力学特性的影响情况，初步阐释了含裂纹复杂拉杆转子系统振动加剧的原因，一定程度上揭示了裂纹故障对复杂拉杆转子系统动力学特性的影响规律。主要结论如下：

① 裂纹的存在使转子局部柔性增加，产生了非对称的附加刚度矩阵，降低了转子系统的稳定性；相比于无裂纹转子系统，裂纹转子系统 e-ω 的分叉转迁集曲线变化规律局部发生明显变化，且曲线整体发生了下移，系统稳定周期解的区域减小；随着转速的增加，裂纹转子系统将较早发生失稳碰摩现象。

② 在临界转速附近区域（e-ω 曲线上第一个波谷位置处），含裂纹拉杆转子系统的 e-ω 分叉转迁集曲线局部出现双波谷形态，与无裂纹转子系统相应的单一波谷形态有明显区别；当转速位于临界转速之前或 e-ω 曲线第一个波谷位置之前范围时，系统不平衡量较大（大于 $4\mu\text{m}$）时，含裂纹故障拉杆转子系统周期解区域尽管有所减小但幅度较弱，此时系统不平衡量对系统非线性稳定系及分叉特性的影响更为明显相比于裂纹的影响。

③ 对于名义平衡转子系统（$e=0\mu\text{m}$），裂纹转子系统不再呈现名义平衡状态，裂纹的存在使转子产生了附加的不平衡效应，裂纹转子系统稳定性降低，其较早进入伪周期区域进而发生失稳。

④ 与无裂纹拉杆转子系统相比，除了工频振动成分外，裂纹转子系统还表现出了丰富的频率成分，其中较为突出的如半频、二倍频及其他高次谐波振动频率成分，对于名义平衡转子系统（$e=0\mu\text{m}$）裂纹引起的不平衡响应激发了系统相应的丰富频率成分，频率成分的差异可为裂纹故障的诊断提供有效的参考依据。

⑤ 裂纹的出现使转子系统的振动明显增加，在接近及跨越临界转速时系统振动极为突出，振幅常数倍于无裂纹转子系统，系统振动的大幅增加可作为裂纹故障出现的另一重要考量；裂纹深度和不平衡量的不断增加会进一步加剧系统

振动。

⑥ 裂纹转子系统频率成分的差异和异常振动与相关文献提及的复杂转子裂纹事故现象基本吻合，一定程度上揭示了此类裂纹故障对此类复杂拉杆转子系统的动力学特性的影响规律。但受限于一维方法，裂纹故障产生的附加不平衡效应，裂纹自身的复杂形态特征，裂纹对系统应力影响情况并未完全清楚，以及裂纹引发的转动效应尚需进一步深入研究。

第5章 三维裂纹拉杆组合转子轴承系统动力学建模及求解方法

与一般含裂纹整体转子系统相比较而言，第一，含裂纹盘式拉杆组合转子系统突出的特点表现为复杂的组合结构特征，拉杆、轮盘、转轴通过预紧力作用联结为一体并形成众多接触界面，这一复杂的空间结构特征本身具有鲜明的三维特征，沿用传统一维裂纹转子动力学分析法中所采用的刚性转子模型，或柔性转子模型，或 Jeffcott 转子模型，或一维有限元转子模型均难以较准确地反映复杂拉杆组合转子系统相关结构特征。

第二，当此类复杂拉杆转子系统发生裂纹故障时，裂纹自身形态特征通常也具有鲜明的三维特征，包括裂纹的萌生、扩展甚至断裂整个过程亦是三维状态下力的相互作用形成的，而一维分析方法无法充分反映裂纹自身的三维形态特征。

第三，对于裂纹产生的应力集中及其影响范围沿用一维分析方法亦难以确定，裂纹引入导致转子系统弯曲形态的变化亦难以通过一维方法确定。

第四，对于一维复杂盘式拉杆组合转子系统，轮盘始终被视为刚性体来处理，这也使得从一维角度研究轮盘裂纹下的复杂转子动力学行为较为困难，而像燃气轮机转子系统，轮盘端面拉杆孔附近位置常为裂纹故障位置，三维动力学模型及其分析方法将有助于这一困难的解决。

第五，三维商业化有限元分析工具，如 ANSYS、ABAQUS、NASTRAN 以及 SMACFF 等，为分析复杂转子系统力学特性提供了有力的手段，特别针对静力特性分析以及瞬态响应分析，其为从三维角度探究裂纹对复杂转子系统的静态特性如应力应变、裂纹局部应力集中、转子整体形态变化提供了有效手段；但对于三维复杂转子系统求解中涉及的雅可比矩阵求取，连续升速情况下系统周期解的演变规律及其追踪，不同涡动状态下动力与应力的耦合情况等问题并未给出有效的处理办法。

此外，需要特别指出的是：对于无裂纹拉杆组合转子系统，转子在涡动过程中系统质量、刚度、阻尼等主要动力学参数与时间无关，而转子系统出现裂纹故障后，整个转子系统结构对称性发生变化，裂纹转子系统在涡动过程中将产生相应的转动效应，这一转动效应使转子系统相关重要动力学参数具有典型的时变特征，而传统裂纹转子动力学模型并未充分反映这一转动效应及其产生的系统动力学参数时变特性，相比一维动力学模型，通过三维方法建立相应的含裂纹转子系统动力学模型可更好地反映裂纹的转动效应。

为此，为了更好地反映复杂转子的三维结构特征、裂纹形态、裂纹对转子系统应力及整体形态的影响，充分考虑裂纹的转动效应，采用三维动力学模型及分析方法，开展三维含裂纹盘式拉杆组合转子轴承系统动力学模型建立的研究将有助于加深对复杂转子系统的动力学特性的认识，更好地揭示裂纹故障对复杂组合转子动力学特性的影响规律。为此本章基于三维有限元理论，结合转动和惯性坐标系的关系，充分反映裂纹引起的系统转动效应，重点研究含裂纹三维拉杆组合转子系统动力学模型的建模及求解方法。

5.1 三维盘式拉杆组合转子系统动力学模型

5.1.1 三维有限元理论

根据三维有限元方法理论[157,234] 可知，任意一个转子系统或结构可以运用三维单元对其进行三维有限元离散化处理，图 5-1 所示为含有 m（$m\geqslant 4$）个节点的三维单元，该单元受到力的作用后，内部各点将沿着 x、y、z 坐标轴方向产生相应位移，设单元内任意一点位移向量为 $\boldsymbol{u}(x,y,z)$，则其与单元对应的节点位移向量 $\boldsymbol{q}_e$ 以及形函数矩阵 $\boldsymbol{N}(x,y,z)$ 满足如下关系

$$\boldsymbol{u}(x,y,z)=\boldsymbol{N}(x,y,z)\boldsymbol{q}_e \tag{5-1}$$

由应变-位移关系可知，单元内任意一点的应变向量 $\boldsymbol{\varepsilon}(x,y,z)$ 和对应单元的节点位移向量 $\boldsymbol{q}_e$ 满足如下关系表达式

$$\boldsymbol{\varepsilon}(x,y,z)=\boldsymbol{B}\boldsymbol{q}_e \tag{5-2}$$

式中，$\boldsymbol{B}$ 为几何矩阵，亦称为应变矩阵，其实为形函数的导数矩阵。

由应力-应变物理关系可知，单元内任意一点的应力向量 $\boldsymbol{\sigma}(x,y,z)$，对应的应变向量 $\boldsymbol{\varepsilon}(x,y,z)$，弹性矩阵 $\boldsymbol{D}$ 满足如下关系

$$\boldsymbol{\sigma}(x,y,z)=\boldsymbol{D}\boldsymbol{\varepsilon}(x,y,z) \tag{5-3}$$

式中，弹性矩阵 $\boldsymbol{D}$ 由材料的弹性模量 E 和泊松比 ν 决定。

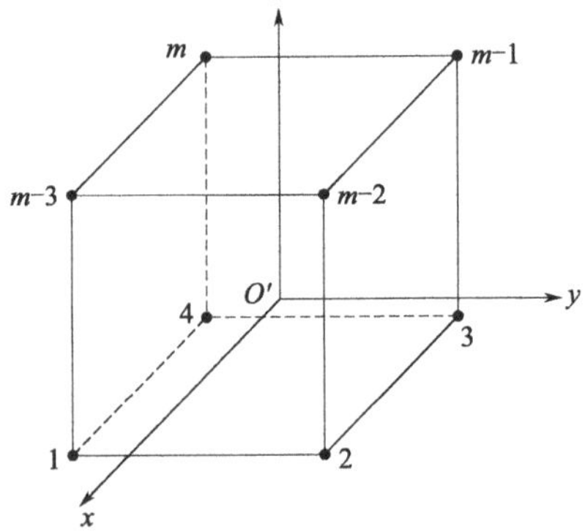

图 5-1 含有 m 个节点的 3D 单元

单元在内外力作用下，其势能主要包括弹性体应变能及势能，由弹性力学知

识可知，弹性体的应变能 U_e 可以表达为

$$U_e=\frac{1}{2}\int_{\Omega}\boldsymbol{\sigma}^{\mathrm{T}}\boldsymbol{\varepsilon}\,\mathrm{d}\Omega=\frac{1}{2}\boldsymbol{q}_e^{\mathrm{T}}\left(\int_{\Omega}\boldsymbol{B}^{\mathrm{T}}\boldsymbol{D}\boldsymbol{B}\,\mathrm{d}\Omega\right)\boldsymbol{q}_e \tag{5-4}$$

弹性体的势能 V_e 可以表达为

$$V_e=-\int_{\Omega}\boldsymbol{u}^{\mathrm{T}}\boldsymbol{F}_e\,\mathrm{d}\Omega-\int_{\Omega}\boldsymbol{u}^{\mathrm{T}}\boldsymbol{P}_e\,\mathrm{d}\Omega \tag{5-5}$$

式中　$\boldsymbol{P}_e$——外激励力向量；

$\boldsymbol{F}_e$——体积力向量，其中体积力向量可表示为

$$\boldsymbol{F}_e=\boldsymbol{f}_e-C\dot{\boldsymbol{y}}-\rho\ddot{\boldsymbol{y}} \tag{5-6}$$

式中　$\boldsymbol{f}_e$——单元内力向量；

C——黏弹性阻尼系数；

ρ——体积材料密度；

$\dot{\boldsymbol{y}},\ddot{\boldsymbol{y}}$——速度和加速度向量。

根据式(5-1) 和式(5-6)，弹性体势能可进一步表示为

$$\begin{aligned}V_e&=-\int_{\Omega}(\boldsymbol{N}(x,\ y,\ z)\boldsymbol{q}_e)^{\mathrm{T}}(\boldsymbol{f}_e-C\dot{\boldsymbol{y}}-\rho\ddot{\boldsymbol{y}})\mathrm{d}\Omega-\int_{\Omega}(\boldsymbol{N}(x,\ y,\ z)\boldsymbol{q}_e)^{\mathrm{T}}\boldsymbol{P}_e\,\mathrm{d}\Omega\\&=\boldsymbol{q}_e^{\mathrm{T}}\left[\left(\int_{\Omega}\boldsymbol{N}^{\mathrm{T}}C\boldsymbol{N}\,\mathrm{d}\Omega\right)\dot{\boldsymbol{q}}_e+\left(\int_{\Omega}\boldsymbol{N}^{\mathrm{T}}\rho\boldsymbol{N}\,\mathrm{d}\Omega\right)\ddot{\boldsymbol{q}}_e-\left(\int_{\Omega}\boldsymbol{N}^{\mathrm{T}}\boldsymbol{f}_e\,\mathrm{d}\Omega+\int_{\Omega}\boldsymbol{N}^{\mathrm{T}}\boldsymbol{P}_e\,\mathrm{d}\Omega\right)\right]\end{aligned} \tag{5-7}$$

联立式(5-4) 和式(5-7)，单元的弹性势能 II_e 可以表示为

$$II_{pe}=U_e+V_e=\frac{1}{2}\boldsymbol{q}_e^{\mathrm{T}}\boldsymbol{K}_e\boldsymbol{q}_e+\boldsymbol{q}_e^{\mathrm{T}}\boldsymbol{M}_e\ddot{\boldsymbol{q}}_e+\boldsymbol{q}_e^{\mathrm{T}}\boldsymbol{C}_e\dot{\boldsymbol{q}}_e-\boldsymbol{q}_e^{\mathrm{T}}\boldsymbol{Q}_e \tag{5-8}$$

式中　$\boldsymbol{K}_e$——单元的刚度矩阵，$\boldsymbol{K}_e=\frac{1}{2}\int_{\Omega}\boldsymbol{B}^{\mathrm{T}}\boldsymbol{D}\boldsymbol{B}\,\mathrm{d}\Omega$；

$\boldsymbol{M}_e$——单元的质量矩阵，$\boldsymbol{M}_e=\int_{\Omega}\rho\boldsymbol{N}^{\mathrm{T}}\boldsymbol{N}\,\mathrm{d}\Omega$；

$\boldsymbol{C}_e$——单元的阻尼矩阵，$\boldsymbol{C}_e=\int_{\Omega}\boldsymbol{N}^{\mathrm{T}}C\boldsymbol{N}\,\mathrm{d}\Omega$；

$\boldsymbol{Q}_e$——节点载荷向量，$\boldsymbol{Q}_e=\int_{\Omega}\boldsymbol{N}^{\mathrm{T}}\boldsymbol{f}_e\,\mathrm{d}\Omega+\int_{\Omega}\boldsymbol{N}^{\mathrm{T}}\boldsymbol{P}_e\,\mathrm{d}\Omega$。

则单元势能在整体坐标系下可表示为

$$\overline{II}_{pe}=\frac{1}{2}\boldsymbol{q}^{\mathrm{T}}\overline{\boldsymbol{K}}_e\boldsymbol{q}+\boldsymbol{q}^{\mathrm{T}}\overline{\boldsymbol{M}}_e\ddot{\boldsymbol{q}}+\boldsymbol{q}^{\mathrm{T}}\overline{\boldsymbol{C}}_e\dot{\boldsymbol{q}}-\boldsymbol{q}^{\mathrm{T}}\overline{\boldsymbol{Q}}_e \tag{5-9}$$

式中　$\overline{\boldsymbol{K}}_e$——整体坐标系下的单元刚度矩阵，$\overline{\boldsymbol{K}}_e=\boldsymbol{L}^{\mathrm{T}}\boldsymbol{K}_e\boldsymbol{L}$；

$\overline{\boldsymbol{M}}_e$——整体坐标系下的单元质量矩阵，$\overline{\boldsymbol{M}}_e=\boldsymbol{L}^{\mathrm{T}}\boldsymbol{M}_e\boldsymbol{L}$；

$\overline{\boldsymbol{C}}_e$——整体坐标系下的单元阻尼矩阵，$\overline{\boldsymbol{C}}_e=\boldsymbol{L}^{\mathrm{T}}\boldsymbol{C}_e\boldsymbol{L}$；

$\overline{Q}_e$——整体坐标系下的节点载荷向量，$\overline{Q}_e = L^{\mathrm{T}} Q_e$；

L——单元坐标与整体坐标之间的转换矩阵，满足 $q_e = Lq$。

5.1.2 三维盘式拉杆组合转子系统动力学方程

根据单元在总体坐标系下的势能关系，可知整个转子系统总的势能可以类比表达为

$$II_p = \frac{1}{2} \boldsymbol{q}_R^{\mathrm{T}} \boldsymbol{K}_R \boldsymbol{q}_R + \boldsymbol{q}_R^{\mathrm{T}} \boldsymbol{M}_R \ddot{\boldsymbol{q}}_R + \boldsymbol{q}_R^{\mathrm{T}} \boldsymbol{C}_R \dot{\boldsymbol{q}}_R - \boldsymbol{q}_R^{\mathrm{T}} \boldsymbol{Q}_R \tag{5-10}$$

式中 $\boldsymbol{q}_R$——转子系统在总体坐标系下的整体节点位移向量；

$\boldsymbol{K}_R$——转子系统在总体坐标系下的总刚度矩阵，$\boldsymbol{K}_R = \sum \overline{\boldsymbol{K}}_e$；

$\boldsymbol{M}_R$——转子系统在总体坐标系下的总质量矩阵，$\boldsymbol{M}_R = \sum \overline{\boldsymbol{M}}_e$；

$\boldsymbol{C}_R$——转子系统在总体坐标系下的总阻尼矩阵，$\boldsymbol{C}_R = \sum \overline{\boldsymbol{C}}_e$；

$\boldsymbol{Q}_R$——转子系统在总体坐标系下的总节点载荷向量，$\boldsymbol{Q}_R = \sum \overline{\boldsymbol{Q}}_e$。

根据最小势能原理理论：在所有满足边界条件的协调（连续）位移中，当满足位移平衡条件时势能取得驻值，其数学表述即为

$$\delta II_p = \frac{\partial II_R}{\partial \boldsymbol{q}_R} = 0 \tag{5-11}$$

联立式(5-10) 和式(5-11)，可得转子系统的动力学方程为

$$\boldsymbol{M}_R \ddot{\boldsymbol{q}}_R + \boldsymbol{C}_R \dot{\boldsymbol{q}}_R + \boldsymbol{K}_R \boldsymbol{q}_R = \boldsymbol{Q}_R + \boldsymbol{F}_b \tag{5-12}$$

式中 $\boldsymbol{Q}_R$——轴承转子系统的外力矢量，主要包括系统的重力、不平衡力；

$\boldsymbol{F}_b$——转子系统受到的非线性油膜力。

5.2 三维裂纹盘式拉杆组合转子系统动力学方程

裂纹的产生直接使整个转子结构系统不再保持良好的对称性，裂纹所在位置的局部（柔性增强）刚度会减小，裂纹转子系统在旋转过程中裂纹截面相应惯性矩不再对称，且在截面的水平和竖直方向上二次惯性矩与时间相关，裂纹产生的转动效应对系统的动力学参数将产生直接影响，即裂纹转子系统在涡动过程中系统质量、刚度、阻尼等主要动力学参数具有典型的时变特征，使转子动力响应的求解不再是常规无裂纹转子系统的特征值求解问题，若直接沿用惯性坐标系下动力学方程建模的方式，将无法反映裂纹所产生的转动效应，亦无法获得与时间密切相关的动力学参数，如系统刚度矩阵，换言之，惯性坐标系下的三维系统动力学方程无法直接用于含裂纹或非对称结构的转子系统中。然而若在裂纹方向（法

线和切线）上建立与之一致的转动坐标系，对于转动坐标系，此时相应的系统动力学参数与时间无关，在此坐标系下建立对应的三维动力学方程，再根据转动坐标系和惯性坐标系的转换关系，即可获得考虑裂纹引起的转动效应或是结构因素造成的不对称等情况下的三维裂纹组合转子系统动力学模型，其是探究三维含裂纹转子系统动力学特性的重要理论基础。

为此本节在三维无裂纹转子系统动力学模型的基础上，充分考虑裂纹引入的转动效应，基于转动与惯性坐标系之间的关系，重点给出适用于三维含裂纹转子系统的三维动力学模型。

5.2.1 坐标系的建立

如图 5-2 所示，xyz 为惯性直角坐标系；$\varepsilon\eta\zeta$ 为转动直角坐标系，其与裂纹截面一起转动；ε 为裂纹的宽度方向；η 为裂纹开口的法线方向（与裂纹前缘垂直）；两坐标系之间夹角为 ωt。

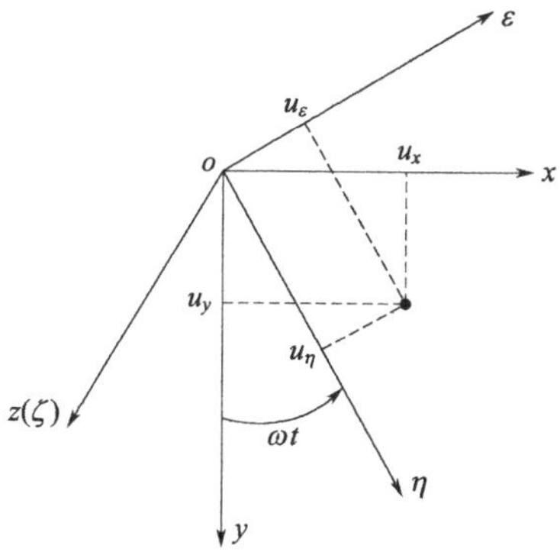

图 5-2 惯性直角坐标系和转动直角坐标系关系

对于含裂纹转子系统，在惯性直角坐标系下转子系统轴心轨迹为（x,y,z），转动直角坐标系相应的轴心轨迹为（ε,η,z），二者存在如下关系

$$\begin{bmatrix}\varepsilon\\ \eta\\ \xi\end{bmatrix}=\begin{bmatrix}\cos(\omega t) & -\sin(\omega t) & 0\\ \sin(\omega t) & \cos(\omega t) & 0\\ 0 & 0 & 1\end{bmatrix}\begin{bmatrix}x\\ y\\ z\end{bmatrix}=\boldsymbol{R}_0\begin{bmatrix}x\\ y\\ z\end{bmatrix} \tag{5-13}$$

5.2.2 三维裂纹组合转子系统动力学方程

为了反映裂纹引入的转动效应及其产生的系统刚度等动力学参量的时变特性，首先基于上述转动坐标系建立对应的三维动力学方程。转动直角坐标系下，转子系统的质量矩阵、刚度矩阵、阻尼力矩阵由三维裂纹组合转子系统有限元动

力学分析获得，转速一定的条件下，不平衡力的大小和方向恒定为常量（可以直接给出，也可以通过对惯性直角坐标系下的不平衡力 $\boldsymbol{F}_e$ 进行坐标转换获得），转子系统在转动坐标系下受到的油膜力和重力与时间相关，通过对惯性坐标系下的油膜力 $\boldsymbol{F}_B$ 和重力 $\boldsymbol{F}_G$ 进行坐标转换即可获得，转动坐标系下对应动力学方程可表示为[227,235]

$$\boldsymbol{M}\ddot{\boldsymbol{p}}+\omega(\hat{\boldsymbol{M}}-\boldsymbol{C})\dot{\boldsymbol{p}}+[\boldsymbol{K}-\omega^2(\boldsymbol{M}+\hat{\boldsymbol{C}})]\boldsymbol{p}=\boldsymbol{R}^{\mathrm{T}}\boldsymbol{Q} \tag{5-14}$$

式中，$\hat{\boldsymbol{M}}=\dfrac{1}{\omega}\boldsymbol{R}^{\mathrm{T}}\boldsymbol{M}\dot{\boldsymbol{R}}$；$\hat{\boldsymbol{C}}=\dfrac{1}{\omega}\boldsymbol{R}^{\mathrm{T}}\boldsymbol{C}\dot{\boldsymbol{R}}$；质量矩阵 $\boldsymbol{M}$、刚度矩阵 $\boldsymbol{K}$、阻尼力矩阵 $\boldsymbol{C}$ 为对三维裂纹组合转子系统有限元动力学分析后提取的缩减系统矩阵，主要利用 ANSYS 中的模态综合法进行子结构分析获得，其主要思路如下：

对于式(5-12) 的 n 维自由度转子系统，其包含大量的线性自由度和有限数量的非线性自由度（如转子系统受到的不平衡力以及非线性油膜力等自由度），利用矩阵分块原则将转子系统自由度分为线性自由度和非线性自由度两部分［如式(5-15) 所示］，借助自由界面模态综合法将线性自由度在模态坐标下进行缩减，而将非线性自由度保留在物理坐标下，从而保留系统非线性特征和等价的线性特征，以此降低高维数系统且保留系统主要特性，并提高计算效率。

$$\begin{bmatrix}\boldsymbol{M}_R^{bb} & \boldsymbol{M}_R^{bi}\\ \boldsymbol{M}_R^{ib} & \boldsymbol{M}_R^{ii}\end{bmatrix}\begin{bmatrix}\ddot{\boldsymbol{q}}_R^b\\ \ddot{\boldsymbol{q}}_R^i\end{bmatrix}+\begin{bmatrix}\boldsymbol{C}_R^{bb} & \boldsymbol{C}_R^{bi}\\ \boldsymbol{C}_R^{ib} & \boldsymbol{C}_R^{ii}\end{bmatrix}\begin{bmatrix}\dot{\boldsymbol{q}}_R^b\\ \dot{\boldsymbol{q}}_R^i\end{bmatrix}+\begin{bmatrix}\boldsymbol{K}_R^{bb} & \boldsymbol{K}_R^{bi}\\ \boldsymbol{K}_R^{ib} & \boldsymbol{K}_R^{ii}\end{bmatrix}\begin{bmatrix}\boldsymbol{q}_R^b\\ \boldsymbol{q}_R^i\end{bmatrix}=\begin{bmatrix}\boldsymbol{Q}_R^b\\ \boldsymbol{Q}_R^i\end{bmatrix}+\begin{bmatrix}\boldsymbol{F}_R^b(\boldsymbol{q}_R^b,\dot{\boldsymbol{q}}_R^b)\\ \boldsymbol{0}\end{bmatrix} \tag{5-15}$$

式中　$\boldsymbol{q}_R^i$——线性自由度向量；

$\boldsymbol{q}_R^b$——非线性自由度向量。

通过对转子系统自由度的线性表示，则有

$$\begin{bmatrix}\boldsymbol{q}_R^b\\ \boldsymbol{q}_R^i\end{bmatrix}=\boldsymbol{\Phi}_b\boldsymbol{\Phi}_i\boldsymbol{p}'=\boldsymbol{T}_1\boldsymbol{p}' \tag{5-16}$$

式中　$\boldsymbol{\Phi}_i$——保留特征模态；

$\boldsymbol{\Phi}_b$——剩余柔度矩阵，定义见式(5-18)。

$\boldsymbol{\Phi}_i$ 对应于特征频率 $\omega_j\in[0,\omega_c)$ 的无阻尼特征问题的质量正则解，如式(5-17) 所示：

$$(-\omega_j^2\boldsymbol{M}^{\mathrm{S}}+\boldsymbol{K}^{\mathrm{S}})\boldsymbol{\Phi}_j=\boldsymbol{0} \tag{5-17}$$

$$\boldsymbol{\Phi}_b=(\boldsymbol{G}_e-\boldsymbol{\Phi}_i\boldsymbol{\Omega}_{kk}^{-2}\boldsymbol{\Phi}_i^{\mathrm{T}})\begin{bmatrix}\boldsymbol{I}_{bb}\\ \boldsymbol{0}_{ib}\end{bmatrix} \tag{5-18}$$

式中　$\boldsymbol{\Omega}_{kk}$——角频率对角矩阵，其对应于保留特征模态；

$\boldsymbol{G}_e$——弹性柔度矩阵，定义见式(5-19)。

$$\boldsymbol{G}_e=[\boldsymbol{I}-\boldsymbol{M}_R\boldsymbol{\varphi}_r\boldsymbol{\varphi}_r^{\mathrm{T}}]^{\mathrm{T}}\boldsymbol{G}[\boldsymbol{I}-\boldsymbol{M}_R\boldsymbol{\varphi}_r\boldsymbol{\varphi}_r^{\mathrm{T}}] \tag{5-19}$$

式中　$\boldsymbol{\varphi}_r$——刚体模态矩阵；

$\boldsymbol{G}$——刚体模态去除后的弹性柔度矩阵。

对式(5-16) 进一步分块整理后则有

$$\begin{bmatrix}\boldsymbol{q}_R^b\\ \boldsymbol{q}_R^i\end{bmatrix}=\begin{bmatrix}\boldsymbol{\Phi}_{bb} & \boldsymbol{\Phi}_{bk}\\ \boldsymbol{\Phi}_{ib} & \boldsymbol{\Phi}_{ik}\end{bmatrix}\begin{bmatrix}\boldsymbol{p}_R^b\\ \boldsymbol{p}_R^k\end{bmatrix} \tag{5-20}$$

根据式(5-20) 则有

$$\boldsymbol{p}'=\begin{bmatrix}\boldsymbol{p}_R^b\\ \boldsymbol{p}_R^k\end{bmatrix}=\begin{bmatrix}\boldsymbol{\Phi}_{bb}^{-1} & -\boldsymbol{\Phi}_{bb}^{-1}\boldsymbol{\Phi}_{bk}\\ \boldsymbol{0}_{kb} & \boldsymbol{I}_{kk}\end{bmatrix}\begin{bmatrix}\boldsymbol{x}_R^b\\ \boldsymbol{p}_R^k\end{bmatrix}=\boldsymbol{T}_2\boldsymbol{p}_s \tag{5-21}$$

联立式(5-16) 和式(5-21)，可知经过两次变换后，物理坐标变换到模态坐标的总体变换矩阵 $\boldsymbol{T}$ 为 $\boldsymbol{T}_1$、$\boldsymbol{T}_2$ 的乘积，即为

$$\begin{bmatrix}\boldsymbol{q}_R^b\\ \boldsymbol{q}_R^i\end{bmatrix}=\boldsymbol{T}_1\boldsymbol{T}_2\begin{bmatrix}\boldsymbol{x}_R^b\\ \boldsymbol{p}_R^k\end{bmatrix}=\boldsymbol{T}\boldsymbol{p}_s \tag{5-22}$$

根据式(5-22)，缩减后的转子系统方程可表示为

$$\boldsymbol{T}^{\mathrm{T}}\boldsymbol{M}^S\boldsymbol{T}\ddot{\boldsymbol{q}}_R+\boldsymbol{T}^{\mathrm{T}}\boldsymbol{C}^S\boldsymbol{T}\dot{\boldsymbol{q}}_R+\boldsymbol{T}^{\mathrm{T}}\boldsymbol{K}^S\boldsymbol{T}\boldsymbol{q}_R=\boldsymbol{T}^{\mathrm{T}}\boldsymbol{Q}^S \tag{5-23}$$

缩减后的系统质量 $\boldsymbol{M}=\boldsymbol{T}^{\mathrm{T}}\boldsymbol{M}^S\boldsymbol{T}$，系统阻尼矩阵 $\boldsymbol{C}=\boldsymbol{T}^{\mathrm{T}}\boldsymbol{C}^S\boldsymbol{T}$，系统刚度矩阵 $\boldsymbol{K}=\boldsymbol{T}^{\mathrm{T}}\boldsymbol{K}^S\boldsymbol{T}$，根据方程 (5-16) 可知，通过缩减，转子系统的局部非线性油膜力、不平衡力可以较方便地添加到缩减后的动力学系统方程中。$\boldsymbol{M}^S$、$\boldsymbol{K}^S$、$\boldsymbol{G}^S$ 分别为缩减处理前经过排序整理后系统的质量矩阵、刚度矩阵、阻尼力矩阵，$\boldsymbol{Q}^S$ 为系统外力（重力和不平衡力）及非线性油膜力矢量，$\boldsymbol{Q}^S=\boldsymbol{F}_g+\boldsymbol{F}_b+\boldsymbol{F}_e$。

方程式(5-14) 中，$\boldsymbol{p}$ 为转动直角坐标系下的转子系统的位移矢量，表达式如下

$$\boldsymbol{p}=(\varepsilon_1,\eta_1,\zeta_1,\cdots,\varepsilon_i,\eta_i,\zeta_i,\cdots,\varepsilon_n,\eta_n,\zeta_n) \tag{5-24}$$

$\dot{\boldsymbol{R}}$ 为系统总体转换矩阵 $\boldsymbol{R}$ 对时间项的一阶导数；$\boldsymbol{R}^{\mathrm{T}}$ 为系统总体转换矩阵 $\boldsymbol{R}$ 的转置矩阵，$\boldsymbol{R}$、$\boldsymbol{R}^{\mathrm{T}}$ 和 $\dot{\boldsymbol{R}}$ 分别如下所示：

$$\boldsymbol{R}=\begin{bmatrix}\boldsymbol{R}_0 & & & & \\ & \boldsymbol{R}_0 & & & \\ & & \ddots & & \\ & & & \boldsymbol{R}_0 & \\ & & & & \boldsymbol{R}_0\end{bmatrix} \tag{5-25}$$

$$\boldsymbol{R}^{\mathrm{T}}=\begin{bmatrix} \boldsymbol{R}_0^{\mathrm{T}} & & & & \\ & \boldsymbol{R}_0^{\mathrm{T}} & & & \\ & & \ddots & & \\ & & & \boldsymbol{R}_0^{\mathrm{T}} & \\ & & & & \boldsymbol{R}_0^{\mathrm{T}} \end{bmatrix} \tag{5-26}$$

$$\dot{\boldsymbol{R}}=\begin{bmatrix} \dot{\boldsymbol{R}}_0 & & & & \\ & \dot{\boldsymbol{R}}_0 & & & \\ & & \ddots & & \\ & & & \dot{\boldsymbol{R}}_0 & \\ & & & & \dot{\boldsymbol{R}}_0 \end{bmatrix} \tag{5-27}$$

$\boldsymbol{F}_g$ 为惯性直角坐标系下的系统重力矢量，其表达式为：

$$\boldsymbol{F}_g=(fgx_1,\ fgy_1,\ fgz_1,\cdots,\ fgx_j,\ fgy_j,\ fgz_j,\cdots,\ fgx_n,\ fgy_n,\ fgz_n) \tag{5-28}$$

式中，$fgx_j=mg\cos(\omega t)$；$fgy_j=mg\sin(\omega t)$；$fgz_j=0$。

$\boldsymbol{F}_e$ 为惯性直角坐标系下系统不平衡力矢量，其表达形式为：

$$\boldsymbol{F}_e=(fex_1,\ fey_1,\ fez_1,\cdots,\ fex_j,\ fey_j,\ fez_j,\cdots,\ fex_n,\ fey_n,\ fez_n) \tag{5-29}$$

式中，$fex_j=me\omega^2\sin(\phi+\omega t)$；$fey_j=me\omega^2\cos(\phi+\omega t)$；$fez_j=0$；$\phi$ 为不平衡量与惯性直角坐标系 Y 轴正方向的初始角度。

$\boldsymbol{F}_b$ 为惯性直角坐标系下的系统油膜力矢量，其表达形式为：

$$\boldsymbol{F}_b=(fbx_1,\ fby_1,\ fbz_1,0,0,0,\cdots,0,0,0,\ fbx_j,\ fby_j,\ fbz_j) \tag{5-30}$$

式中，$fbx_j=-F_r\sin\theta-F_t\cos\theta$；$fby_j=-F_r\cos\theta+F_t\sin\theta$；$fbz_j=0$；$F_r$、$F_t$ 为转子系统所受到的径向和切向非线性油膜力［同式(4-3)］，且转子系统在轴向方向不受力的作用。

在惯性直角坐标系下，转子系统的位移矢量关系 $\boldsymbol{q}$ 可以表示为

$$\boldsymbol{q}=(x_1,y_1,z_1,\cdots,x_i,y_i,z_i,\cdots,x_n,y_n,z_n) \tag{5-31}$$

根据式(5-13) 和式(5-16) 坐标转换关系，可知惯性直角坐标系下和转动坐标系下转子系统位移矢量关系为

$$\boldsymbol{p}=\boldsymbol{R}\boldsymbol{q} \tag{5-32}$$

则有

$$\boldsymbol{q}=\boldsymbol{R}^{-1}\boldsymbol{p} \tag{5-33}$$

$$\dot{\boldsymbol{q}}=\dot{\boldsymbol{R}}^{-1}\boldsymbol{p}+\boldsymbol{R}^{-1}\dot{\boldsymbol{p}} \tag{5-34}$$

$$\ddot{\boldsymbol{q}}=\ddot{\boldsymbol{R}}^{-1}\boldsymbol{p}+2\dot{\boldsymbol{R}}^{-1}\dot{\boldsymbol{p}}+\boldsymbol{R}^{-1}\ddot{\boldsymbol{p}} \tag{5-35}$$

式中，$\dot{\boldsymbol{q}}$、$\ddot{\boldsymbol{q}}$ 分别为位移矢量 $\boldsymbol{q}$ 对时间求一阶和二阶导数后得到的速度及加速度矢量，$\boldsymbol{R}^{-1}$ 为 $\boldsymbol{R}$ 的逆矩阵，$\dot{\boldsymbol{R}}^{-1}$、$\ddot{\boldsymbol{R}}^{-1}$ 分别为 $\boldsymbol{R}^{-1}$ 对时间求一阶和二阶导数后得到的矩阵。

$$\dot{\boldsymbol{R}}^{-1}=\begin{bmatrix}\dot{\boldsymbol{R}}_0^{-1} & & & & \\ & \dot{\boldsymbol{R}}_0^{-1} & & & \\ & & \ddots & & \\ & & & \dot{\boldsymbol{R}}_0^{-1} & \\ & & & & \dot{\boldsymbol{R}}_0^{-1}\end{bmatrix} \tag{5-36}$$

$$\ddot{\boldsymbol{R}}^{-1}=\begin{bmatrix}\ddot{\boldsymbol{R}}_0^{-1} & & & & \\ & \ddot{\boldsymbol{R}}_0^{-1} & & & \\ & & \ddots & & \\ & & & \ddot{\boldsymbol{R}}_0^{-1} & \\ & & & & \ddot{\boldsymbol{R}}_0^{-1}\end{bmatrix} \tag{5-37}$$

分别将式(5-24)～式(5-26) 代入式(5-14)，可得

$$\begin{aligned}&\boldsymbol{M}(\ddot{\boldsymbol{R}}^{-1}\boldsymbol{q}+2\dot{\boldsymbol{R}}^{-1}\dot{\boldsymbol{q}}+\boldsymbol{R}^{-1}\ddot{\boldsymbol{q}})+\omega(2\hat{\boldsymbol{M}}-\boldsymbol{C})(\dot{\boldsymbol{R}}^{-1}\boldsymbol{q}+\boldsymbol{R}^{-1}\dot{\boldsymbol{q}})+\\&[\boldsymbol{K}-\omega^2(\boldsymbol{M}+\hat{\boldsymbol{C}})]\boldsymbol{R}^{-1}\boldsymbol{q}=\boldsymbol{R}^{\mathrm{T}}\boldsymbol{F}_g+\boldsymbol{R}^{\mathrm{T}}\boldsymbol{F}_b+\boldsymbol{R}^{\mathrm{T}}\boldsymbol{F}_e\end{aligned} \tag{5-38}$$

对式(5-38) 进行整理后有

$$\begin{aligned}&\boldsymbol{M}\ddot{\boldsymbol{q}}+[2\boldsymbol{RM}\dot{\boldsymbol{R}}^{-1}+\omega(2\hat{\boldsymbol{M}}-\boldsymbol{C})]\dot{\boldsymbol{q}}+\{\boldsymbol{RM}\ddot{\boldsymbol{R}}^{-1}+\omega\boldsymbol{R}(2\hat{\boldsymbol{M}}-\boldsymbol{C})\dot{\boldsymbol{R}}^{-1}+\\&[\boldsymbol{K}-\omega^2(\boldsymbol{M}+\hat{\boldsymbol{C}})]\}\boldsymbol{q}=\boldsymbol{F}_g+\boldsymbol{F}_b+\boldsymbol{F}_e\end{aligned} \tag{5-39}$$

则可得惯性直角坐标系下系统位移矢量的二阶导数为

$$\begin{aligned}\ddot{\boldsymbol{q}}=&\boldsymbol{M}^{-1}(\boldsymbol{F}_g+\boldsymbol{F}_b+\boldsymbol{F}_e)-\boldsymbol{M}^{-1}[2\boldsymbol{RM}\dot{\boldsymbol{R}}^{-1}+\omega(2\hat{\boldsymbol{M}}-\boldsymbol{C})]\dot{\boldsymbol{q}}-\\&\boldsymbol{M}^{-1}\{\boldsymbol{RM}\ddot{\boldsymbol{R}}^{-1}+\omega\boldsymbol{R}(2\hat{\boldsymbol{M}}-\boldsymbol{C})\dot{\boldsymbol{R}}^{-1}+[\boldsymbol{K}-\omega^2(\boldsymbol{M}+\hat{\boldsymbol{C}})]\}\boldsymbol{q}\end{aligned} \tag{5-40}$$

映入状态变量 $\boldsymbol{X}=(\boldsymbol{q}^{\mathrm{T}},\ \dot{\boldsymbol{q}}^{\mathrm{T}})$，则系统方程式(5-40) 在状态空间下可以表示为

$$\dot{\boldsymbol{X}}=\begin{bmatrix}\dot{\boldsymbol{q}}\\ \boldsymbol{F}_q\end{bmatrix} \tag{5-41}$$

式(5-41) 中：

$$\boldsymbol{F}_q=\boldsymbol{M}^{-1}(\boldsymbol{F}_g+\boldsymbol{F}_b+\boldsymbol{F}_e)-\boldsymbol{M}^{-1}[2\boldsymbol{RM}\dot{\boldsymbol{R}}^{-1}+\omega(2\hat{\boldsymbol{M}}-\hat{\boldsymbol{C}})]\dot{\boldsymbol{q}}-$$
$$\boldsymbol{M}^{-1}\{\boldsymbol{RM}\ddot{\boldsymbol{R}}^{-1}+\omega\boldsymbol{R}(2\hat{\boldsymbol{M}}-\boldsymbol{C})\dot{\boldsymbol{R}}^{-1}+[\boldsymbol{K}-\omega^2(\boldsymbol{M}+\hat{\boldsymbol{C}})]\}\boldsymbol{q}$$

至此，根据三维有限元思想，借助转动坐标系和惯性直角坐标系的相互转换关系，建立了时变效应影响下适用于三维裂纹组合转子轴承系统的动力学方程，为后续含裂纹复杂组合转子轴承系统非线性动力学特性的研究奠定了理论基础。同时需要指出，所提出的三维动力学模型亦为复杂非对称结构类转子系统的动力学特性研究提供了相应的理论支撑。

5.3 三维含裂纹非线性动力学方程求解方法

5.3.1 周期解的求解

相对于一维裂纹转子轴承动力学系统的周期解求解，若依旧采用四阶龙格-库塔瞬时积分法，三维裂纹转子轴承动力学系统求解瞬态过程时间更长，更为复杂，且难以获得稳定的周期解，对于非线性自由度较多且复杂的转子系统的求解效率大大降低。为此，这里采用 Poincare 映射结合 Newton-Raphson 迭代的打靶法[236,237] 进行系统周期解的求解。利用打靶法进行转子轴承动力学系统周期解的求解，其实质为两点边界值问题，将边值问题转换为初值问题进行求解。对于式(5-41) 状态空间下动力学系统的周期解求解，即为探究如下的边值问题

$$\begin{cases}\dot{\boldsymbol{X}}=\boldsymbol{f}(\boldsymbol{X},t,\lambda_s)\\ \boldsymbol{X}(t)=\boldsymbol{X}(t+T_0)\end{cases} \tag{5-42}$$

式中，$\boldsymbol{f}(\boldsymbol{X},t,\lambda_s)=\begin{bmatrix}\dot{\boldsymbol{q}}\\ \boldsymbol{F}_q\end{bmatrix}$；$\lambda_s$ 为系统参数（诸如系统不平衡量 e 和转动角速度 ω）。

对于给定的某一参数 $\lambda_s=\lambda_0$，将式(5-42) 转换为求解非线性方程不动点问题，即

$$\boldsymbol{G}(\boldsymbol{X})=\boldsymbol{X}-\boldsymbol{P}(\boldsymbol{X})=\boldsymbol{0} \tag{5-43}$$

基于牛顿法的基本思想，将式(5-43) 在给定的初始点 $\boldsymbol{X}_0$ 处线性化处理，则有：

$$\boldsymbol{G}(\boldsymbol{X})=\boldsymbol{G}(\boldsymbol{X}_0)+\boldsymbol{G}'_{\boldsymbol{X}_0}(\boldsymbol{X}-\boldsymbol{X}_0) \tag{5-44}$$

将式(5-44) 代入式(5-43)，则相应的牛顿迭代形式为

$$\boldsymbol{X}=\boldsymbol{X}_0-\boldsymbol{G}'^{-1}_{\boldsymbol{X}_0}\boldsymbol{G}(\boldsymbol{X}_0) \tag{5-45}$$

式中，$\boldsymbol{X}$ 即为新的迭代点。式(5-44) 和式(5-45) 中，$\boldsymbol{G}'_{\boldsymbol{X}_0}$ 为 $\boldsymbol{G}(\boldsymbol{X})$ 在 $\boldsymbol{X}_0$ 处的雅可比矩阵，其求解主要思路如下：

将式(5-42) 对 $\boldsymbol{X}_0$ 求偏导，则有

$$\frac{\mathrm{d}}{\mathrm{d}t}\left(\frac{\partial \boldsymbol{X}}{\partial \boldsymbol{X}_0}\right)=\boldsymbol{F}'_{\boldsymbol{X}}(t,\boldsymbol{X})\left(\frac{\partial \boldsymbol{X}}{\partial \boldsymbol{X}_0}\right) \tag{5-46}$$

式(5-42) 中力对状态向量的偏导 $\boldsymbol{F}'_{\boldsymbol{X}}(t,\ \boldsymbol{X})$ 求解如下

$$\boldsymbol{F}'_{\boldsymbol{X}}(t,\boldsymbol{X})=\begin{bmatrix}\boldsymbol{0} & \boldsymbol{I}\\ \dfrac{\partial \boldsymbol{F}_{\boldsymbol{q}}}{\partial \boldsymbol{q}} & \dfrac{\partial \boldsymbol{F}_{\boldsymbol{q}}}{\partial \dot{\boldsymbol{q}}}\end{bmatrix} \tag{5-47}$$

根据连续动力系统与等价离散系统的转换关系 $\boldsymbol{X}^{(k+1)}=\boldsymbol{P}(\boldsymbol{X}^{(k)})$，则有

$$\frac{\partial \boldsymbol{X}^{(0)}}{\partial \boldsymbol{X}_0}=\boldsymbol{I},\frac{\partial \boldsymbol{X}^{(1)}}{\partial \boldsymbol{X}_0}=\boldsymbol{P}'_{\boldsymbol{X}_0} \tag{5-48}$$

将式(5-42) 和式(5-46) 联立，则有

$$\begin{cases}\dfrac{\mathrm{d}\boldsymbol{X}}{\mathrm{d}t}=\boldsymbol{F}(t,\boldsymbol{X})\\ \dfrac{\mathrm{d}}{\mathrm{d}t}\left(\dfrac{\partial \boldsymbol{X}}{\partial \boldsymbol{X}_0}\right)=\boldsymbol{F}'_{\boldsymbol{X}}(t,\boldsymbol{X})\left(\dfrac{\partial \boldsymbol{X}}{\partial \boldsymbol{X}_0}\right)\end{cases} \tag{5-49}$$

以 $(\boldsymbol{X}_0,\boldsymbol{I})$ 为初值积分一个 Poincare 映射周期 T，即可得 $(\boldsymbol{P}(\boldsymbol{X}_0),\ \boldsymbol{P}'_{\boldsymbol{X}_0})$，将得到的 $(\boldsymbol{P}(\boldsymbol{X}_0),\ \boldsymbol{P}'_{\boldsymbol{X}_0})$ 代入迭代公式(5-45)，求得不动点 $\boldsymbol{X}^*$ 的一次近似 $\boldsymbol{X}'$；若收敛精度满足

$$\frac{\|\boldsymbol{X}'-\boldsymbol{X}\|}{\|\boldsymbol{X}\|}\leqslant\delta(\delta\ \text{为收敛精度}) \tag{5-50}$$

则不动点 $\boldsymbol{X}^*=\boldsymbol{X}'$，否则令 $\boldsymbol{X}_0=\boldsymbol{X}'$，再次代入式(5-45) 进行计算。

5.3.2 基于预估-校正机理下的周期解连续追踪求解方法

对于给定外参数下的动力学系统的周期解的求解，打靶法可以有效求解，但当系统外参数如转动角速度、系统不平衡量连续变化时，给定系统某一外参数下的初始值常难以直接适用于外参数变化后的系统周期解的高效求解，以及周期解随外参数变化时的稳定性及分叉规律的探究，为此，这里引入基于预估-校正机理下的周期解连续追踪求解方法[236-239]，为探究系统周期解随系统外参数连续变化时系统的稳定性及分叉规律提供有效手段。

研究周期解随外参数变化时的非线性动力学特性时，式(5-43) 将转换为如下非线性方程解的曲线问题

$$\boldsymbol{G}(\boldsymbol{X},\lambda_s)=\boldsymbol{X}-\boldsymbol{P}(\boldsymbol{X},\lambda_s)=\boldsymbol{0} \tag{5-51}$$

将式(5-51) 转换为如下常微分方程 Cauchy 问题

$$\begin{cases}\boldsymbol{X}(\lambda_s)=[\boldsymbol{G}'_{\boldsymbol{X}_0}(\boldsymbol{X},\lambda_s)]^{-1}-\boldsymbol{G}'_{\boldsymbol{X}_0}(\boldsymbol{X},\lambda_s)\\ \boldsymbol{X}(\lambda_0)=\boldsymbol{X}_0\end{cases} \tag{5-52}$$

经过 ($\boldsymbol{X}_0,\lambda_0$) 的积分曲线即为方程式(5-51) 的解曲线，利用欧拉积分公式则有

$$\begin{cases}\boldsymbol{X}_{k+1}=\boldsymbol{X}_k-[\boldsymbol{G}'_{\boldsymbol{X}}(\boldsymbol{X},\lambda_s)]^{-1}\times\boldsymbol{G}'_{\lambda_s}(\boldsymbol{X},\lambda_s)\times\Delta\lambda_s\\ \lambda_{s(k+1)}=\lambda_{s(k)}+\Delta\lambda_s\end{cases} \tag{5-53}$$

利用上式可根据 $\lambda_s=\lambda_{s(k)}$ 的解对第 $k+1$ 步的解 $\boldsymbol{X}_{k+1}$ 进行预测，即可实现对系统解的曲线的逐步追踪；而后利用打靶法对 $\lambda_s=\lambda_{s(k+1)}$ 处进行校正（这里不进一步阐述），从而实现预估-校正下的周期解的连续追踪求解过程。可以发现这种求解策略，其本质是将预估-校正机制与牛顿打靶法相结合，其计算过程中所采用的自适应变步长龙格-库塔瞬时积分方法有效保证了算法的计算精度，是一种对周期解的解曲线求解的高效数值计算技术，亦称为延拓打靶法。

5.4 系统稳定性判断方法

Floquet 理论基于经典稳定性理论[239,240]，从摄动方程零解稳定性判别未扰周期运动稳定性的思想得到的稳定性理论，是研究周期系数的线性微分方程对原点的稳定性的理论，可用于研究非线性动力学系统稳态周期解的分叉问题。

由 Floqet 理论可知，对于如下给定动力学系统的外参数 λ_0 及此时的稳态周期解 $\boldsymbol{X}^p$ 的摄动方程

$$\frac{\mathrm{d}\nu}{\mathrm{d}t}=\boldsymbol{F}'_{\boldsymbol{X}}(t,\lambda_s,\boldsymbol{X}^p\,|\,\nu)=\boldsymbol{A}(t)\cdot\nu \tag{5-54}$$

式中 ν——摄动变量；

$\boldsymbol{F}'_{\boldsymbol{X}}(t,\lambda_s,\boldsymbol{X}^p\,|\,\nu)$——一个对竖线后边变量的线性算子，其常为矢量场 $\boldsymbol{F}$ 在 $\boldsymbol{X}=\boldsymbol{X}^p$ 处的雅可比矩阵或导函数；

$\boldsymbol{A}(t)$ ——周期为 T_0 的矩阵函数，即 $\boldsymbol{A}(t)=\boldsymbol{A}(t+T_0)$。

将式(5-54) 的离散和连续状态传递矩阵的特征值定义为 Floquet 乘子和 Floquet 指数[239,240]，从而根据 Floquet 乘子和 Floquet 指数来判断任意解对原点的稳定性，以此进一步获得原动力学系统式(5-42) 稳态周期解的稳定性判据

和分叉条件。

当给定外参数时，式(5-42) 的原动力学系统周期解稳定的充分条件为：所有 Floquet 乘子均在复平面的单位圆内部或最大 Floquet 乘子模小于 1。反之，若最大的 Floquet 乘子模大于 1（或等于 1）时，周期解不稳定（或处于临界稳定状态）。

当外参数变化时，式(5-42) 的原动力学系统周期解也会出现失稳而产生多种形式的分叉现象，这种现象与 Floquet 乘子模的最大值穿出单位圆的位置有关，大体可以分为如下几种形式（如图 5-3 所示）：

① 当一个模的最大乘子从单位圆上（1,0）穿出时，周期解可能发生的分叉形式包括鞍结型分叉、叉型分叉、对称破损型分叉等。

② 当一个模的最大乘子从单位圆上（−1,0）穿出时，周期解将发生倍周期分叉而失稳，倍周期分叉的最终结果将导致混沌运动。

③ 当一个模的最大乘子从单位圆上以复共轭方式（虚部不为 0）穿出时，周期解将经过 Hopf 型伪周期分叉产生伪周期解。

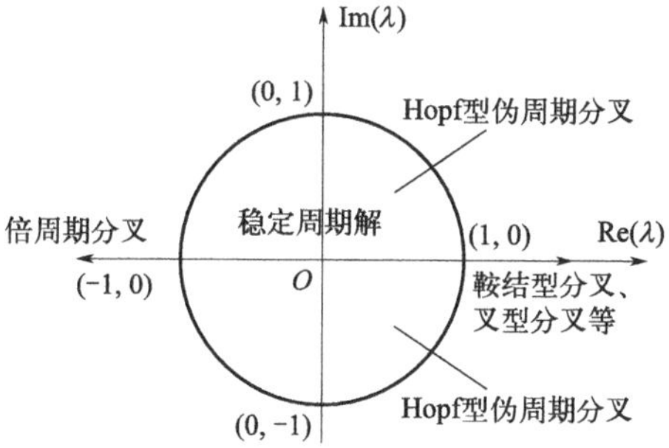

图 5-3　Floquet 乘子表示的周期解失稳的三类分叉

5.5　本章小结

本章以三维有限元理论为基础，重点给出了三维复杂组合转子轴承系统动力学建模理论推导过程，同时建立了适用于三维含裂纹转子系统的非线性动力学方程，并给出了相应系统动力学方程求解方法，为后续三维含故障组合转子系统的非线性动力学特性分析奠定重要理论基础。

① 基于三维有限元理论初步给出了无界面不含裂纹的三维盘式拉杆组合转子系统非线性动力学方程，为三维裂纹组合转子系统动力学方程的形成提供理论基础。

② 充分考虑裂纹的转动效应，首先在转动坐标系下建立了组合转子系统动力学模型，根据转动坐标系和惯性坐标系的关系，实现了裂纹不对称系统从转动坐标系下的动力学方程到惯性坐标系下对应系统的转换，获得了惯性坐标系下的三维裂纹组合转子系统非线性动力学模型，为进一步深入研究三维裂纹故障系统动力学特性提供理论基础，同时所提出三维动力学模型亦适用于非对称结构的复杂转子系统的动力学特性研究。

③ 系统阐述了三维含裂纹拉杆转子系统非线性动力学系统的求解方法。利用 Poincare 映射结合 Newton-Raphson 迭代的打靶法进行系统周期解的求解，基于预估-校正机理下的周期解连续追踪求解方法探究系统周期解随系统外参数连续变化时系统的动力学特性，进而采用 Floquet 理论考察系统非线性动力学系统稳态周期解的稳定性及分叉规律。

第6章

裂纹拉杆组合转子系统三维有限元建模及应力应变特性分析

6.1 拉杆组合转子系统中的裂纹位点分布

6.2 拉杆裂纹组合转子系统有限元建模

6.3 三维拉杆裂纹拉杆转子系统应力应变特性分析

6.4 三维裂纹奇异性对拉杆转子系统应力分布重组的影响

6.5 本章小结

(扫码查看本章彩图文件)

工程实际中，裂纹常常具有典型的三维属性，有效反映裂纹的属性是系统静动力学分析的重要基础。与一维裂纹模型相比，三维裂纹模型可以有效反映裂纹的几何特征（如裂纹角度、裂纹形态以及裂纹前缘奇异效应等），通过对含有三维裂纹的系统有限元建模及应力分析，可以更好地判断裂纹对局部及整体系统应力影响范围，从而更为准确地预测裂纹扩展路径。

本章首先阐述了反映三维拉杆裂纹前缘应力奇异效应的裂纹建模方法及系统的有限元模型，然后探究了拉杆裂纹、盘根裂纹及轮盘奇异性对系统应力分布重组的影响情况，最后分析了拉杆裂纹对转子整体弯曲形态的影响情况。

6.1 拉杆组合转子系统中的裂纹位点分布

宏观断裂力学作为断裂力学研究的一个重要方面，相对于微观断裂力学（主要基于材料缺陷、微观机理方面理论研究），其主要探究零部件或者机械结构在加工制造及使用过程中产生宏观尺度的裂纹缺陷。对于旋转类机械，如一般整体转子轴承系统，应力集中位置主要集中于轮盘和转轴的过渡连接位置，亦为裂纹故障的多发位置。

相比于 Jeffcott 转子或其他多盘整体转子系统，盘式拉杆组合转子轴承系统因其自身结构的复杂性、预紧装配环境要求、接触界面的非线性等使整个转子系统的受力情况及动力学特性分析变得较为复杂。拉杆靠近预紧螺母尾部段、轮盘上预紧拉杆螺母沉孔位置、盘轴过渡位置盘根处等应力集中敏感区域均可能出现裂纹故障，如图 6-1 所示。这些裂纹故障一部分是应力集中所致，而另一部分尽管为应力集中点，但其工作应力并不高（常常远低于材料的屈服极限），也会发生裂纹故障。

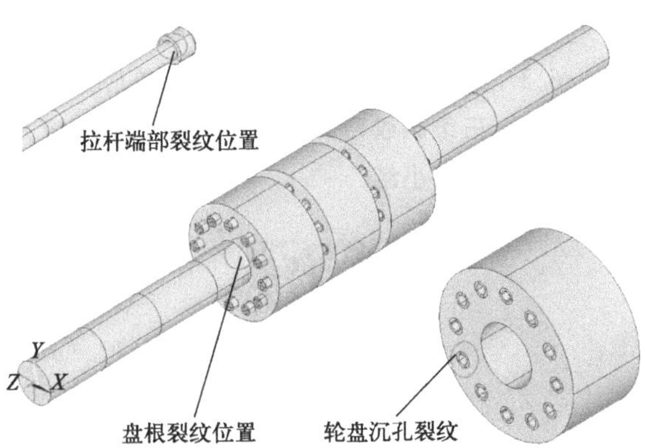

图 6-1 盘式拉杆组合转子裂纹故障位置

6.2 拉杆裂纹组合转子系统有限元建模

6.2.1 三维等参奇异单元建模方法

等参奇异单元法[241,242] 有限元建模思想：以有限元平面等参单元或三维等参单元为基础，对裂纹前缘（裂纹尖端）相关联的等参单元边的中间节点偏移至距离尖端 1/4 边长的位点，以此实现裂纹前缘（尖端）的应力奇异性。

平面等参奇异单元建模，以四边形 8 节点平面等参单元（如图 6-2 所示）和三角形 6 节点等参单元（如图 6-3 所示）为例。

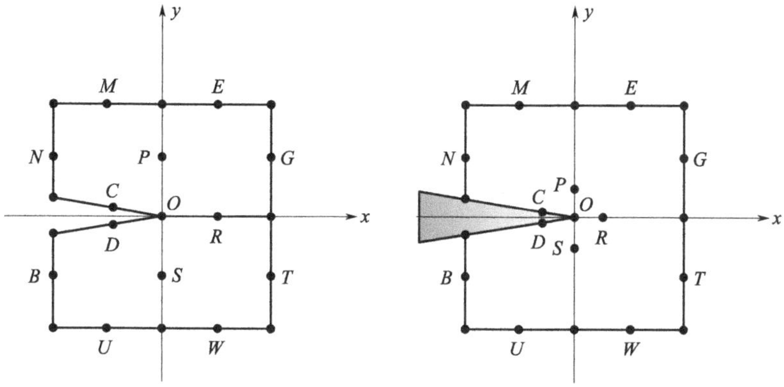

(a) 四边形8节点等参单元　　(b) 四边形8节点等参奇异单元

图 6-2　四边形 8 节点等参奇异单元节点分布

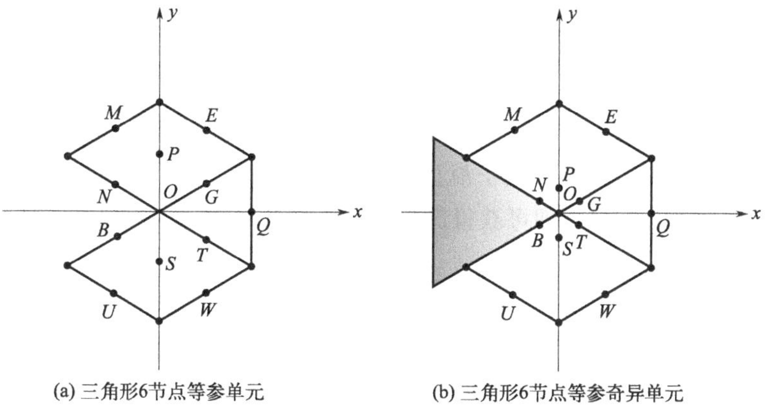

(a) 三角形6节点等参单元　　(b) 三角形6节点等参奇异单元

图 6-3　三角形 6 节点等参奇异单元节点分布

如图 6-2 所示，对图（a）的四边形 8 节点平面等参单元中间节点（C, D, S, R, P）向 O 点作 1/4 偏移处理后，即可形成如图（b）所示的四边形 8 节点平面等参奇异单元。如图 6-3 所示，对图（a）的三角形 6 节点平面等参单元中间节点（N, B, S, T, G, P）向 O 点作 1/4 偏移处理后，即可形成如图（b）所示的三角形 6 节点平面等参奇异单元。对于平面等参奇异单元，使用 KSCON 命令进行有限元建模。

三维等参奇异单元，以六面体 20 节点等参单元为例。

如图 6-4 所示，对图（a）的退化六面体 20 节点等参单元（其由 20 节点六面体单元沿着 OAB 边塌陷而来），对其中间节点（X, V, R, T）向 O 或 K 点做 1/4 偏移处理后，即可形成如图（b）所示的退化六面体 20 节点三维等参奇异单元。对于三维等参奇异单元的建模，使用 KSCON 命令以自下而上方式进行有限元建模。

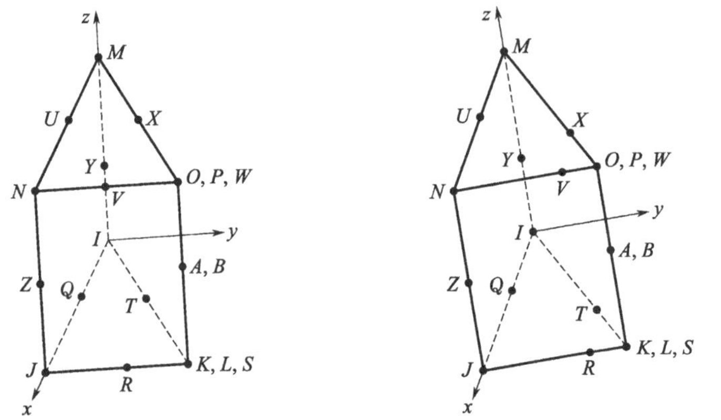

(a) 退化六面体20节点等参单元　　(b) 退化六面体20节点等参奇异单元

图 6-4　退化六面体 20 节点等参奇异单元节点分布

6.2.2　三维奇异裂纹及转子系统有限元建模

根据上述三维裂纹有限元建模方法，利用三维多面体等参奇异单元即可建立类似三维奇异单元裂纹有限元子模型（如图 6-5 所示），将裂纹子模型和转子系统有限元模型进行结合，即可获得反映裂纹前缘奇异性的三维裂纹转子系统有限元模型。

周向均布拉杆作为组合转子系统最重要的组件之一，在其两端预紧螺母的预紧力作用下，将各组件联结为一体转子系统，其主要承受沿轴向的拉力；当转子系统受到一定的不平衡量作用或转子系统对称性遭到破坏，拉杆还将受到轮盘上拉杆孔边缘轮廓的碰摩作用，此时拉杆末段位于螺纹尾部（即为图 6-1 所示拉杆端部裂纹位置）将持续受到复杂的交变应力作用，其是拉杆裂纹萌生的重要原因之一，本部分以拉杆裂纹为例说明三维奇异裂纹建模方法。

为了反映拉杆裂纹前缘区域的应力奇异性，采用图 6-4(b) 所示的退化六面体 20 节点等参奇异单元（Solid 186 实体单元）和六面体 20 节点等参单元（Solid 186 实体单元）进行三维横向裂纹建模。主要分为裂纹前缘区域奇异单元建模、裂纹前缘附近及过渡区域建模、裂纹拉杆建模。

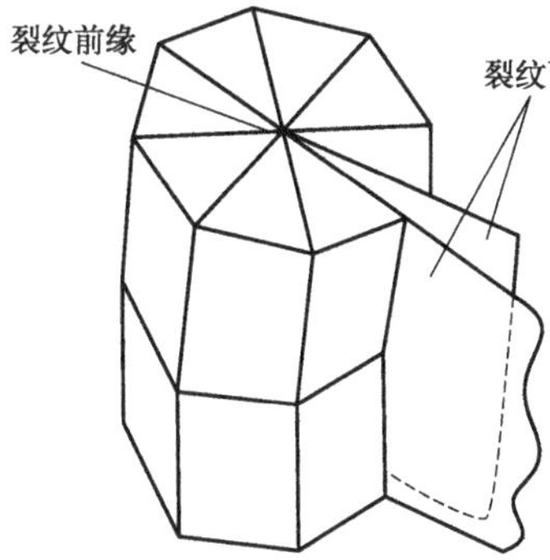

图 6-5　三维等参奇异单元裂纹有限元子模型

(1) 裂纹前缘奇异单元建模

裂纹前缘采用退化六面体 20 节点等参奇异单元（Solid 186 实体单元）进行建模，沿周向划分 20 个奇异单元，每个单元角度为 18°，前缘第一圈奇异单元半径均为 0.04mm，径向划分 5 层奇异单元［第 2～5 层采用六面体 20 节点等参奇异单元（Solid 186 实体单元）］，如图 6-6(a) 所示，图 6-6(b) 所示为裂纹前缘体有限元建模。

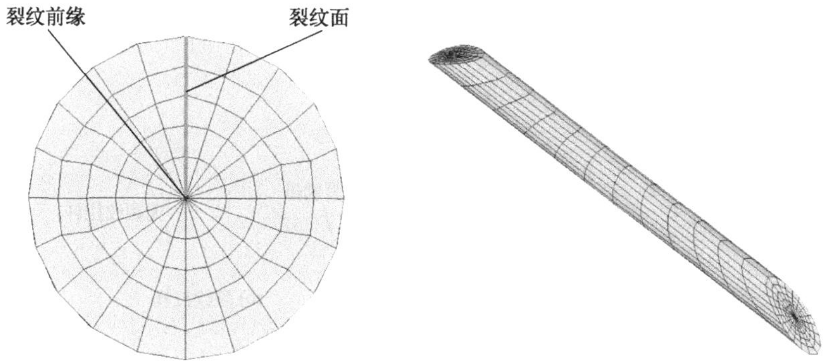

(a) 拉杆裂纹前缘网格划分　(b) 拉杆裂纹前缘体有限元建模

图 6-6　拉杆裂纹前缘奇异单元有限元建模

(2) 裂纹前缘附近区域建模

为确保裂纹前缘体与附近区域的单元网格较好融合，裂纹前缘附近区域采用六面体 20 节点等参奇异单元（Solid 186 实体单元）建模，其中裂纹面截面示意图网格划分如图 6-7(a) 所示；裂纹前缘附近区域网格密度由近及远逐渐加密，裂纹前缘体附近 1/2 有限元模型如图 6-7(b) 所示。

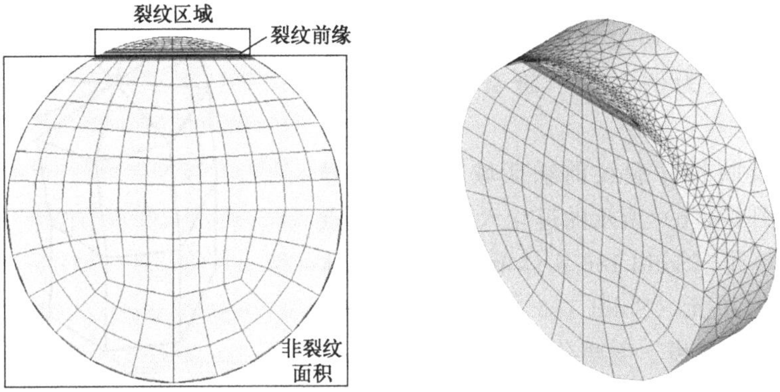

(a) 裂纹截面网格划分　　(b) 拉杆裂纹前缘体附近区域网格划分

图 6-7　拉杆裂纹截面及裂纹前缘体附近区域网格划分

(3) 裂纹拉杆建模

裂纹前缘体过渡区域有限元建模，采用六面体 20 节点等参单元（Solid 186 实体单元），如图 6-8(a) 所示；拉杆其他部分采用 Solid45 或者 Solid185 实体单元有限元建模，含裂纹拉杆和无裂纹拉杆如图 6-8(b) 所示。

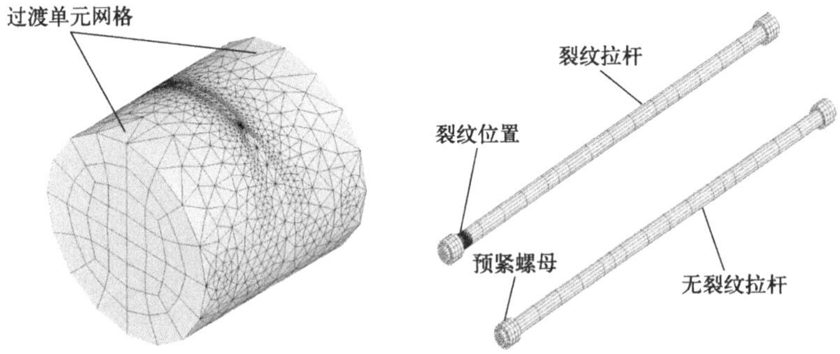

(a) 过渡单元网格　　(b) 裂纹拉杆

图 6-8　裂纹拉杆有限元模型

(4) 预紧力的模拟

采用渗透接触法模拟拉杆预紧力，具体方法为：在拉杆建模时，减去预紧力矩之后拉杆和被连接轮盘的变形之和，然后建立相应的接触对，使拉杆和被连接轮盘分别受到拉力和压力，以此来模拟转子系统受到的拉杆螺母预紧力。

(5) 含拉杆裂纹的盘式组合转子系统建模

整个转子系统采用 Solid45 或 Solid185 实体单元进行有限元建模，如图 6-9 所示。

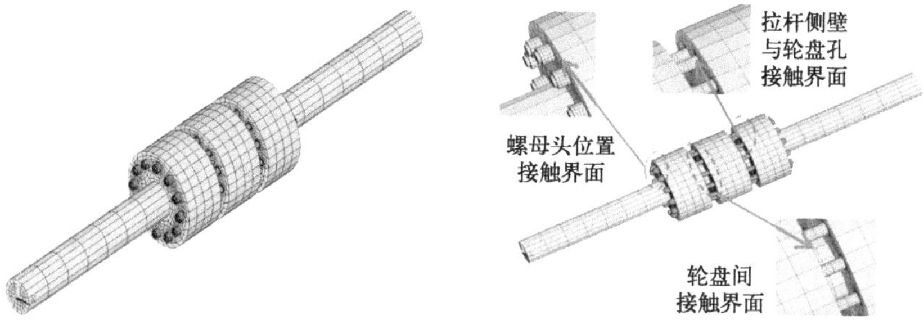

(a) 含拉杆裂纹拉杆转子系统有限元模型　　(b) 拉杆转子系统中主要的接触界面

图 6-9　含拉杆裂纹拉杆转子系统有限元模型及其接触界面

6.3　三维拉杆裂纹拉杆转子系统应力应变特性分析

6.3.1　三维拉杆裂纹组合转子系统应力分析

一般整体转子系统出现裂纹后，主要表现为裂纹局部柔性增强（局部刚度降低），裂纹附近区域局部应力变化明显，转子系统的整体应力分布情况受裂纹的影响较小；而对于盘式拉杆组合转子系统，其整个系统受到了较大的预紧力作用，当拉杆出现裂纹时，除了需要关注裂纹局部应力变化，还需要关注主要接触界面及转子系统的应力变化情况，以及裂纹对系统弯曲模态的影响情况，通过对三维含裂纹拉杆组合转子系统进行有限元分析，可以有效获取裂纹出现后整个转子系统、重要接触界面、裂纹局部应力应变和系统弯曲模态情况，这是一维裂纹拉杆组合转子动力学特性分析中难以实现的部分。为此这里分别分析了含裂纹拉杆组合转子系统、周向分布拉杆、拉杆螺母头接触界面、轮盘间接触界面、裂纹局部位置的应力变化情况。

(1) 三维转子系统及拉杆应力

图 6-10(a) 和 (b) 分别给出了无裂纹与含裂纹转子系统整体应力分布情况，可以发现含裂纹拉杆转子系统应力分布发生了变化；同理对比图 6-10(c) 和 (d)，可以发现无裂纹转子系统中周向拉杆应力均匀分布［如图 6-10(c) 所示］，而含裂纹周向均布拉杆的应力分布不均［如图 6-10(d) 所示］，相关应力分析直接反映了裂纹对两种转子系统应力重新分布的情况。

(2) 拉杆螺母头法向和切向接触应力

图 6-11 和图 6-12 分别给出了无裂纹和含裂纹（裂纹深度分别为 $h=0.1r_0$、$h=0.3r_0$、$h=0.5r_0$）转子系统拉杆螺母头与轮盘端面之间接触界面的法向和

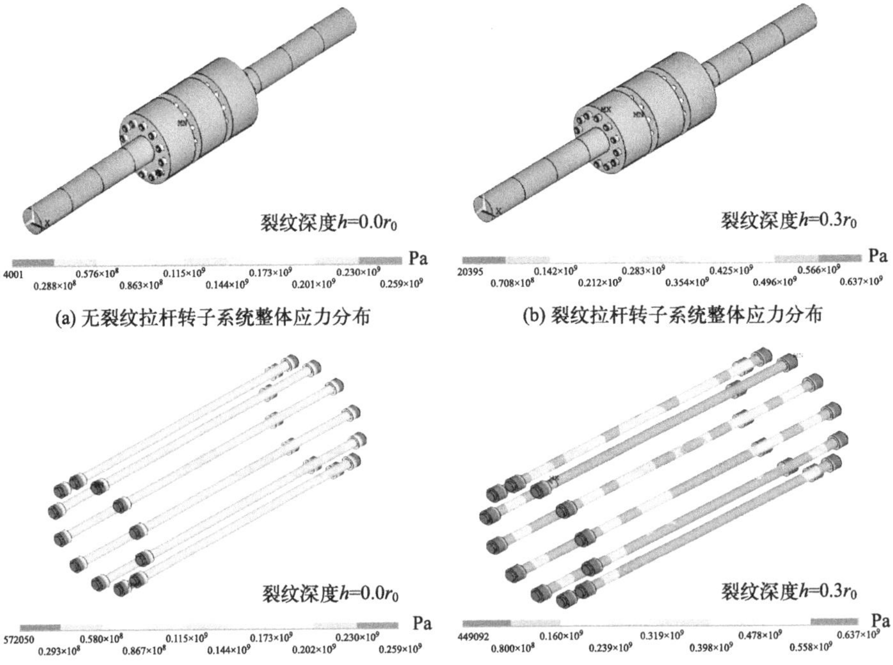

(a) 无裂纹拉杆转子系统整体应力分布

(b) 裂纹拉杆转子系统整体应力分布

(c) 无裂纹周向均布拉杆应力分布

(d) 含裂纹周向均布拉杆应力分布

图 6-10 含裂纹及无裂纹拉杆组合转子系统应力分布

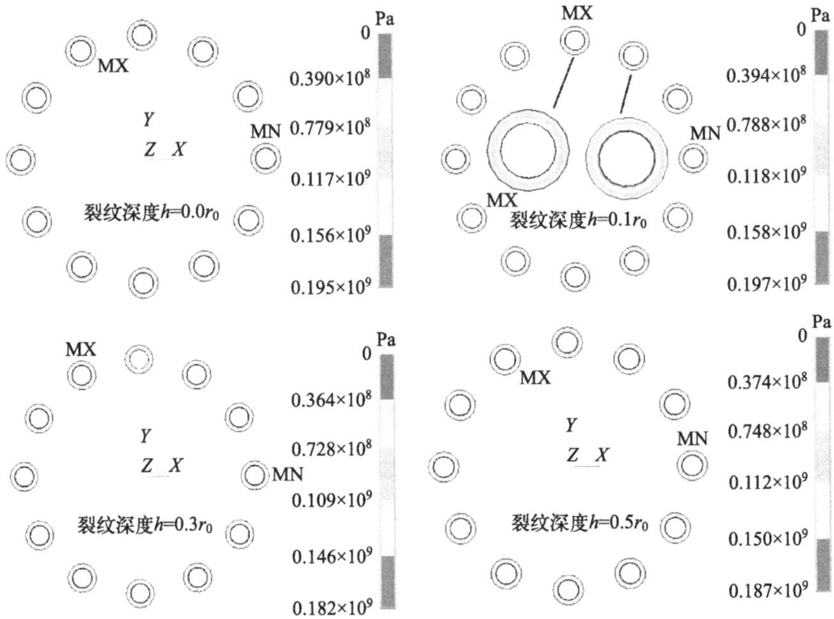

图 6-11 不同裂纹深度下拉杆螺母头法向接触应力

切向接触应力分布，无裂纹转子系统每根拉杆螺母头接触应力分布趋于均匀，而裂纹转子系统应力发生重新分布且出现应力分配不均，切向接触应力分布发生这一变化的情况更加突出，随着裂纹深度的增加这一现象逐渐加剧。

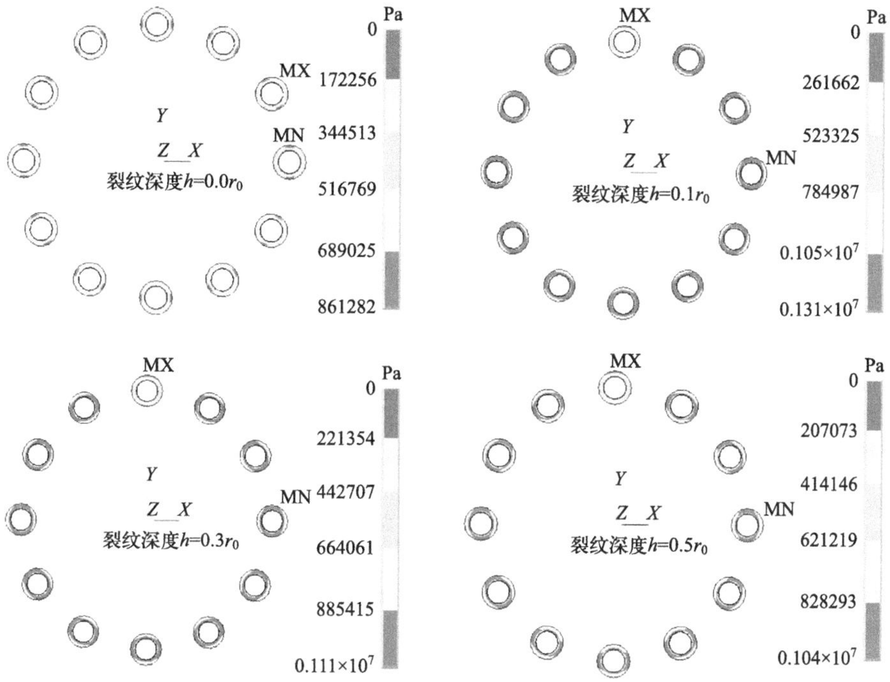

图 6-12　不同裂纹深度下拉杆螺母头切向接触应力

(3) 轮盘间法向和切向接触应力

图 6-13 和图 6-14 分别给出了无裂纹和含裂纹（裂纹深度分别为 $h=0.1r_0$、$h=0.3r_0$、$h=0.5r_0$）转子系统轮盘之间接触界面的法向和切向接触应力分布。轮盘间接触界面作为拉杆组合转子系统重要的接触界面，起着传递扭矩和切向剪切的作用，对整个系统的动力学特性有着重要影响；从图中可以直观发现：裂纹的存在使接触界面应力发生了极为明显的应力分配不均和重新分布的情况，随着裂纹深度的增加，这种应力分配不均情况趋于严重。

(4) 裂纹局部位置应力分析

图 6-15 裂纹深度分别为 $h=0.1r_0$、$h=0.3r_0$、$h=0.5r_0$ 三种情况下裂纹位置局部应力分布变化情况，可以发现裂纹局部位置应力分布发生变化，最大应力主要集中于裂纹前缘位置，随着裂纹深度逐渐增加，裂纹前缘最大应力依次为 0.385×10^9Pa、0.637×10^9Pa、1.050×10^9Pa。

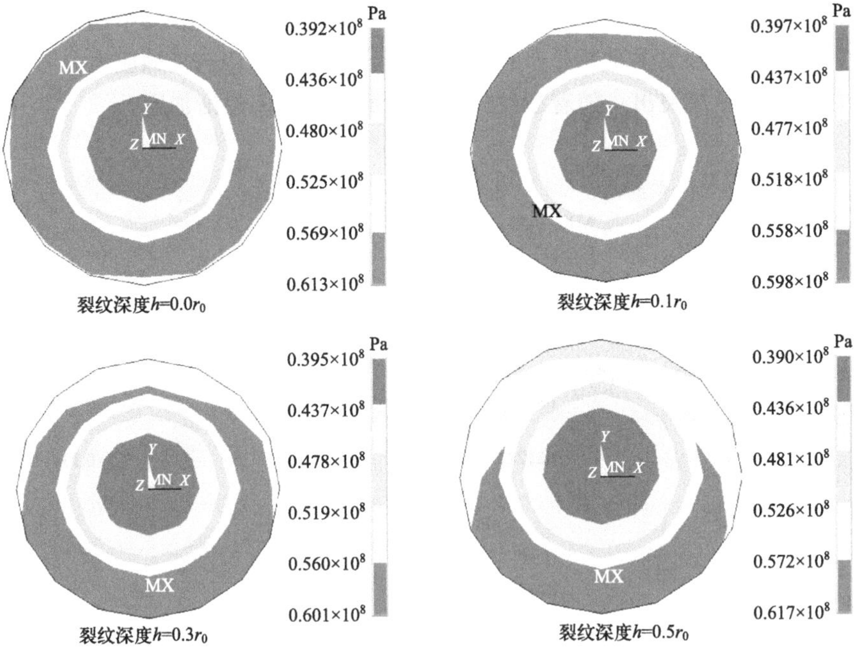

图 6-13　不同裂纹深度下轮盘间法向接触应力

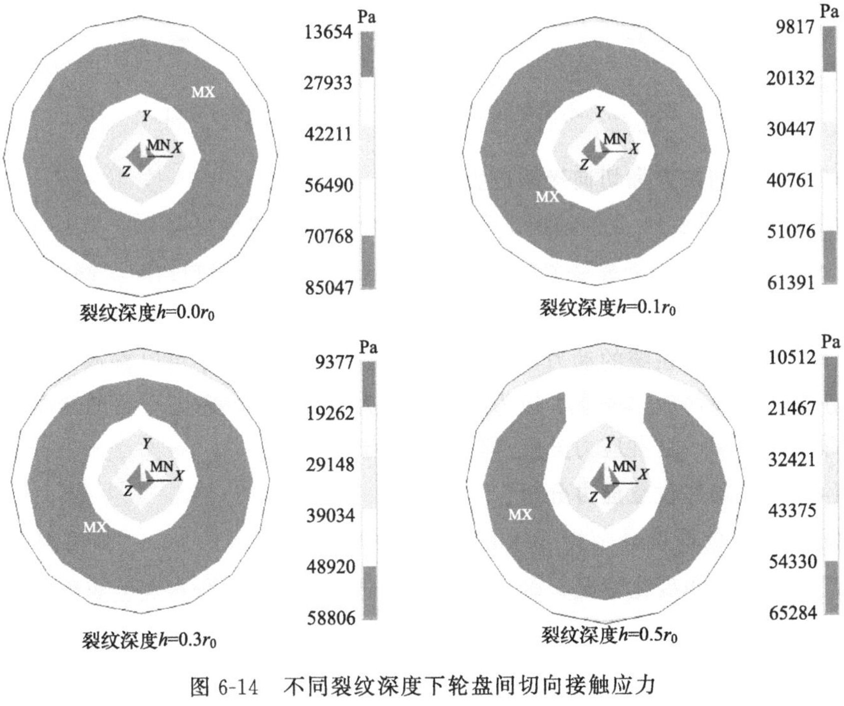

图 6-14　不同裂纹深度下轮盘间切向接触应力

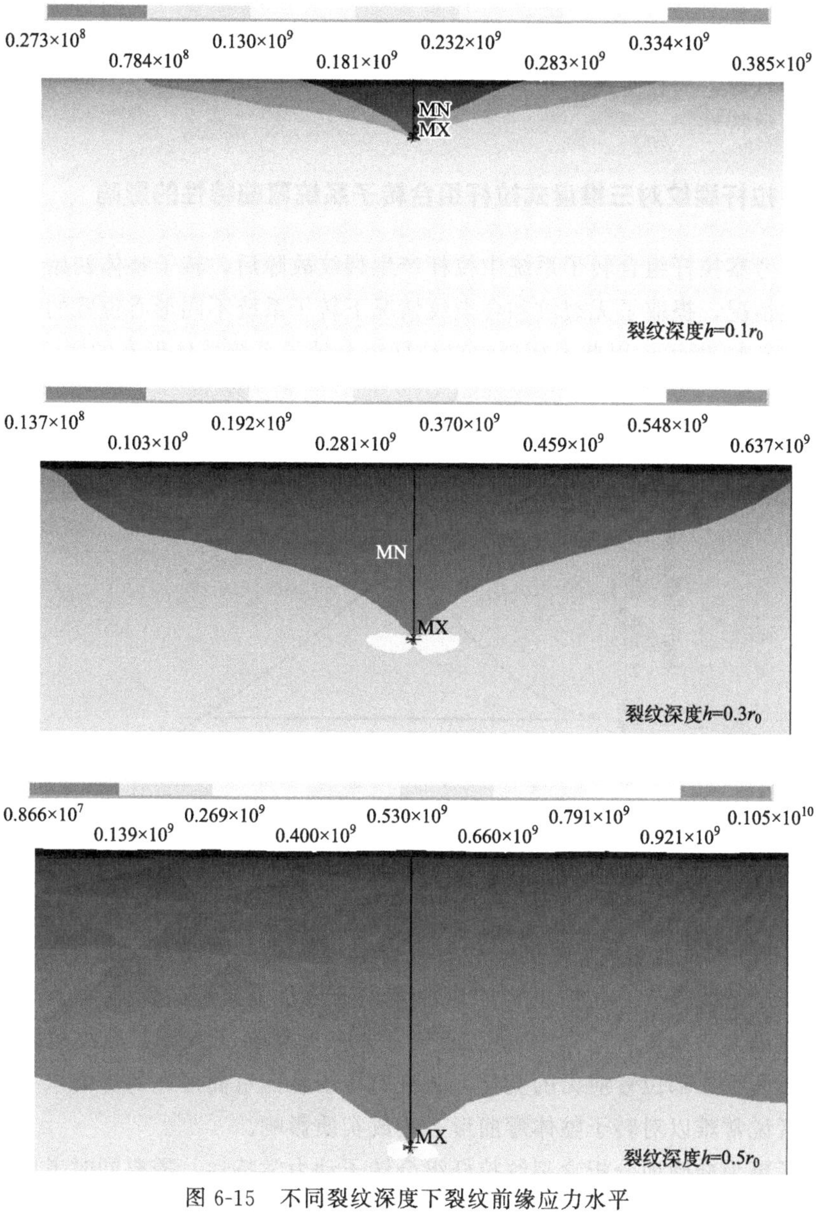

图 6-15　不同裂纹深度下裂纹前缘应力水平

结合图 6-10～图 6-15 的三维有限元应力分析结果可知：由于裂纹故障的存在，裂纹前缘局部位置应力集中现象突出，应力变化不仅仅出现在裂纹局部位置，拉杆组合转子系统各部件及连接界面也进行了相应的应力重新分配，其中轮盘间的接触应力分配不均较为明显，随着裂纹深度的不断增加，这种应力变化更加突出。从周向均布拉杆及螺母头接触界面，轮盘间法向和切向接触界面接触应力分配不均，可以判定裂纹的存在使转子的整体形态发生了一定程度的变化，这一变化也直接影响转子系统动力学计算的初始状态，进而影响相关动力学参数及系统动力学特性。

6.3.2 拉杆裂纹对三维盘式拉杆组合转子系统弯曲特性的影响

为了考察拉杆组合转子系统中拉杆产生裂纹故障后，转子整体初始弯曲形态上的变化情况，提取了无裂纹和含裂纹情况下转子系统不同形心位置的初始弯曲量，如图 6-16 所示，以此表征裂纹对拉杆组合转子系统整体形态的影响情况。

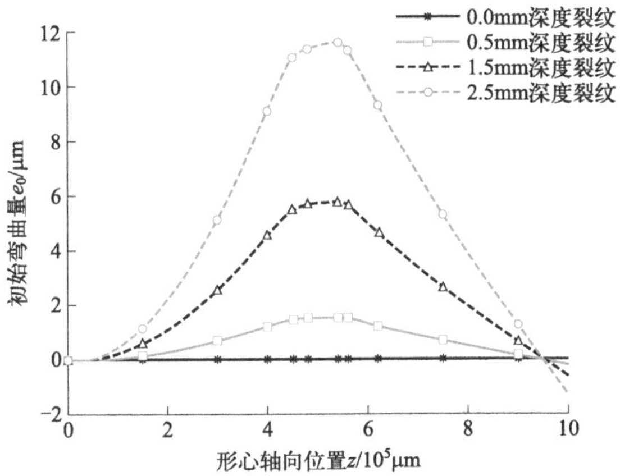

图 6-16 裂纹深度对三维转子系统弯曲的影响

从图 6-16 可以发现，无裂纹转子系统整体趋于无弯曲量状态，出现裂纹后，即使 0.5mm 深度的裂纹，在轮盘位置也会引起 2μm 的弯曲量，随着裂纹深度的增加，转子系统各形心位置的初始弯曲量逐渐增加；当裂纹深度为 2.5mm 时，轮盘位置最大弯曲量将达到 12μm。而对于一般整体转子系统，裂纹故障产生后主要造成裂纹局部位置应力的变化，裂纹对转子整体弯曲形态的影响水平极为微小，或者说常难以对转子整体弯曲形态造成实质影响。

为了更为准确地分析含裂纹拉杆组合转子动力学特性，需要同时考虑裂纹故障产生后应力重新分配后的相关动力学参数和裂纹所引入的转子整体形态的变化(初始弯曲效应)，在动力学分析中以式(6-1) 的形式计入整个转子相应形心位置的初始弯曲效应，最终形成含三维裂纹故障的复杂拉杆组合转子系统非线性动力学特性分析方法。

$$\boldsymbol{e}_{crack}=(e_{0x1},e_{0y1},e_{0z1},\cdots,e_{0xi},e_{0yi},e_{0zi},\cdots,e_{0xn},e_{0yn},e_{0zn}) \tag{6-1}$$

6.4 三维裂纹奇异性对拉杆转子系统应力分布重组的影响

6.4.1 盘根裂纹奇异性对系统应力分布重组的影响

盘根位置是一般整体结构转子裂纹故障的高发位置，是裂纹转子相关研究中最为关注的故障位点之一，为此，此部分以拉杆转子系统盘根裂纹（裂纹深度为 $0.1r$）为例，裂纹位点如图 6-17 所示，采用 6.1 节和 6.2 节三维奇异裂纹有限元建模方法，建立如图 6-17 所示的含盘根奇异裂纹的转子系统有限元模型，以探究盘根裂纹奇异性对拉杆组合转子系统的应力分布重组的影响情况。

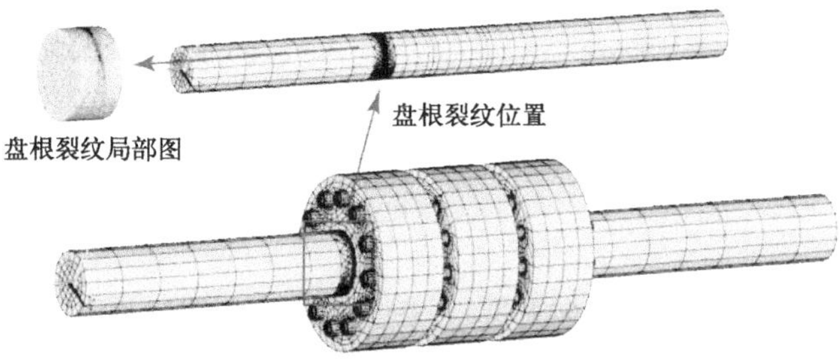

图 6-17　含盘根裂纹拉杆组合转子系统有限元模型

针对整体转子及拉杆转子两类转子系统，图 6-18～图 6-20 分别给出了奇异裂纹与非奇异裂纹模型下的两种转子裂纹前缘横向截面应力、裂纹前缘轴向截面应力、裂纹横向截面转轴的应力分布情况。

根据图 6-18～图 6-20 的有限元仿真分析结果可知：整体转子除自身重力，无其他外部作用力影响，而拉杆转子系统因受到大预紧装配作用力影响，其裂纹前缘应力水平显著高于整体转子系统。

对于整体转子和拉杆转子系统，奇异裂纹与非奇异裂纹两类模型的最大应力区域均位于裂纹前缘，但奇异裂纹模型的前缘最大应力高于非奇异裂纹模型相应的最大应力值，对于裂纹前缘横向截面、轴向截面、裂纹位置对应转轴的截面最大应力均呈现类似的应力变化规律。

裂纹的存在使裂纹局部区域的应力水平及分布情况发生了变化，同时奇异裂纹与非奇异模型对裂纹前缘应力重分布的影响有所不同，裂纹奇异性对于整体转子的影响极小，而对拉杆转子影响则较为明显；因此，忽略裂纹前缘应力奇异性将使对裂纹前缘应力水平的安全边界预估降低，其对于大预紧装配下的拉杆转子则更为突出。

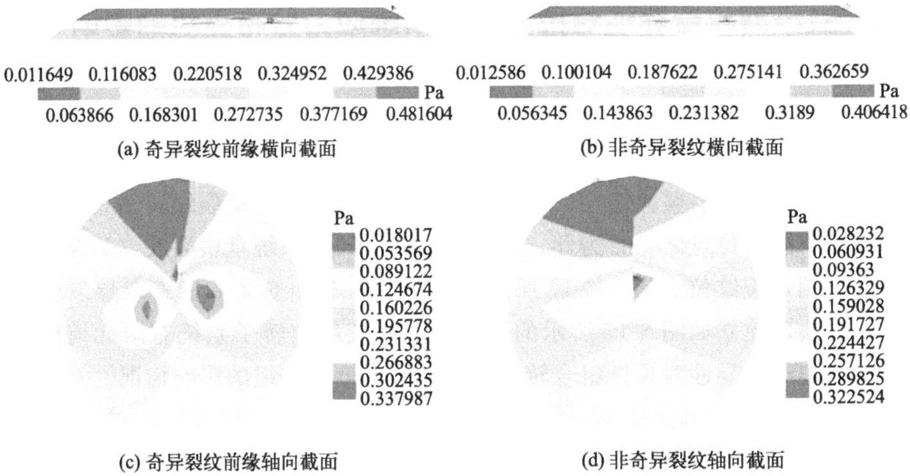

图 6-18　整体转子裂纹前缘应力分布图

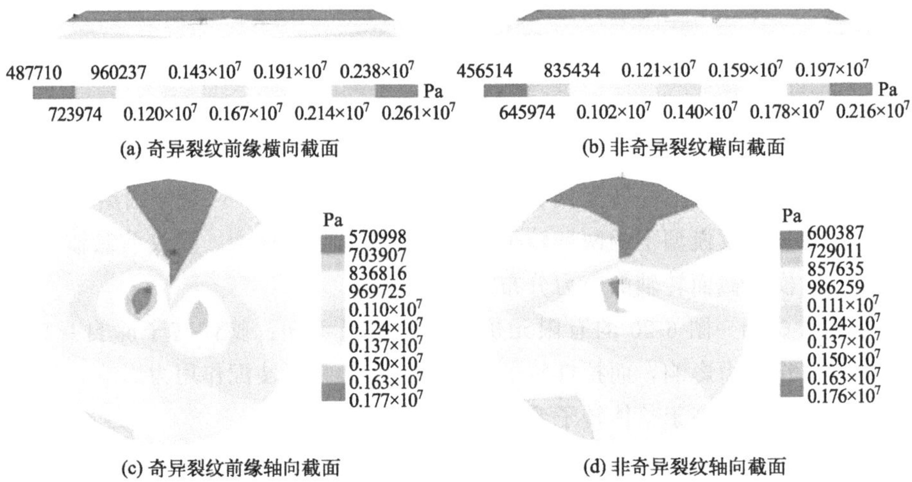

图 6-19　拉杆组合转子裂纹前缘应力分布

裂纹前缘应力分析结果表明，裂纹的出现使裂纹前缘及附近区域应力分布发生了变化，采用奇异裂纹模型可以更准确地反映裂纹前缘应力集中现象。为了进一步分析裂纹奇异性对转子系统应力分布重组的影响，图 6-21～图 6-24 以拉杆转子系统为例，进一步考察了拉杆螺母头和轮盘端面之间接触界面法向及切向应力分布、轮盘界面法向与切向应力分布情况，相应的仿真分析结果表明：奇异裂纹及非奇异裂纹模型均会使转子系统中上述两类主要界面的应力分布发生变化，

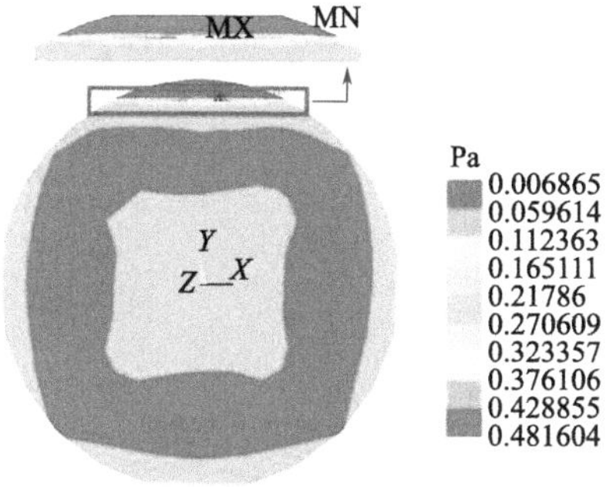

(a) 奇异裂纹位置转轴截面(整体转子)

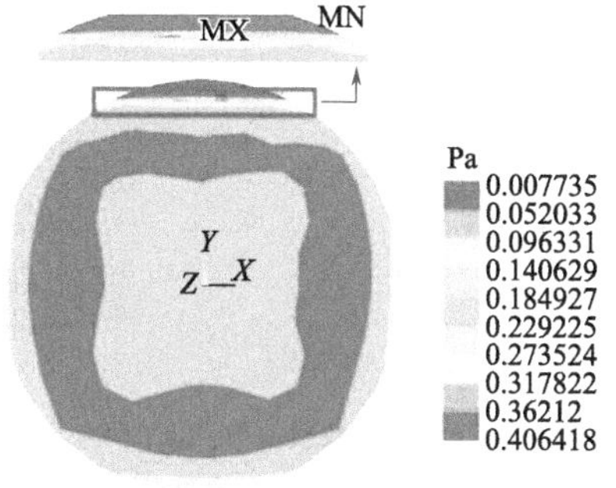

(b) 非奇异裂纹转轴截面(整体转子)

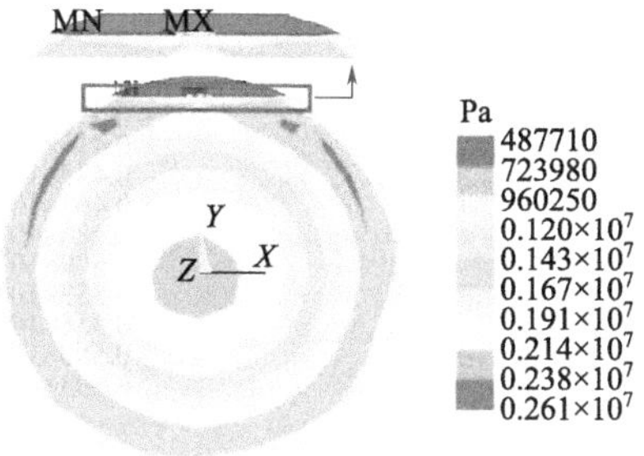

(c) 奇异裂纹前缘转轴截面(拉杆转子)

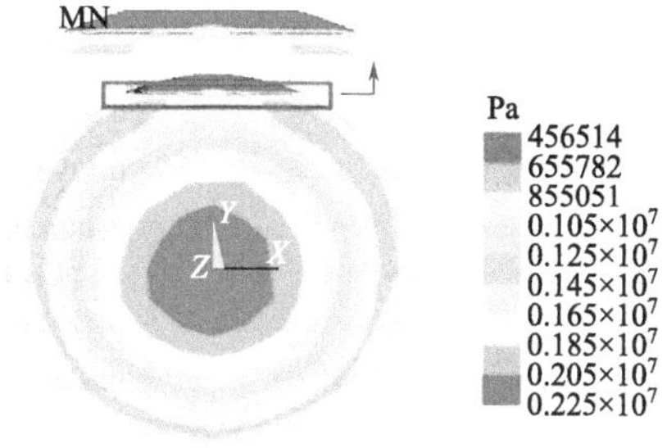

(d) 非奇异裂纹转轴截面(拉杆转子)

图 6-20　裂纹处轴截面应力分布

但两种裂纹模型有所差异，奇异裂纹模型对应界面最大应力略低于非奇异裂纹对应界面最大应力值，一定程度表明奇异裂纹模型对远离裂纹前缘的应力分布影响略低于非奇异裂纹模型对应情况，换而言之，采用非奇异裂纹模型将使对于距离裂纹前缘远端的应力分布水平的预测值偏大。

此外，裂纹奇异性对转子系统法向和切向界面应力分布的影响规律一致。

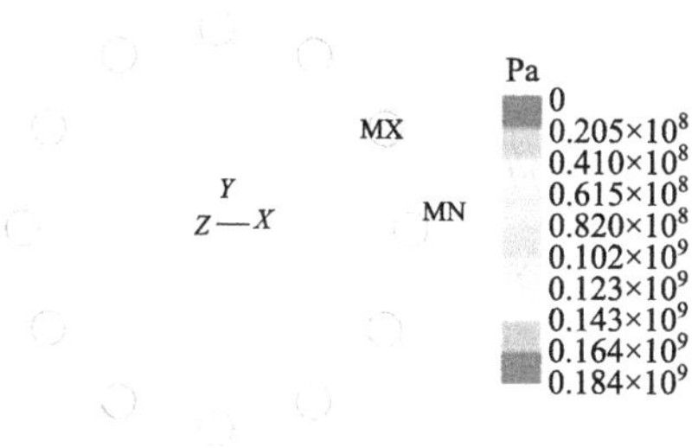

(a) 含奇异裂纹模型法向接触应力

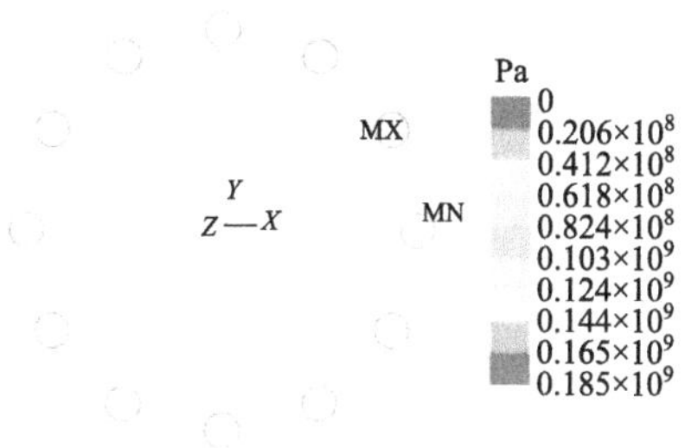

(b) 含非奇异裂纹模型法向接触应力

图 6-21　拉杆螺母头与轮盘端面间的接触面法向接触应力

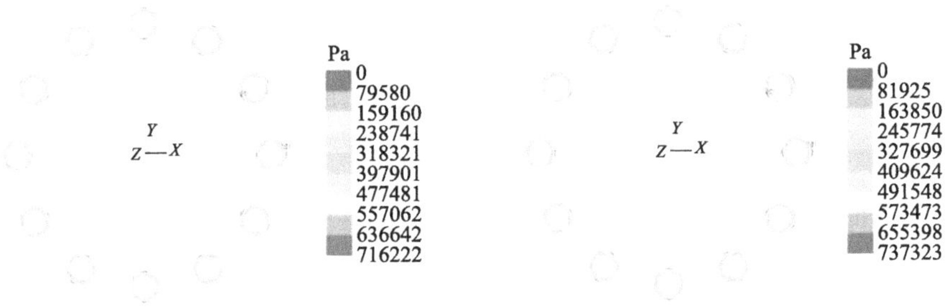

(a) 含奇异裂纹模型切向接触应力　　(b) 含非奇异裂纹模型切向接触应力

图 6-22　拉杆螺母头与轮盘端面间的接触面切向接触应力

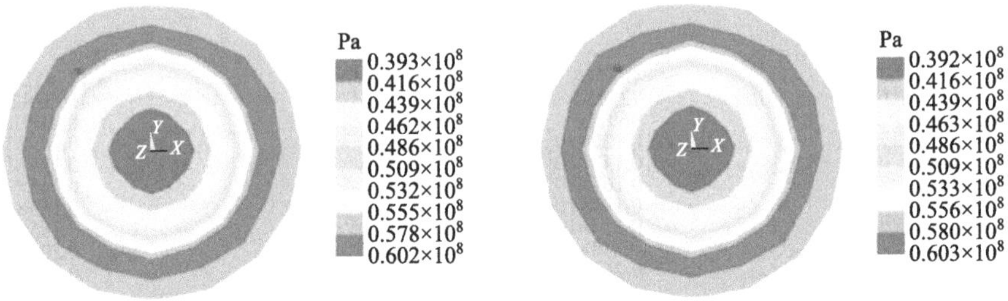

(a) 含奇异裂纹模型的法向接触应力　　(b) 含非奇异裂纹模型法向接触应力

图 6-23　轮盘间接触面法向接触应力分布

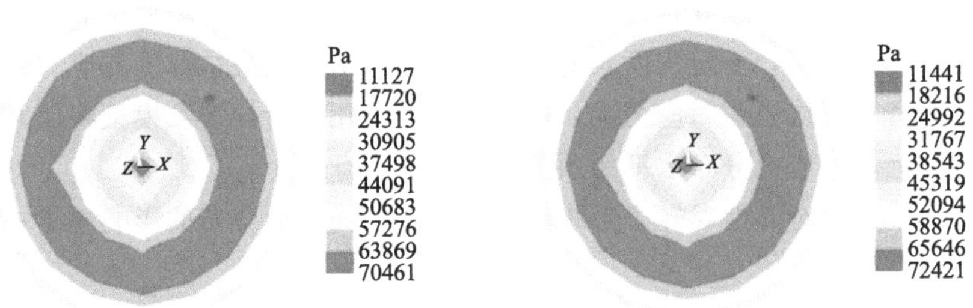

(a) 含奇异裂纹模型的切向接触应力　　(b) 含非奇异裂纹模型切向接触应力

图 6-24　轮盘间接触面切向接触应力分布

图 6-25 进一步给出奇异裂纹模型及非奇异裂纹模型对应的拉杆应力分布情况，从图中可以发现二者最大应力基本一致，最小应力值及应力整体分布情况有所差异，而因裂纹相对深度较浅，应力分布不均并不突出。

综合图 6-18、图 6-25 可知，奇异裂纹模型的裂纹前缘、拉杆螺母头端部及轮盘界面应力、拉杆应力分布情况不同于非奇异裂纹模型，忽略裂纹前缘奇异性将导致对裂纹局部应力水平预估偏低、对远端应力水平预估偏高的现象。

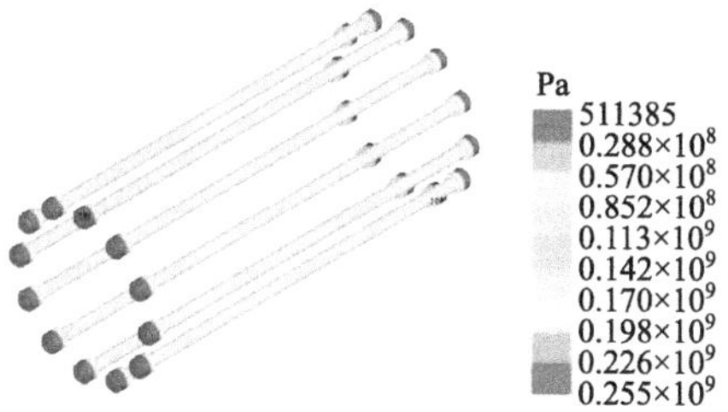

(a) 含奇异裂纹模型的拉杆应力

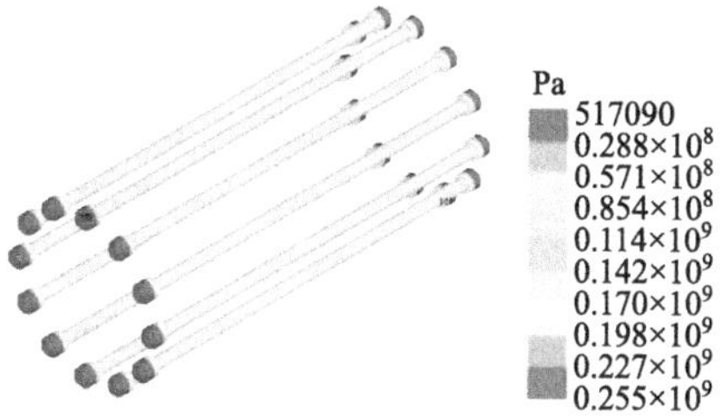

(b) 含非奇异裂纹模型的拉杆应力

图 6-25　拉杆应力分布

6.4.2 轮盘裂纹奇异性对系统应力分布重组的影响

拉杆转子因其典型的预紧组合式结构，在轮盘榫槽底部、轮缘圆弧过渡处、轮盘拉杆螺母头沉孔在机组实际运行过程中受交变应力和剪切应力影响容易诱发局部表面裂纹及角裂纹，本小节以拉杆转子的轮盘端面拉杆螺母头沉孔裂纹（角裂纹深度为拉杆螺母半径与拉杆孔半径差值的一半）为例，考察轮盘奇异裂纹对系统应力分布重组影响情况，裂纹位置及裂纹前缘有限元模型如图 6-26 所示。

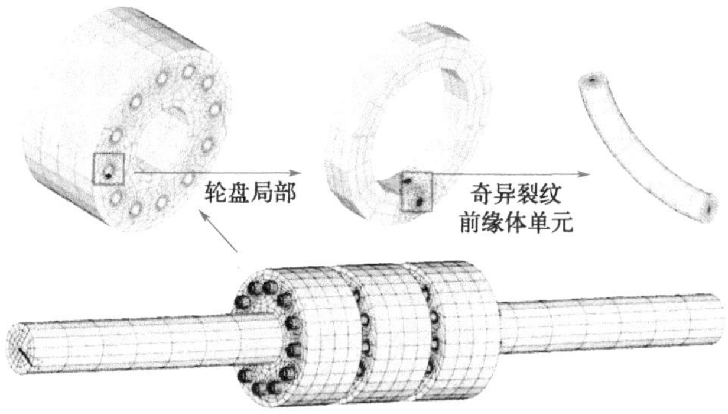

图 6-26　轮盘裂纹前缘及含轮盘裂纹拉杆组合转子系统有限元模型

图 6-27 给出了轮盘奇异及非奇异裂纹前缘横向截面和轴向截面应力分布有限元仿真计算结果，仿真结果表明：奇异及非奇异裂纹前缘应力集中现象均较为突出，但奇异性裂纹模型裂纹前缘最大应力值高于非奇异裂纹模型对应的最大应力值（奇异裂纹轴向截面最大应力值为 325MPa，非奇异裂纹模型前缘轴向截面最大应力值为 247MPa），且奇异裂纹模型最小的应力值低于非奇异裂纹模型对应应力值（奇异裂纹轴向截面最小应力值为 27.9MPa，非奇异裂纹模型前缘轴向截面最小应力值 28.3MPa），其结果如图 6-27(a) 和 (b) 所示；裂纹奇异性对裂纹前缘横向截面的应力分布影响情况与轴向截面一致。

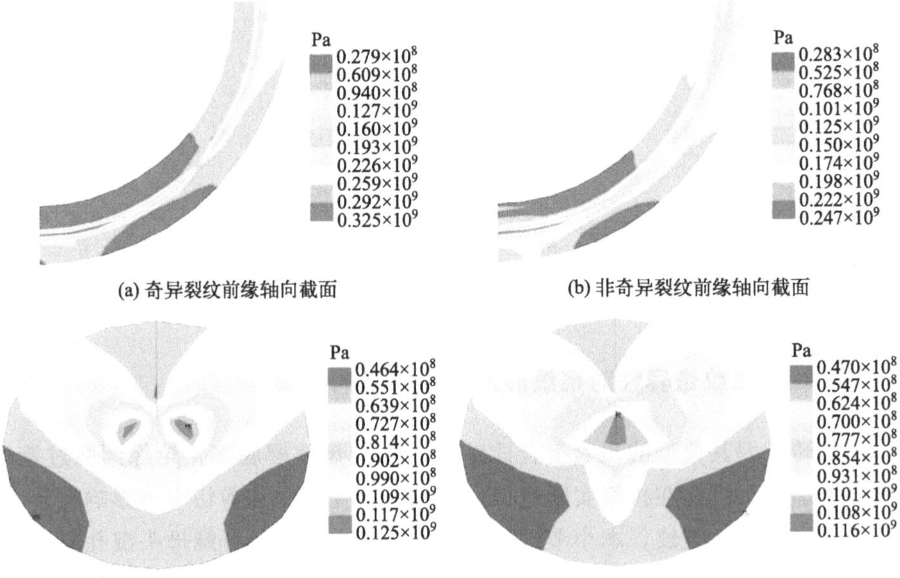

(a) 奇异裂纹前缘轴向截面　　(b) 非奇异裂纹前缘轴向截面

(c) 奇异裂纹横向截面　　(d) 非奇异裂纹横向截面

图 6-27　轮盘裂纹前缘轴向和横向截面应力分布

与盘根裂纹前缘应力计算结果（如图 6-18 所示）相比较，轮盘裂纹前缘横向应力沿裂纹面基本呈对称分布，盘根裂纹奇异性对裂纹前缘应力分布影响的敏感程度更为明显。在进行轮盘裂纹应力分析时，忽略裂纹前缘奇异性将使裂纹前缘最大应力降低，从而降低应力安全边界预估。

同盘根裂纹前缘奇异性影响规律一致，轮盘裂纹的出现使裂纹前缘及附近区域应力分布发生了重组，采用奇异裂纹模型可以更准确地反映裂纹前缘应力集中现象，为进一步考察轮盘裂纹奇异性对系统应力分布重组的影响情况，图 6-28～图 6-31 进一步分析了裂纹奇异性对拉杆螺母头接触界面及轮盘界面应力分布影响情况，根据分析结果可知，轮盘拉杆孔出现角裂纹后，会导致其所在拉杆孔位置处对应的接触界面及轮盘界面的法向、切向接触应力分布发生变化。

考虑轮盘裂纹前缘奇异性后，拉杆螺母头端部及轮盘间接触界面最大法向或切向应力均低于非奇异裂纹模型对应的应力值，尽管此结论和盘根裂纹奇异性应力分布影响规律一致，但相比于盘根裂纹奇异性影响而言，轮盘奇异裂纹及非奇异裂纹模型的最大应力差值更大。忽略轮盘裂纹前缘奇异性的影响将使系统主要界面最大应力计算结果偏大，使系统应力安全边界预估过高。

图 6-32、图 6-33 进一步分析了轮盘裂纹奇异性对拉杆应力及系统应力分布

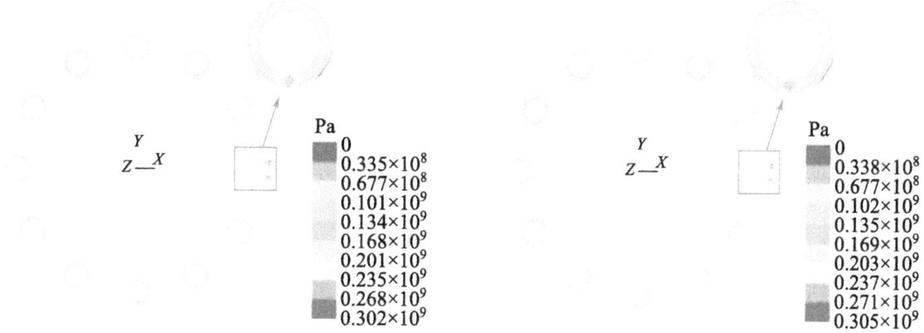

(a) 含奇异裂纹模型法向接触应力　　(b) 含非奇异裂纹模型法向接触应力

图 6-28　拉杆螺母头与轮盘端面间的接触面法向接触应力

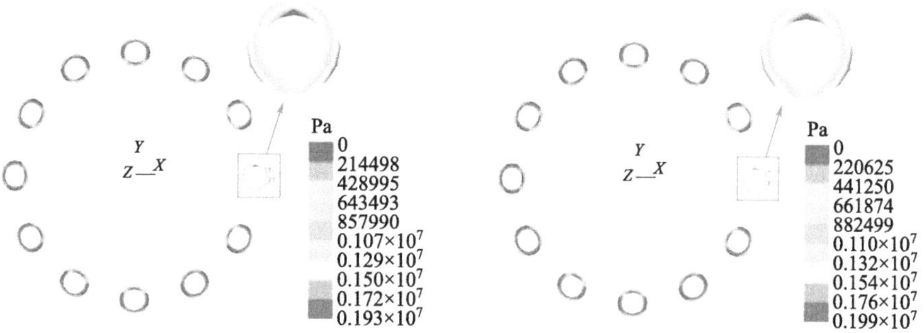

(a) 含奇异裂纹模型切向接触应力　　(b) 含非奇异裂纹模型切向接触应力

图 6-29　拉杆螺母头与轮盘端面间的接触面切向接触应力

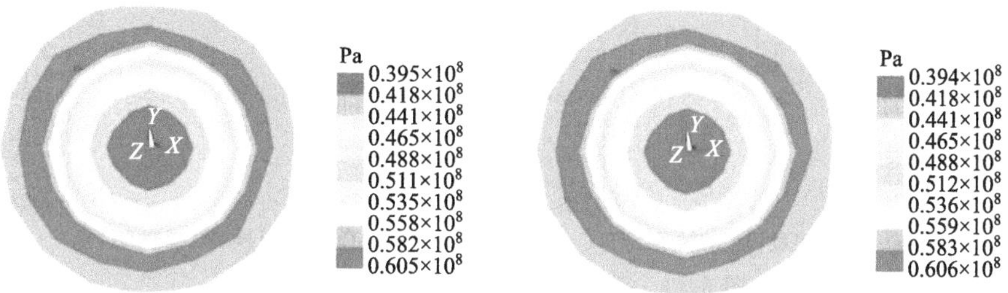

(a) 含奇异裂纹模型的法向接触应力　　(b) 含非奇异裂纹模型法向接触应力

图 6-30　轮盘间接触面法向接触应力分布

情况的影响，由仿真计算结果可知，考虑轮盘裂纹奇异性的拉杆及转子系统应力值低于相应的非奇异裂纹模型对应的应力值，考虑裂纹奇异性效应后转子整体应力最大应力值为 1230MPa，对应的非奇异裂纹模型的转子整体应力最大值为 1320MPa。

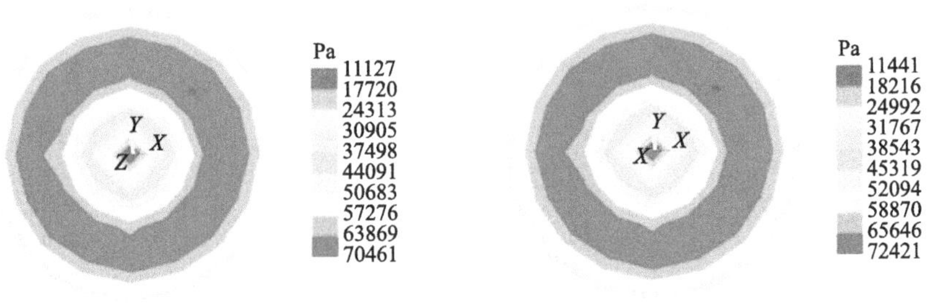

(a) 含奇异裂纹模型的切向接触应力　　(b) 非奇异裂纹模型的切向接触应力

图 6-31　轮盘间接触面切向接触应力分布

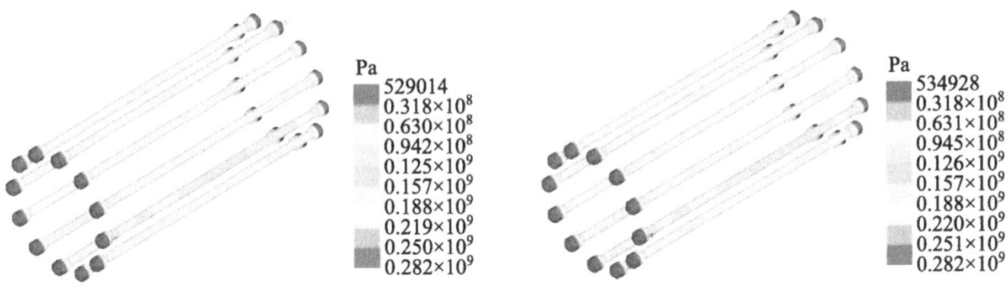

(a) 含奇异裂纹模型的拉杆应力　　(b) 含非奇异裂纹模型的拉杆应力

图 6-32　拉杆应力分布

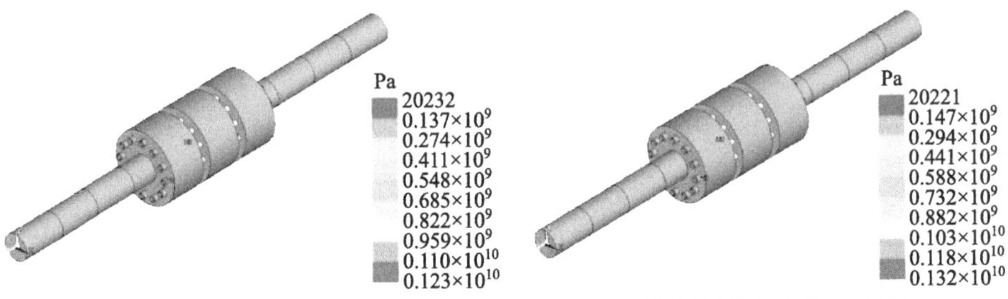

(a) 含奇异裂纹模型的转子　　(b) 含非奇异裂纹模型的转子

图 6-33　裂纹拉杆组合转子系统应力分布

结合节盘根及轮盘奇异性裂纹模型对应的应力影响分析可知，裂纹的出现使裂纹前缘局部、系统界面、拉杆及转子整体应力分布发生不同程度的重组；考虑裂纹奇异性可以更为准确地反映裂纹前缘及附近应力集中加剧的现象，同时可以避免对距离裂纹前缘较远的位置如拉杆螺母头端部界面、轮盘界面、拉杆及转子整体应力计算结果过高的问题。

6.5 本章小结

本章重点阐述三维裂纹等参奇异裂纹建模方法，建立了三维拉杆奇异裂纹前缘及转子有限元模型，通过有限元仿真方法，系统分析了不同深度的拉杆裂纹对系统主要界面、裂纹局部位置、拉杆及转子整体应力分布及转子系统整体初始弯曲特性的影响情况。

① 因裂纹故障的存在，裂纹局部应力发生变化且应力集中现象明显，从而使局部柔性（或刚度）发生变化，同时使转子主要接触界面及系统应力发生了重新分配，形心位置变化使转子系统整体形态发生变化，进而出现附加的初始弯曲量，随着裂纹深度的增加，系统应力分布不均情况逐渐严重，与一般整体结构转子系统裂纹主要造成局部柔性变化存在明显差异。

② 奇异裂纹模型对裂纹前缘、拉杆螺母头端部及轮盘界面应力、拉杆应力分布情况不同于非奇异裂纹模型，忽略裂纹前缘奇异性将导致对裂纹局部应力水平预估偏低、对远端应力水平预估偏高的现象。考虑裂纹奇异性可以更为准确地反映裂纹前缘及附近应力集中加剧的现象，同时可以避免对距离裂纹前缘较远的位置如拉杆螺母头端部界面、轮盘界面、拉杆及转子整体应力计算结果过高的问题。

③ 进行精确动力学分析时，裂纹奇异性及裂纹诱发的转子系统初始弯曲产生的额外不平衡量需要加以考虑。

第7章 三维拉杆裂纹组合转子系统非线性动力学特性

相比于Jeffcott转子或其他多盘整体转子系统，拉杆组合转子轴承系统因其自身结构的复杂性、大预紧装配环境要求、接触界面的非线性等使整个转子系统的受力情况及动力学特性分析变得较为复杂。采用前述无厚度接触界面建模理论及其在宏观转子系统中的跨尺度方法（第3章）和三维动力学建模及求解方法（第5章），研究含拉杆裂纹的三维非线性拉杆组合转子系统动力学特性，揭示拉杆裂纹对此类组合转子系统非线性动力学特性的影响规律。

7.1 裂纹转动效应对拉杆组合转子系统动力学特性的影响

7.1.1 三维裂纹拉杆转子轴承系统基本参数

拉杆组合转子系统基本参数如表7-1所示，主要包括转轴、轮盘、拉杆以及径向轴承的几何尺寸及物理参数。

表7-1 三维裂纹拉杆组合转子系统基本参数

结构	参数	数值
转轴、轮盘、拉杆	转子直径 d_s/m	0.06
	转子长度 L_s/m	1.00
	轮盘直径 D_d/m	0.16
	轮盘厚度 L_d/m	0.08
	拉杆直径 d_{rod}/m	0.01
	拉杆长度 L_d/m	0.30
	材料密度 ρ/kg·m^{-3}	7800
	弹性模量 E/GPa	200
	泊松比	0.3
径向轴承	轴承跨距 L_b/m	0.8
	半径 R/m	0.03
	轴承宽度 B_j/m	0.08
	径向间隙 c_0/m	0.00018
	动力黏度 μ/Pa·s	0.0182

为了探究裂纹引起的转动效应对转子系统动力学特性的影响情况，这里以裂纹深度 $h=0.2r_0$ 为例（r_0 为拉杆半径），分别考察了裂纹转动效应对系统非线性稳定性及其分叉特性（如图7-1和图7-2所示）、轴承及轮盘节点涡动轨迹（如图7-3和图7-4所示）、稳定周期解相应的振动幅值（如图7-5和图7-6所示）

等影响情况。

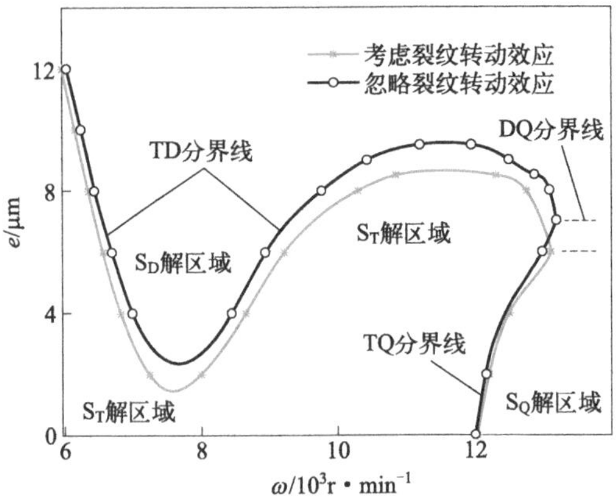

图 7-1 裂纹转动效应对系统分叉特性的影响

7.1.2 裂纹转动效应对非线性稳定性及分叉特性的影响

由图 7-1 可知，整体而言，考虑或忽略裂纹转动效应两种情况对应系统的 e-ω 非线性分叉转迁集曲线整体趋势基本一致，二者均存在稳定周期解区域（S_T）、倍周期解区域（S_D）、伪周期解区域（S_Q）三类典型的解。

但与忽略裂纹转动效应相应情况下的系统非线性分叉特性相比，考虑裂纹转动效应后，其对应系统的 e-ω 非线性稳定性分叉曲线整体向下移动，在一临界共振峰点（对应 e-ω 分叉曲线波谷位置）及其附近转速位置裂纹转动效应对系统的非线性分叉特性影响相对突出；裂纹转动效应的引入使转子系统的周期解区域减小，相应系统的稳定性降低，倍周期和伪周期分界线（DQ 分界线）发生下移；忽略裂纹转动效应的影响将使对系统的安全边界估计过高。

此外，对于名义平衡转子系统（$e=0\mu m$），两种情况下对应转子系统均经由伪周期形式发生失稳，但考虑裂纹转动效应后相应失稳发生碰摩转速小于忽略裂纹转动效应相应的转速，如图 7-2 所示，且前者发生失稳碰摩转速为 $13630r \cdot min^{-1}$，后者发生失稳碰摩转速为 $13680r \cdot min^{-1}$。

7.1.3 裂纹转动效应对系统振动特性的影响

图 7-3、图 7-4 给出了裂纹转动效应对系统涡动轨迹的影响情况。

结合图 7-1 计算结果，图 7-3 及图 7-4 分别给出了一临界转速前 $6200r \cdot min^{-1}$ 和一临界转速后 $9200r \cdot min^{-1}$ 两种情况下，相应轴承及轮盘节点位置的涡动轨迹。

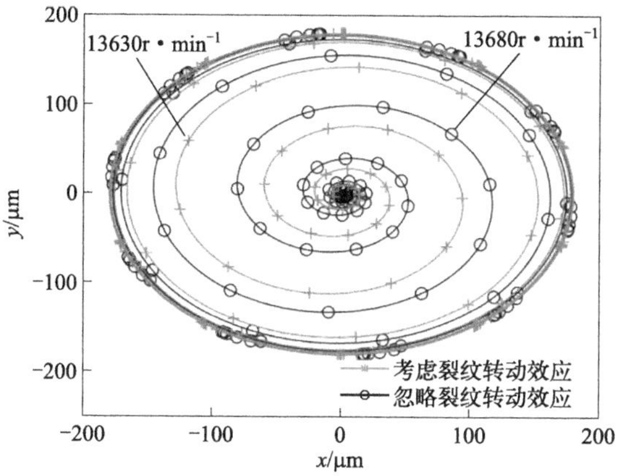

图 7-2　裂纹转动效应对系统失稳碰摩特性的影响

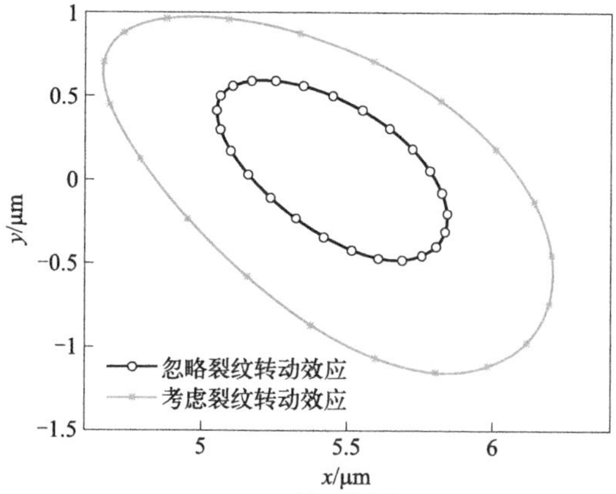

(a) 轴承节点位置

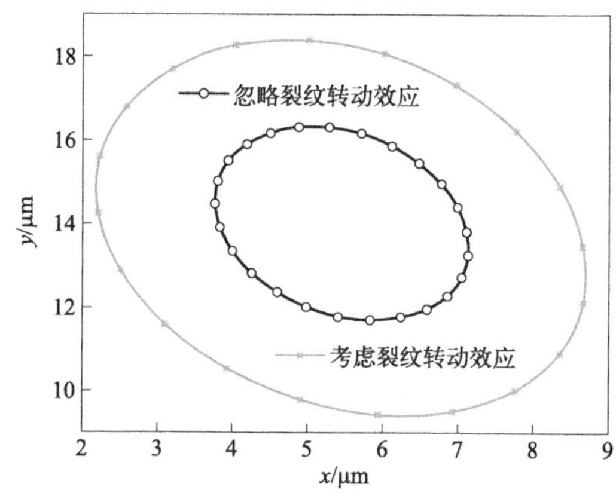

(b) 轮盘节点位置

图 7-3　裂纹转动效应对系统涡动轨迹的影响情况（$e=1\mu m$，$\omega=6200r \cdot min^{-1}$）

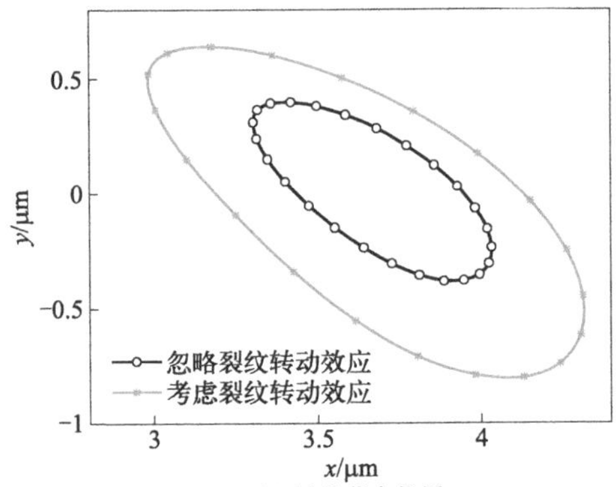

(a) 轴承节点位置

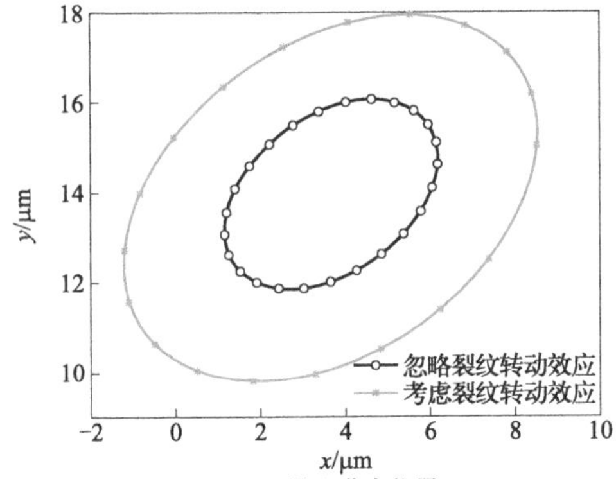

(b) 轮盘节点位置

图 7-4　裂纹转动效应对系统涡动轨迹的影响情况（$e=1\mu m$，$\omega=9200r \cdot min^{-1}$）

由图 7-3 和图 7-4 可知，考虑裂纹转动效应下对应系统的涡动轨迹幅值明显增大，反之忽略裂纹转动效应，将使涡动轨迹仿真计算结果偏低，而实际转子系统此时可能已经发生裂纹故障。

图 7-5 及图 7-6 主要考察了裂纹转动效应对系统稳态下周期解条件下（系统不平衡量为 $e=1\mu m$ 时）的振动特性的影响情况。

整体而言，考虑、忽略裂纹转动效应两种情况下系统的振动幅值总体趋势一致，随着转速的增加，振动幅值先增大，再经历一临界共振峰点位置后快速下降；但对于轴承节点位置（如图 7-5 所示）及轮盘节点位置（如图 7-6 所示）的振动幅值情况，无论在水平方向还是竖直方向，考虑裂纹转动效应情况下的相应振动幅值均大于忽略裂纹转动效应下转子系统的振动幅值，忽略裂纹转动效应使得相应振动幅值计算结果偏低，一定程度上增加了对系统的不安全评估风险增加。

因此，进行含裂纹的拉杆组合转子系统的精确动力学特性分析时，需要计入裂纹转动效应产生的影响。

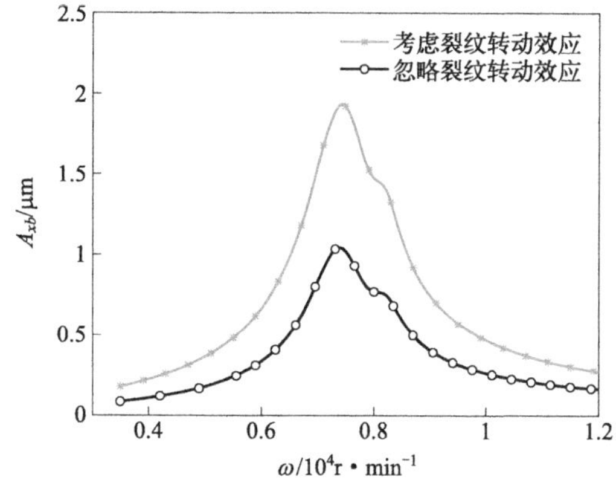

(a) 轴承节点水平方向

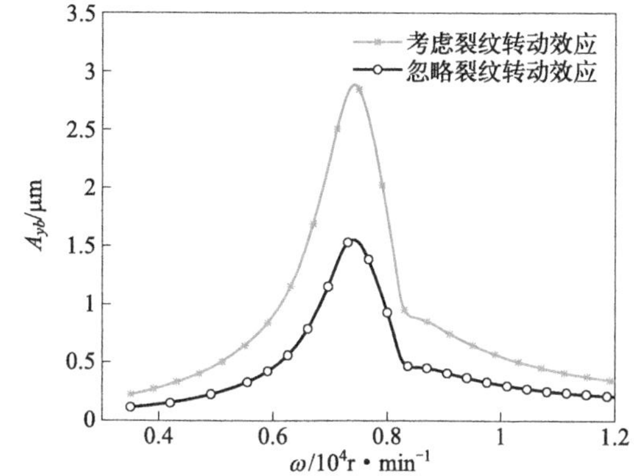

(b) 轴承节点竖直方向

图 7-5　裂纹转动效应对系统振动特性的影响情况（轴承节点）（$e=1\mu\text{m}$）

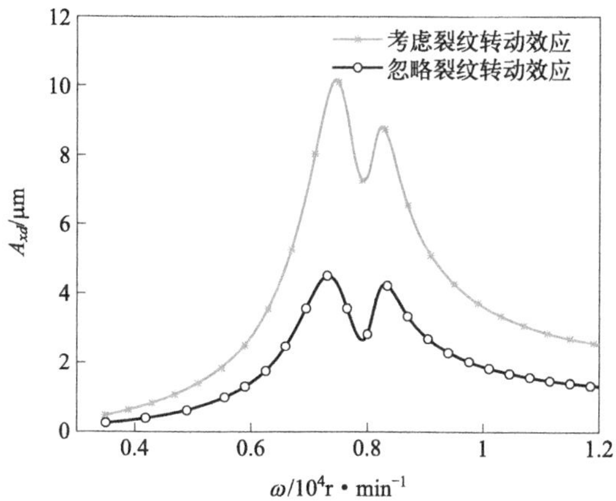

(a) 轮盘节点水平方向

图 7-6

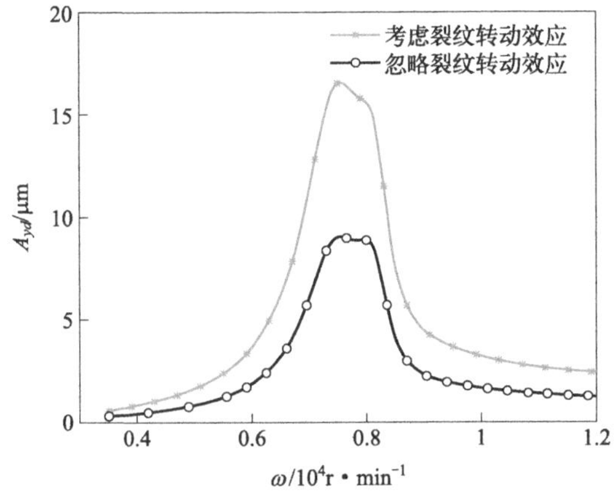

(b) 轮盘节点竖直方向

图 7-6　裂纹转动效应对系统振动特性的影响情况（轮盘节点）($e=1\mu$m)

7.2　三维拉杆裂纹组合转子系统非线性动力学特性研究

采用上述三维裂纹拉杆组合转子系统动力学特性分析方法，充分计入裂纹故障引入的初始弯曲效应后，研究了三维含裂纹组合转子非线性动力学分叉特性、不平衡量及裂纹深度对裂纹组合转子系统非线性动力学特性的影响，并考察了含拉杆裂纹三维拉杆组合转子系统的振动特性。

7.2.1　三维拉杆裂纹组合转子系统非线性稳定性及分叉特性

图 7-7 给出了三维含裂纹与无裂纹拉杆组合转子系统非线性动力学分叉特性，随着转速增加，两种转子系统非线性动力学分叉特性演化规律相近，均存在稳态周期解、倍周期解、伪周期解区域；但裂纹转子系统 e-ω 分叉转迁集曲线发生整体下滑，稳态周期解区域降低，倍周期与伪周期分界线（DQ 分界线）降低，对于平衡转子（$e=0\mu$m）时，裂纹转子系统先于无裂纹转子系统发生线性失稳，总体而言裂纹的产生降低了转子系统的稳定性。

图 7-8 给出了计入、不计入裂纹引入的初始弯曲效应两种情况下裂纹转子系统非线性动力学分叉特性，从图中可以发现，相同条件下，计入裂纹但忽略裂纹引起的转子弯曲效应时，裂纹转子系统 e-ω 分叉转迁集曲线整体上移突出，使稳态周期解区域明显增大，对于实际工作中的故障组合转子系统，相当程度上过高估计其系统运行安全边界。

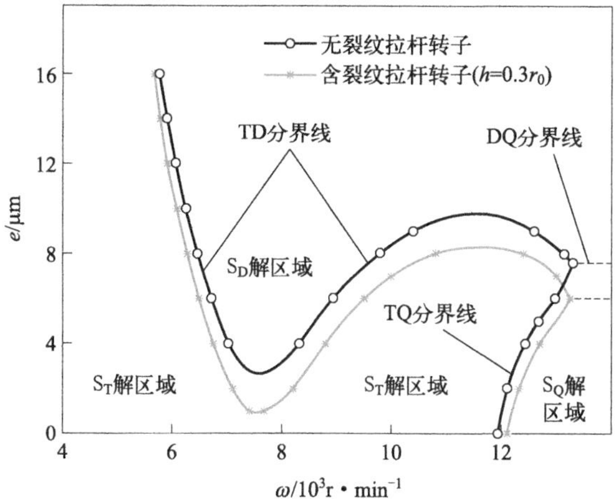

图 7-7　三维裂纹拉杆转子系统 e-ω 分叉转迁集

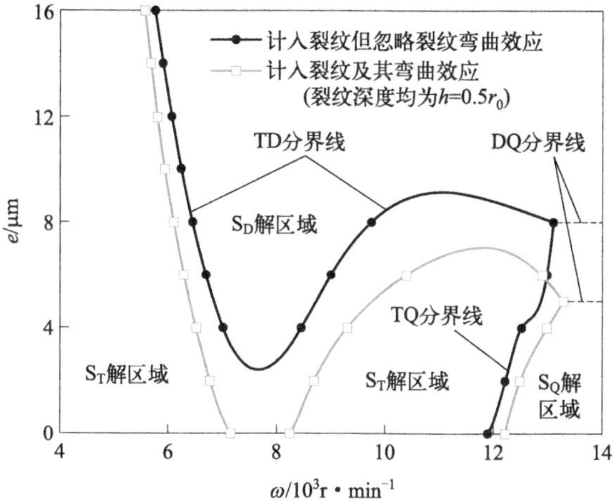

图 7-8　弯曲效应对分叉特性的影响

图 7-9 给出了不同裂纹深度对三维拉杆裂纹组合转子系统非线性动力学分叉特性的影响情况。由图 7-9 可知，随着裂纹深度的增加，e-ω 分叉转迁集曲线逐渐下移且下移幅度逐渐加强，当裂纹深度达到 $h=0.3r_0$ 时，即使不平衡量 $e=0\mu m$ 时，裂纹转子系统在经历稳态周期解后在一临界转速附近进入倍周期分叉，此时裂纹引入的不平衡效应及动力学参数的变化对系统的非线性动力学特性有着较为显著的影响。

此外，随着裂纹深度的增加，线性失稳转速逐渐降低，倍周期和伪周期分界线（DQ 分界线）逐渐下移，系统稳定性明显降低。

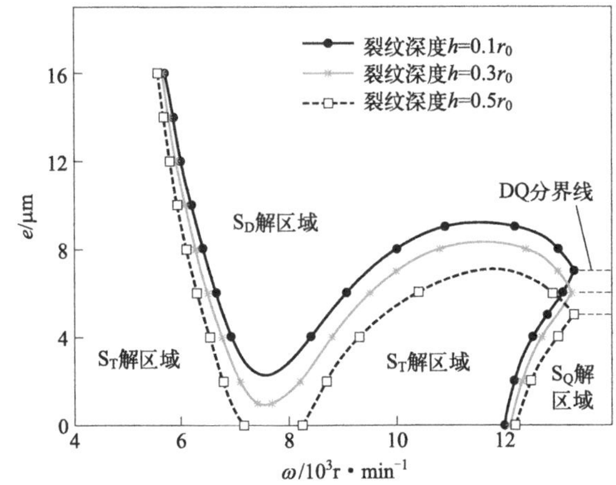

图 7-9　裂纹深度对三维系统分叉特性的影响

7.2.2　不平衡量对三维拉杆裂纹组合转子系统非线性动力学特性的影响

为了进一步考察不同不平衡量对三维拉杆裂纹组合转子系统非线性动力响应影响情况，以拉杆裂纹深度（$h=0.3r_0$）为例，主要分析不平衡量 $e=0\mu m$、$e=6\mu m$ 两种情况。

(1) $\boldsymbol{e=0\mu m}$

此时，无裂纹拉杆转子在转速为 12090r · min^{-1} 时发生 Hopf 型伪周期分叉，裂纹转子系统在转速为 12210r · min^{-1} 时发生伪周期分叉，如图 7-10(a) 和（b）所示的两种系统相应轴承和轮盘节点位置的轴心轨迹说明了这一点，图 7-11(a) 和（b）对应庞加莱截面均为封闭环形，进一步表明二者线性失稳形式的差异；相关分析结果亦表明，对于裂纹组合转子系统，裂纹故障的存在引入了附加的不平衡效应，这种不平衡效应使系统非线性动力学特性发生了变化，名义平衡转子已不再保持平衡状态。

图 7-12 给出了转速为 12090r · min^{-1} 时，两种转子系统轴心的一阶弯曲模态，从图中可以发现，裂纹所产生的附加弯曲效应使裂纹转子系统轴心弯曲模态幅度更大，非线性动力响应更为剧烈。

图 7-13 给出了此不平衡量下，不同裂纹深度下，转子系统失稳碰摩转速，结合图 7-7 和图 7-9，可知无裂纹转子系统通过 Hopf 型伪周期分叉形式在转速为 13700r · min^{-1} 时发生失稳碰摩现象，当转子系统出现裂纹故障后，裂纹转子系统经由伪周期分叉通道发生失稳碰摩时转速低于无裂纹转子系统，随着裂纹深度的增加，系统发生失稳碰摩时的转速逐渐降低。

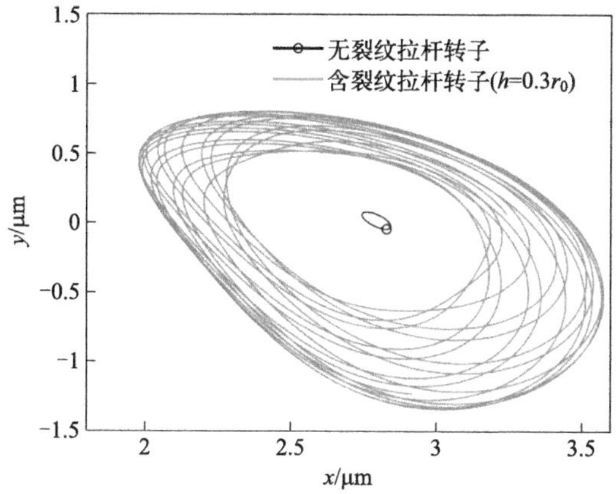

(a) 轴承节点位置

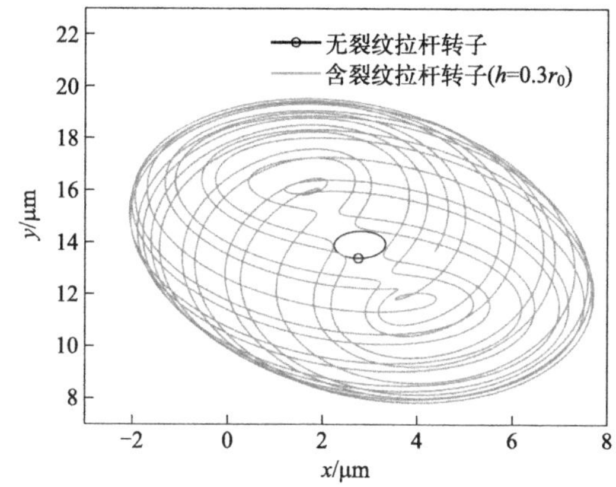

(b) 中间轮盘节点位置

图 7-10　轴承和轮盘节点的轴心轨迹

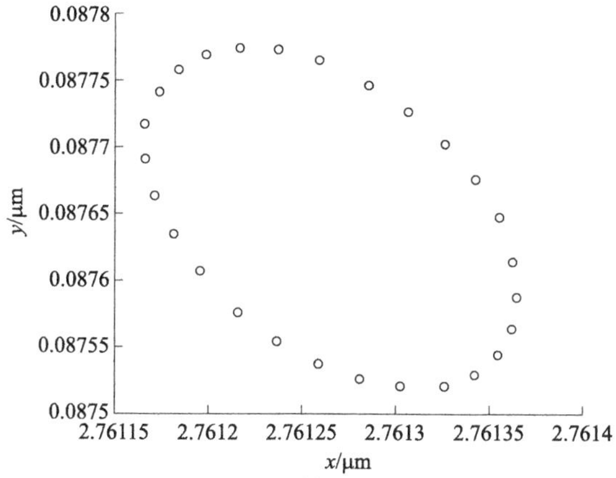

(a) 无裂纹转子系统(轴承节点)

图 7-11

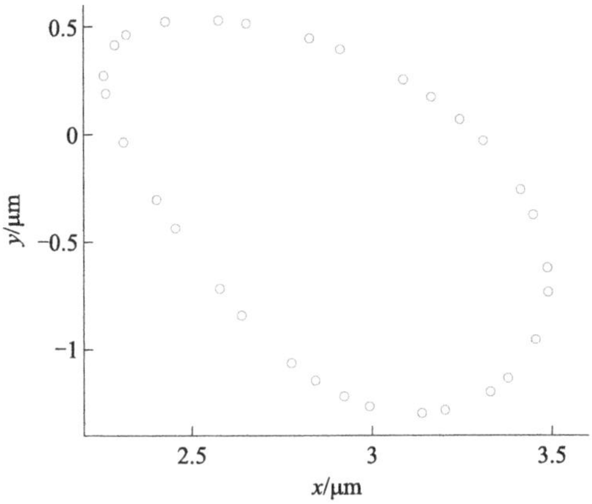

(b) 裂纹转子系统(轴承节点)

图 7-11 无裂纹与裂纹转子系统庞加莱截面

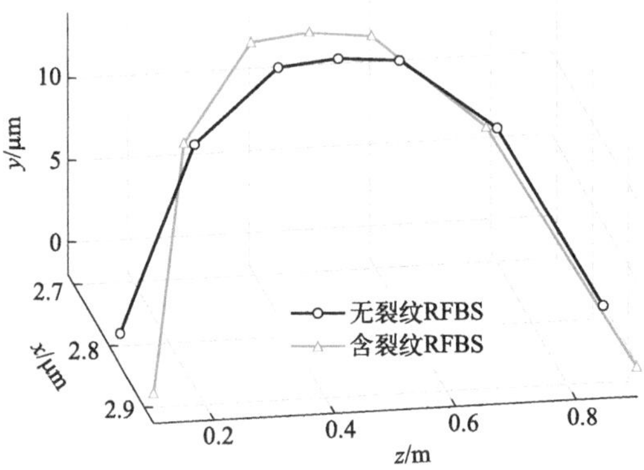

图 7-12 两种转子系统在 12090r • min^{-1} 时的轴心形态

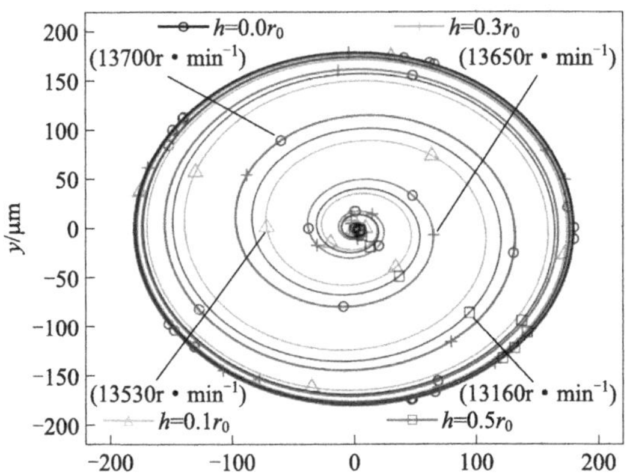

图 7-13 含裂纹和无裂纹拉杆转子系统失稳特性

图 7-14 给出了此不平衡量下，转速为 9100r·min^{-1} 时，两种转子系统轴承节点位置的水平和竖直振动方向的频谱分析结果。除工频振动成分外，裂纹转子系统存在 2X 倍频成分。需要指出，对于无裂纹组合转子系统所出现的极其微弱的工频振动成分，在三维组合转子系统动力学分析方法中，因自身复杂结构特点使前期有限元模型建立时，难以获得轴向或周向绝对的对称网格模型，进而导致所提取的三维动力学参数矩阵出现局部微小的非对称，以致最终即使不平衡量为 0 时亦会出现微弱的工频振动成分。

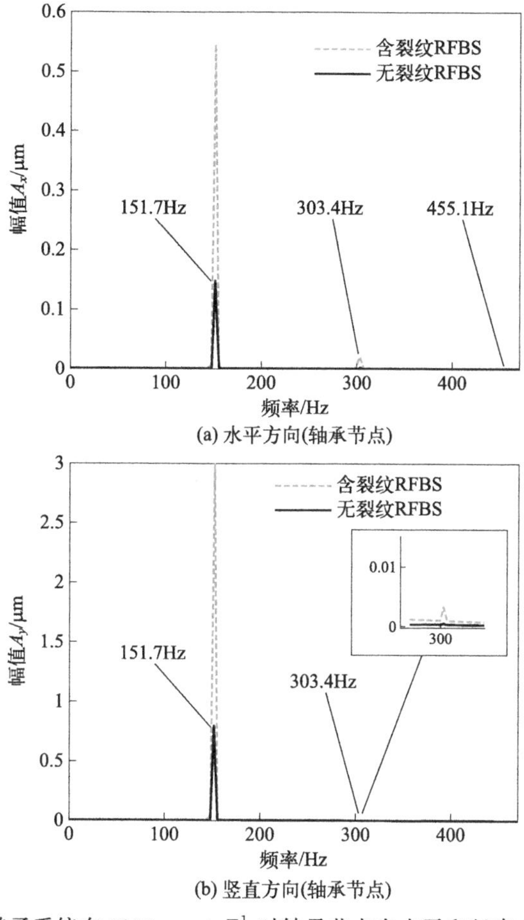

图 7-14 两种转子系统在 9100r·min^{-1} 时轴承节点在水平和竖直方向的频谱分析

(2) e=6μm

结合图 7-7 可知，此不平衡量下含裂纹及无裂纹转子系统均经历稳态周期解到倍周期解，再到稳态周期解，此后无裂纹转子系统经由伪周期发生线性失稳，而裂纹转子系统经由倍周期分叉失稳，此时处于倍周期与伪周期的临界附近状态。

图 7-15(a) 分别给出了两种转子系统在转速为 6510r·min^{-1} 时的轴承节点位置轴心轨迹，裂纹转子系统在 6510r·min^{-1} 时经由稳态周期解进入倍周期解区域，而此时无裂纹转子系统仍处于稳态周期解状态；当转速达到 6640r·min^{-1} 时，无裂纹转子系统进入倍周期解区域，裂纹转子系统在 6590r·min^{-1} 进入 3 倍周期解区域，如图 7-15(b) 所示在转速为 6640r·min^{-1}（无裂纹转子系统）和 6590r·min^{-1}（裂纹转子系统）时的轴承节点位置的轴心轨迹直观反映了这一非线性动力学涡动行为。

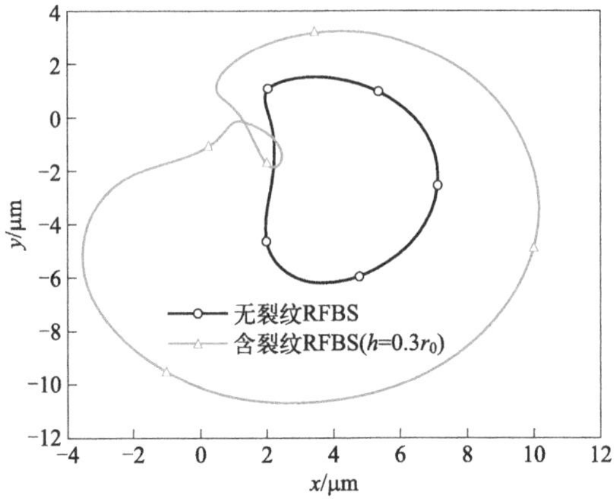

(a) 轴承节点位置(6510r·min^{-1})

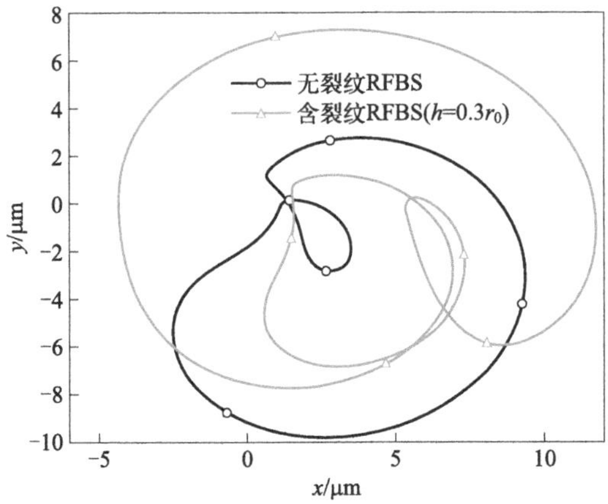

(b) 轴承位置
(无裂纹：6640r·min^{-1}，含裂纹：6590r·min^{-1})

图 7-15　两种转子系统不同转速下轴承节点位置的轴心轨迹

图 7-16(a) 中庞加莱截面孤立的一点（对应无裂纹转子系统）和分散的两点（对应裂纹转子系统）进一步证实了图 7-15(a) 和 (b) 中的非线性动力学行为。

同理，图 7-16(b) 中庞加莱截面分散的两点（对应无裂纹转子系统）和分散的三点（对应裂纹转子系统）亦显示了这一点。

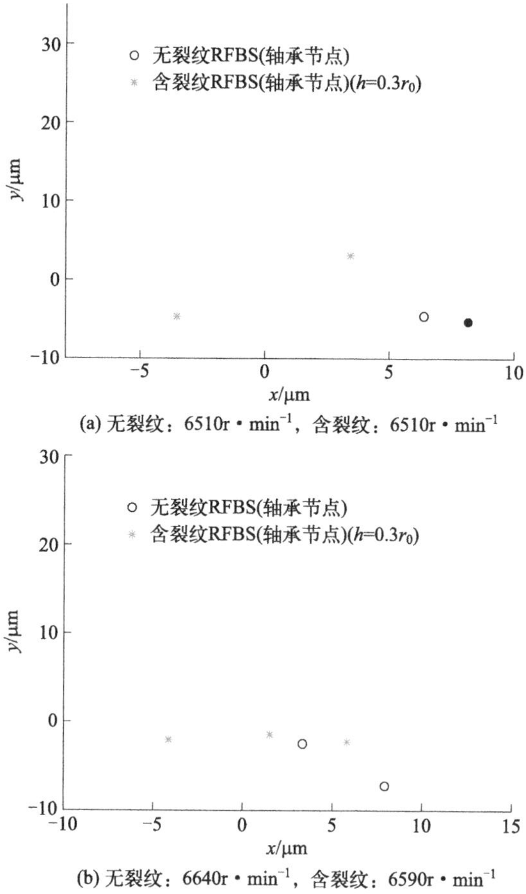

图 7-16　无裂纹与裂纹转子系统庞加莱截面

结合图 7-7 和图 7-17(a) 可以发现，裂纹和无裂纹转子系统分别在转速为 9500r・min^{-1}、9060r・min^{-1} 时穿出倍周期解区域进入稳态周期解区域的涡动轨迹，图 7-18(a) 与其对应的庞加莱截面均为孤立的点，亦表明了这一非线性动响应，由于裂纹转子系统 e-ω 分叉转迁集曲线整体下移，一定条件下稳定性降低，使此时裂纹转子系统进入稳态周期解区域产生滞后。

结合图 7-7 和图 7-17(b) 可知，随着转速的不断提升，裂纹及无裂纹转子系统分别在 13300r・min^{-1}、13100r・min^{-1} 转速时经由伪周期发生线性失稳，图 7-18(b) 与之对应的庞加莱截面均为封闭的环形形态，图 7-19 中裂纹转子系统整体各节点的伪周期形式的涡动轨迹一致进一步显示了这一非线性动力响应特性。

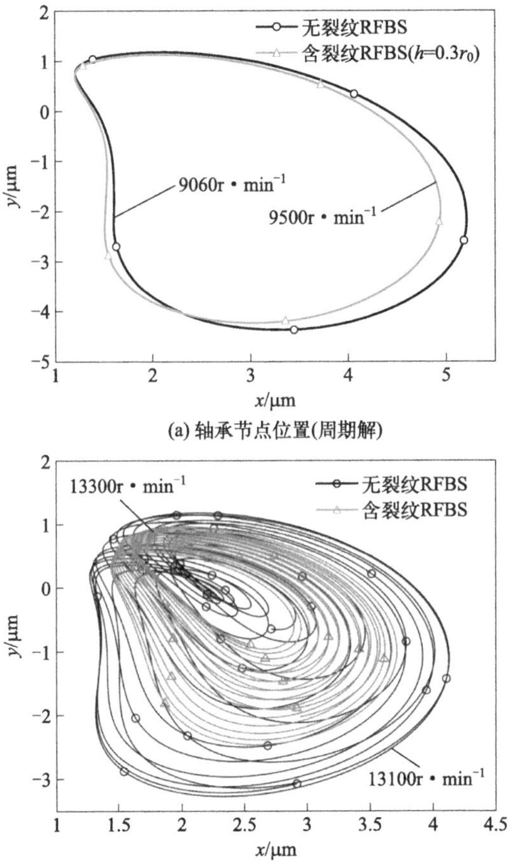

(a) 轴承节点位置(周期解)

(b) 轴承节点位置(伪周期解)

图 7-17　裂纹与无裂纹轴承节点位置的涡动轨迹

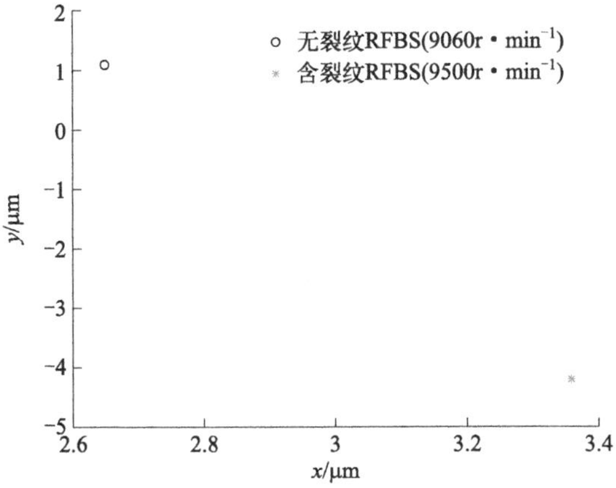

(a) 轴承节点位置(周期解)

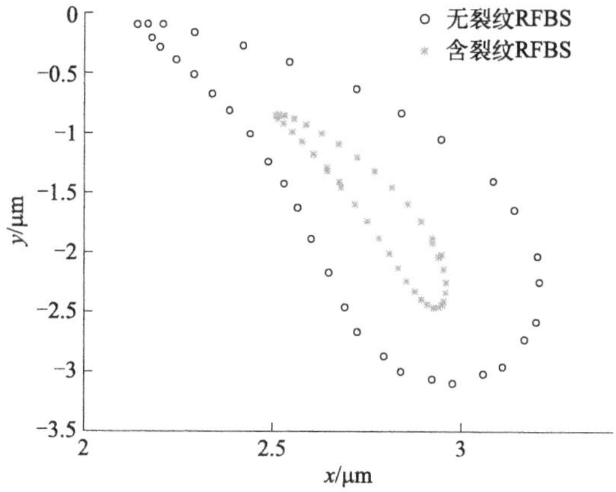

(b) 轴承节点位置(伪周期解)

图 7-18　无裂纹与裂纹转子系统庞加莱截面

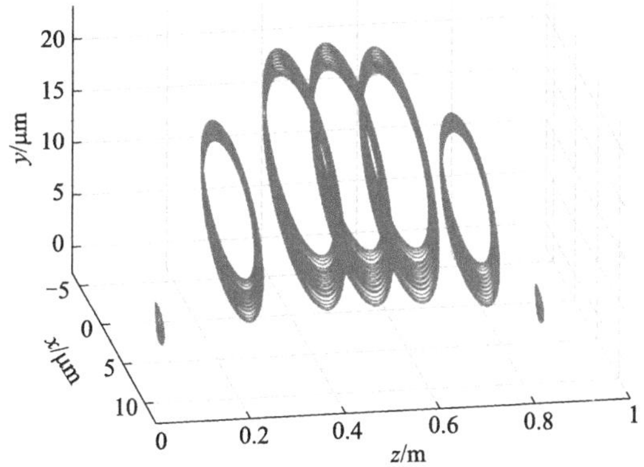

图 7-19　裂纹（$h=0.3r_0$）转子系统轴心轨迹（13300r・min^{-1}）

结合图 7-20 给出了此时裂纹及无裂纹两种转子系统失稳碰摩的转速分别为：13420r・min^{-1}、13470r・min^{-1}，相比于无裂纹转子系统，可以发现裂纹转子在进入倍周期后一段转速范围内快速发生失稳碰摩的现象。

结合图 7-21(a) 和 (b) 分别给出了两转子系统临界转速前后在转速为 6510r・min^{-1}、9450r・min^{-1} 时转子轴心的一阶弯曲模态，可以发现裂纹转子系统因裂纹故障的存在，一阶弯曲模态弯曲程度大于无裂纹转子系统，这意味着当转子系统在实际工作中出现裂纹故障后，其振动会加剧。

图 7-22 给出了转速 $\omega=6510$r・min^{-1} 时两种转子系统的频谱分析结果，当转速为 6510r・min^{-1} 时，裂纹和无裂纹转子系统在不平衡量作用下均产生了较突出的 108.5Hz 的工频振动，且裂纹系统在水平方向和竖直方向的振动幅值较

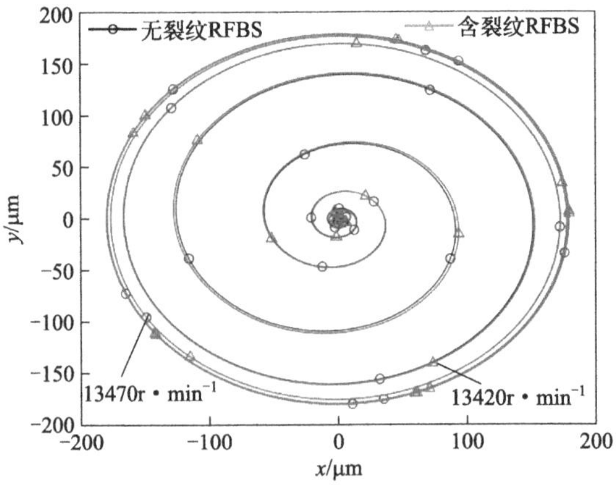

图 7-20　含（无）裂纹转子系统失稳碰摩轴心轨迹

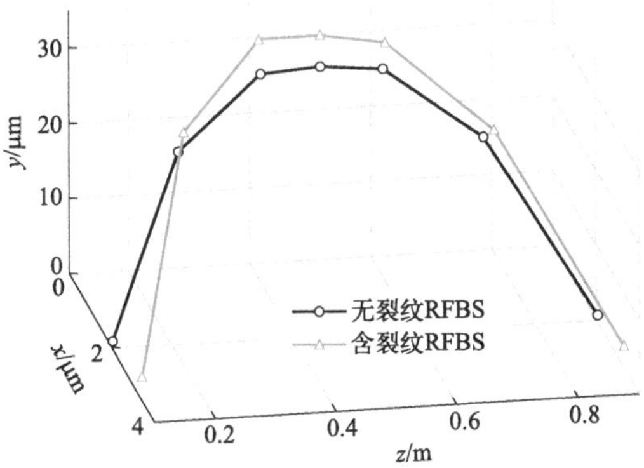

(a) 转子系统一阶弯曲模态(6510r • min^{-1})

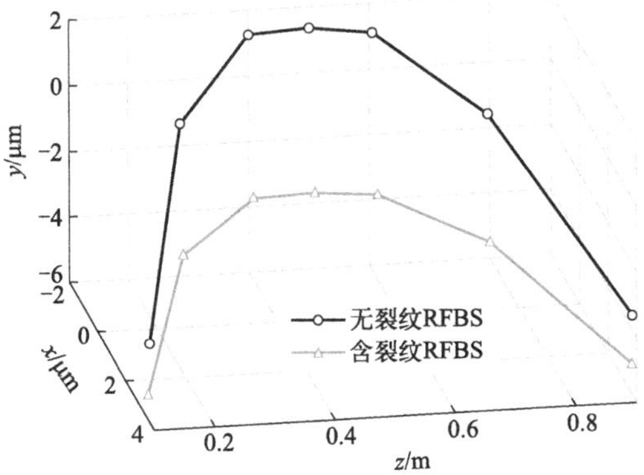

(b) 转子系统一阶弯曲模态(9450r • min^{-1})

图 7-21　两种转子系统在临界转速前后的弯曲模态

大；同时可以发现裂纹转子存在突出的 54.25Hz 半频涡动频率，以及其他如 162.7Hz、271.2Hz、379.7Hz、488Hz 的谐频振动成分。裂纹故障的存在，使相应动力学系统的非线性动力响应更为复杂多样，相关频谱成分的差异以及幅值的变化，可以作为转子裂纹故障诊断的重要参考。

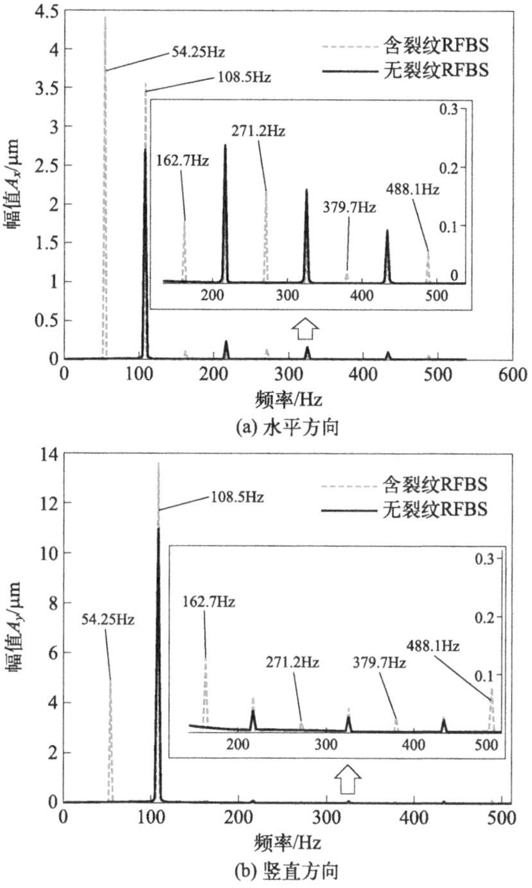

图 7-22 两种转子系统轴承节点位置频谱分析（6510r·min^{-1}）

7.2.3 裂纹拉杆组合转子系统振动特性

图 7-23 以轴承节点位置为例，给出了不同裂纹深度对振动特性的影响情况。随着裂纹深度的增加，在水平和竖直方向振幅均逐渐增加，同时可以发现在一定裂纹深度范围内，转子系统一阶临界转速并未因拉杆裂纹深度的增加而降低，振幅增加显著，说明裂纹故障的存在对于一般整体转子主要表现为局部柔性增强(其难以造成转子系统振动幅值大幅增加)，但对于拉杆组合转子系统，由于存在

裂纹引入了弯曲效应，这是拉杆组合转子系统出现裂纹后振动异常增大的重要原因之一。

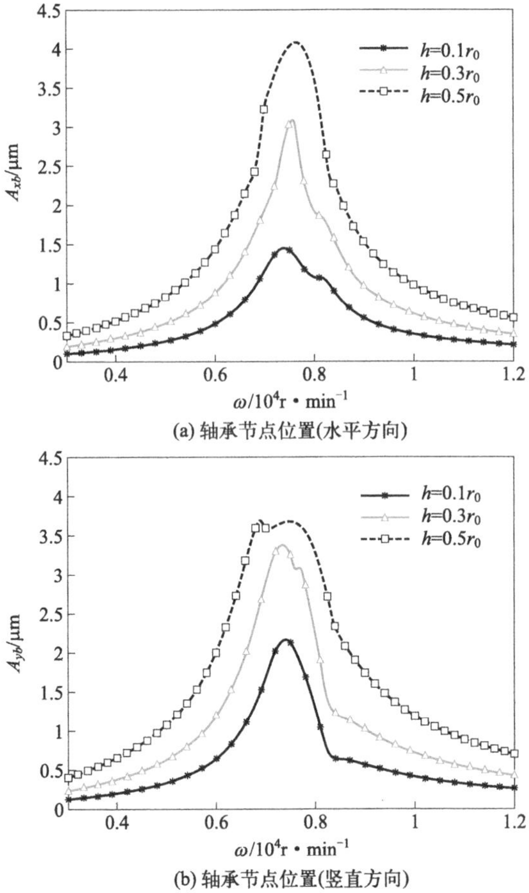

图 7-23　裂纹深度对振动特性的影响

图 7-24 给出了三维裂纹和三维无裂纹转子系统对应轴承和轮盘节点位置在 5400r·min^{-1} 时的轴心涡动轨迹，可以发现：随着裂纹深度的增加，轴心轨迹逐渐增大，当裂纹深度非常小时，涡动轨迹增加幅度较小。

总体而言，对于拉杆组合转子系统，出现裂纹后，裂纹不仅仅产生局部应力变化，还造成了主要接触界面应力分配不均，并引入了附加的弯曲效应，最终使系统振动大幅增加，显现了较为突出的倍频及其他丰富的谐频振动成分；与一维方法相比，三维方法可以有效反映裂纹形态、裂纹对转子应力变化及转子形态变化，振动幅值幅度更趋于实际情况，相关研究从理论角度揭示了裂纹对复杂拉杆组合转子系统的非线性动力学特性的影响规律。

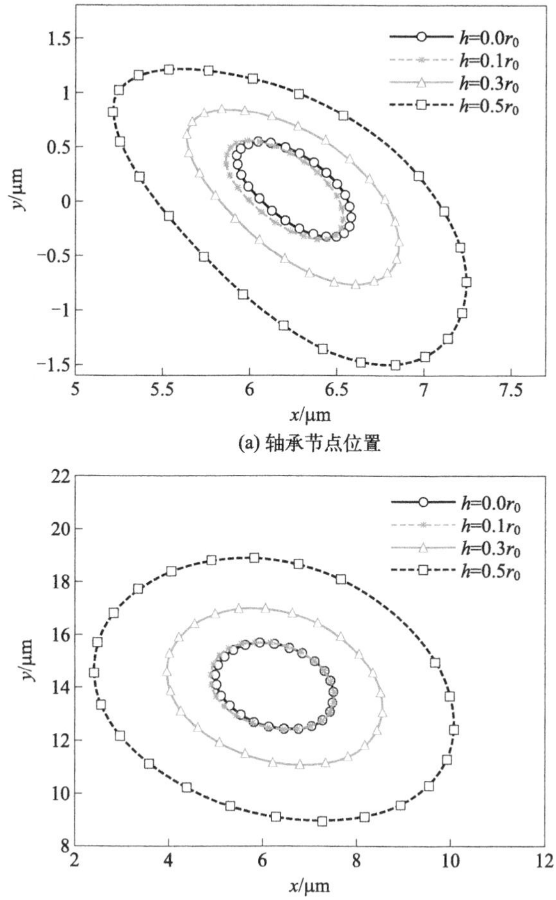

(a) 轴承节点位置

(b) 轮盘节点位置

图 7-24　不同裂纹深度下的轴心涡动轨迹（$5400r \cdot min^{-1}$）

7.3 本章小结

基于三维含裂纹拉杆组合转子系统动力学分析方法，综合考虑裂纹引起的转子整体形态和动力学参数影响，研究了三维拉杆裂纹组合转子系统非线性稳定性及分叉特性、裂纹转动效应影响、裂纹深度及不平衡量对三维裂纹组合转子系统非线性动力学特性和振动特性的影响情况，主要结论如下：

① 忽略裂纹转动效应会使系统非线性分叉特性曲线下移，系统稳定性解区域缩小；同时忽略裂纹转动效应影响将使相应振动幅值计算结果偏低，一定程度上对系统的不安全评估风险增加。

② 三维含裂纹与无裂纹拉杆组合转子系统非线性动力学分叉特性演变规律相近，均存在稳态周期解、倍周期解、伪周期解区域；但裂纹转子系统稳定性降低，其对应的 e-ω 分叉转迁集曲线发生整体下移，稳态周期解区域减小，倍周期与伪周期分界线下降，即使对于平衡转子（$e=0\mu m$ 时），裂纹的存在使转子系统形态发生变化，产生附加的不平衡效应，此时的转子系统已经不再呈现类似平衡转子系统的动力学行为，裂纹转子系统先于无裂纹转子系统发生伪周期分叉线性失稳，而无裂纹转子系统对应出现的是 Hopf 型伪周期分叉。

③ 忽略裂纹产生的转子整体弯曲形态变化将使对系统运行安全边界估计过高。相同条件下，忽略裂纹引入的初始弯曲效应，将使系统 e-ω 分叉转迁集曲线整体大幅上移，稳态周期解区域明显扩大，相反极大降低了实际故障转子系统的运行安全边界，裂纹产生的附加弯曲是转子系统振动加剧的重要原因之一。

④ 三维裂纹转子系统抵抗变形能力增强，线性失稳速度提高，非线性分叉曲线发生大幅偏移。

⑤ 随着裂纹深度的增加，系统分叉转迁集曲线逐渐下移且幅度不断增强，当裂纹深度达到一定程度，即使对于平衡转子系统（$e=0\mu m$ 时），此时裂纹引入的不平衡效应及动力学参数的变化对系统的非线性动力学特性有着突出的影响；裂纹深度增加使线性失稳转速逐渐降低，倍周期和伪周期分界线逐渐下移，系统稳定性大幅降低。

⑥ 不平衡量对三维拉杆裂纹组合转子系统动力学特性的影响复杂。对于名义上的平衡转子系统，裂纹转子系统已经不再平衡，其通过伪周期形式发生伪周期线性失稳，而三维无裂纹转子系统通过 Hopf 型分叉产生失稳，此时三维裂纹转子系统出现典型的一倍和二倍频振动成分；随着不平衡量的增加，裂纹转子系统从稳态周期解穿出进入倍周期时间越早，从倍周期穿出二次进入稳态周期解时间延后；当存在名义不平衡量时，两系统除了共同的工频振动成分外，裂纹转子系统还呈现出半频、倍频以及其他高次谐波分频振动成分。

⑦ 三维裂纹拉杆组合转子系统的弯曲振动加剧。相比三维无裂纹转子系统，裂纹转子系统一阶模态弯曲程度更加突出，其振动幅值明显增大，在一临界转速附近转速范围及一临界转速上，振幅增加极为明显；随着裂纹深度的增加，裂纹转子系统振动幅值逐渐增大。

第8章 拉杆裂纹组合转子轴承系统动力学特性试验

为了验证裂纹拉杆转子轴承系统的动力学特性情况，本章以拉杆裂纹为例，设计了滑动轴承支承下的裂纹拉杆转子系统试验台，研究含拉杆裂纹与拉杆裂纹的组合转子轴承系统所表现出的振动特性、裂纹深度对此类复杂组合转子系统振动特性的影响情况，尝试从试验角度揭示含拉杆裂纹的盘式组合转子轴承系统的动力学特性规律。

8.1 拉杆裂纹组合转子轴承系统试验台设计

(1) 试验方案设计

实际动力机械装备中，复杂周向均布拉杆组合转子轴承系统常常存在多级结构，存在较大的预紧力效应，接触界面众多，许多动力学系统在实际工作运转还需跨越一阶临界转速。为了尽可能反映出组合拉杆转子系统的结构特征（多轴段、多界面、多拉杆）及其所受到的大预紧效应等相关特征，拉杆组合转子系统以径向圆柱轴承支承，其主要由三段式三级轮盘-主轴系结构、循环供油润滑系统、驱动控制系统、测试系统构成，试验总体设计方案如图 8-1 所示。

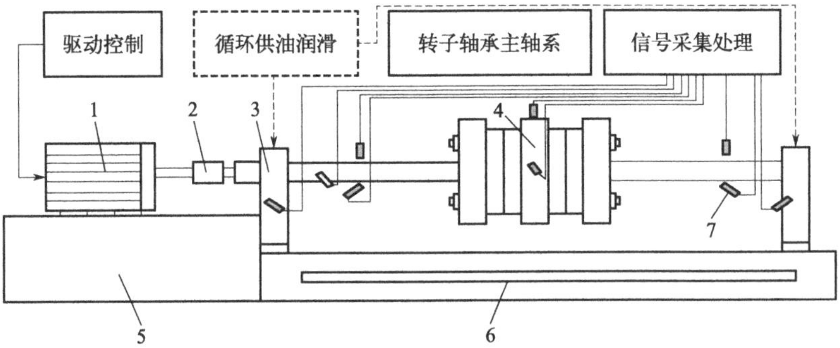

图 8-1 裂纹盘式拉杆组合转子轴承系统试验台设计方案

1—驱动电机；2—联轴器；3—滑动轴承；4—拉杆转子；5—试验台基座；6—供油润滑系统；7—传感器

试验台的主要性能指标及基本要求如下：

① 系统工作转速为 0～5000r·min^{-1}，可实现无级调速；

② 一临界转速预设范围在 1500～2800r·min^{-1}，可实现跨越一临界稳定运行；

③ 三级轮盘结构可反映组合系统的盘间接触界面结构特征及大预紧效应。

(2) 转子及轴承结构设计

主轴轴系为试验系统最为关键的组成部分，根据试验台的性能及基本要求，采用如图 8-2(a) 所示的三段式结构，三轮盘之间形成两处环形接触界面，6 根拉杆 60°周向均匀分布，如图 8-2(b) 所示。

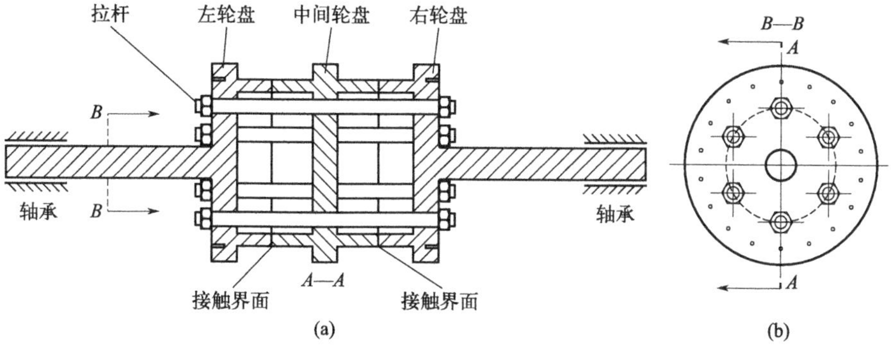

图 8-2 转子主轴结构

左右轮盘及轴段、中间轮盘三维结构如图 8-3(a) 所示，转子实物如图 8-3(b) 所示。

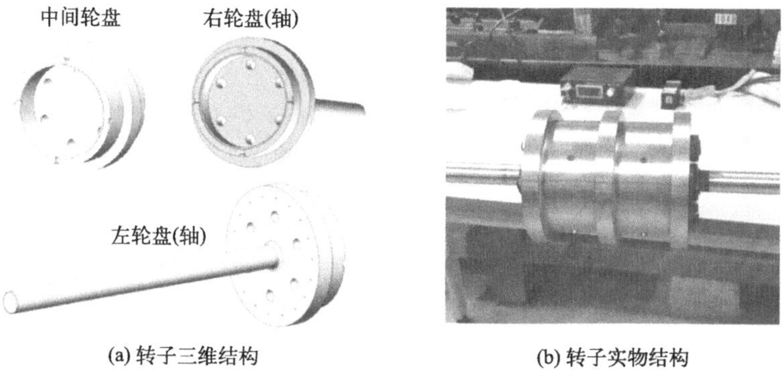

图 8-3 转子及其轮盘结构示意图

为了便于拆装，减少轴承对转子本身动力学特性的影响，试验采用对开式滑动圆轴承，主要包括轴承座组件、轴瓦、密封圈等部分，其结构设计如图 8-4 所示，实物如图 8-5 所示。轴承基本参数为：轴径直径 $D=0.025\text{m}$，工作转速 $n=3000\text{r/min}$，工作载荷 $F=80\text{N}$，采用巴氏合金材料，滑动轴承主要设计参数如表 8-1 所示。

表 8-1 滑动轴承结构和材料选择参数计算

主要计算项目	计算公式	计算结果
宽径比	B/D	0.6
轴承宽度/m	$B=(B/D)D$	0.015

续表

主要计算项目	计算公式	计算结果
轴承比压/MPa	$p=F/DB<[p]$	0.21
轴颈圆周速度/(m/s)	$\nu=\pi Dn/60<[\nu]$	3.93
$p\nu$ 值/(MPa·m/s)	$p\nu<[p\nu]$	0.83

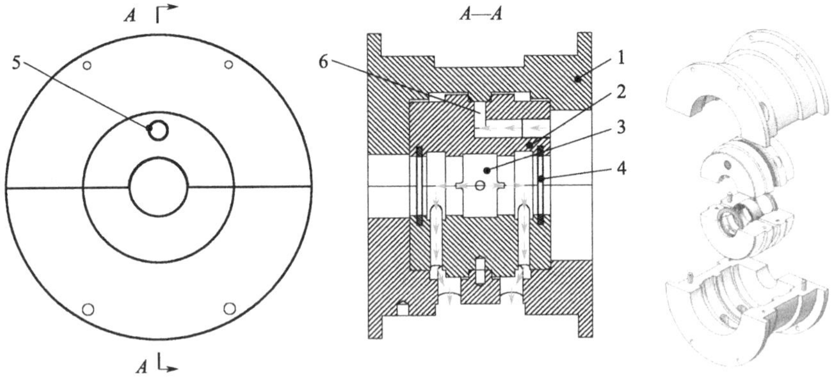

(a) 滑动轴承结构示意图　(b) 滑动轴承结构剖视图　(c) 结构分解图

图 8-4　滑动轴承结构

1—轴承座外体；2—轴承座内体；3—轴瓦；4—浮动密封圈；
5—进油口；6—封闭油沟

(a) 滑动轴承实物　(b) 滑动轴承实物内部结构

图 8-5　滑动轴承结构实物图

(3) 动力学试验台总体结构

试验台总体结构及布局如图 8-6 所示，其他测试系统、驱动系统本书不做赘述。

图 8-6 裂纹盘式拉杆组合转子试验台

8.2 预紧力施加及裂纹模拟

8.2.1 预紧力的施加

拉杆组合转子的预紧通过数显力矩扳手施加预紧力矩完成，预紧前需先将预紧力和预紧力矩进行换算，预紧力矩 T 主要克服螺纹副阻力矩 T_1 和预紧螺母与被连接轮盘面间的摩擦力矩 T_2，预紧力矩和预紧力的换算方式如下：

$$T=T_1+T_2=K'F_0d \tag{8-1}$$

式中 d——螺纹公称直径，mm；

F_0——预紧力，N；

K'——拧紧力矩系数，对于精加工表面可取 0.12。

螺纹副阻力矩 T_1 和被连接轮盘面间的摩擦力矩 T_2 的计算如下：

$$T_1=F_0d\tan(\varphi_u+\varphi_v)/2 \tag{8-2}$$

$$T_2=F_0f_c[(D_0^3-d_0^3)/(D_0^2-d_0^2)]/3 \tag{8-3}$$

式(8-2) 和式(8-3) 中 d_0——螺纹（拉杆）孔直径，mm；

φ_u——螺纹升角，(°)；

φ_v——当量摩擦角，(°)；

D_0——螺母环形支承面外径，mm；

f_c——螺母与支承面之间的摩擦系数。

为尽可能使预紧均匀，根据设定的预警力矩数显预警阈值，预紧力矩逐次分步施加，采用相对位置螺母同时预紧方法。

8.2.2 拉杆裂纹模拟

拉杆裂纹通过线切割方法加工模拟，在图 8-7 所示裂纹位置加工不同深度的裂纹。

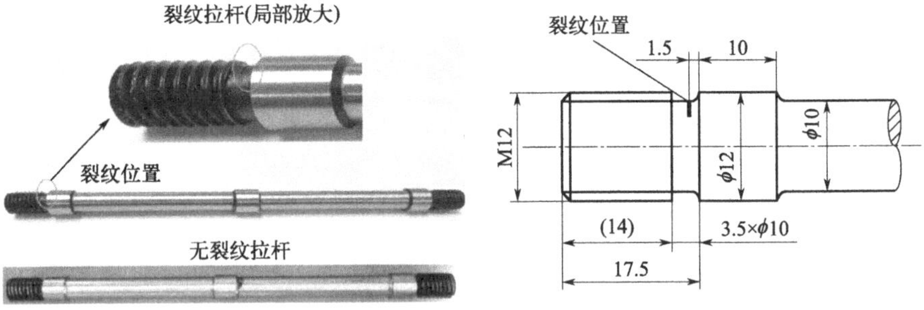

(a) 含(无)裂纹拉杆实物　　(b) 裂纹位置

图 8-7　裂纹拉杆及裂纹位置

8.3 动力学特性试验分析与验证

8.3.1 无裂纹拉杆组合转子系统振动特性

图 8-8(a) 和 (b) 分别给出了无裂纹拉杆转子系统转速为 $2250\mathrm{r}\cdot\mathrm{min}^{-1}$ 时，采用前面提出的三维动力学分析方法计算获得轴承和轮盘节点位置轴心轨迹的理论计算值，图 8-8(c) 和 (d) 分别对应给出了无裂纹拉杆组合转子系统相应节点位置的试验结果。

通过对比可知，理论计算值和试验结果在定性规律上基本一致，但由于实际轴承节点实际测量点位于轴承端盖的外侧（此位置和理论计算轴承宽度方向的轴心位置存在一定的轴向距离）和转子在动平衡后存在小量的残余不平衡质量的影响，试验结果对应的涡动轨迹在水平和竖直方向振动峰峰值偏大（相较于理论计算结果）。

8.3.2 含裂纹拉杆组合转子动力学特性试验验证

图 8-9(a) 和 (b) 以 2.5mm 深度的拉杆裂纹为例，分别给出了采用本书所提出的三维动力学分析方法获得的含裂纹转子系统轮盘节点位置非线性动力响应轨迹的理论计算值和实际实验结果，通过比较可以发现：两者动力响应轨迹趋势

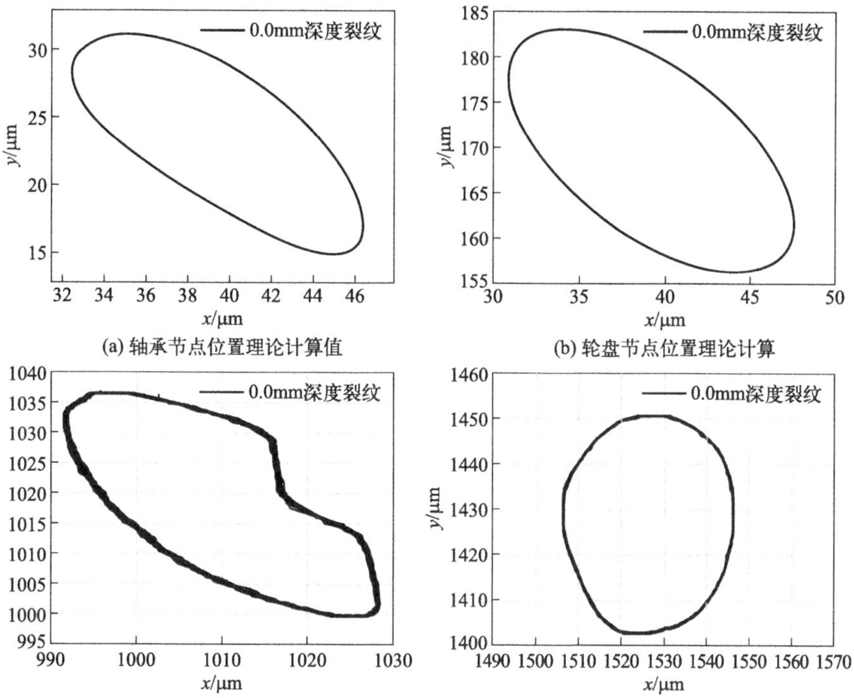

(a) 轴承节点位置理论计算值　(b) 轮盘节点位置理论计算

(c) 轴承节点位置试验结果　(d) 轮盘节点位置试验结果

图 8-8　无裂纹拉杆组合转子系统振动特性理论计算与试验结果（$2250\mathrm{r}\cdot\mathrm{min}^{-1}$）

基本一致，在竖直振动方向的振动幅值峰峰值结果一致性较好，图 8-9(c) 和 (d) 所给出的振动峰峰值时域波形图说明了这一点；在水平振动方向上，试验对应振动振幅峰峰值比理论值有所偏大。同理，图 8-10(a) 和 (b) 分别给出转速不断增加的情况下，含裂纹转子系统轮盘节点位置振动幅值的理论计算值和试验值基本一致。

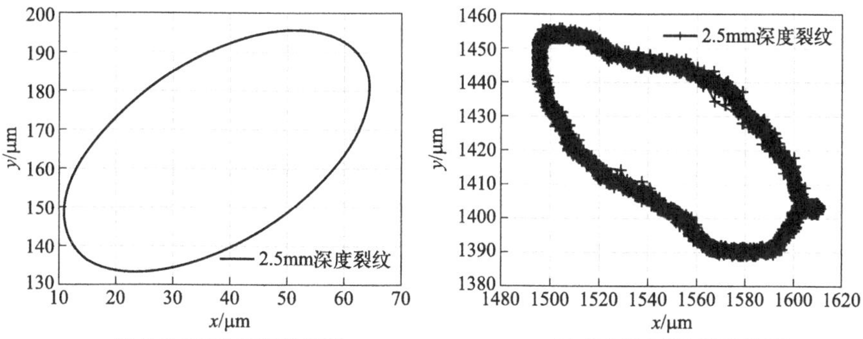

(a) 轮盘涡动轨迹(理论计算)　(b) 轮盘涡动轨迹(试验结果)

图 8-9

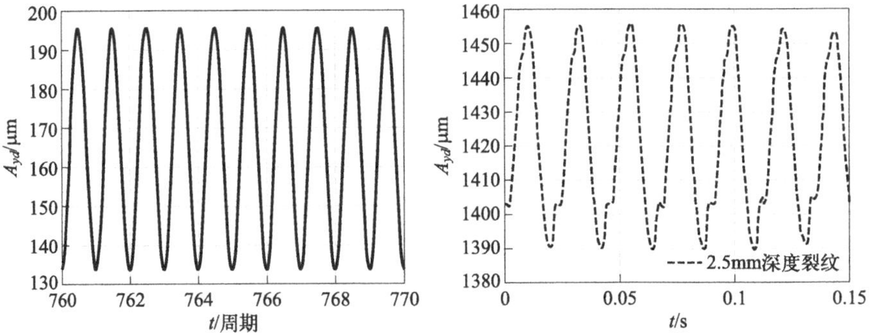

(c) 轮盘节点峰峰值(理论计算)　　(d) 轮盘节点峰峰值(试验结果)

图 8-9　裂纹转子系统振动特性理论计算与实验结果（2700r · min^{-1}）

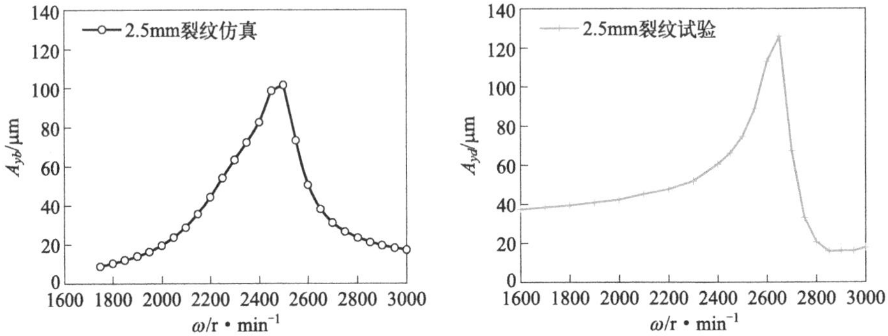

(a) 轮盘位置振动幅值(理论计算)　　(b) 轮盘位置振动幅值(试验结果)

图 8-10　裂纹转子系统振动幅值变化规律（理论计算与试验结果）

(1) 裂纹故障对组合转子振动特性的影响

本部分以给定深度 3.5mm 及 4.5mm 的拉杆裂纹转子为例，分别从轴心涡动轨迹、频谱成分、加速度、升速瞬时响应等动力响应方面研究实际试验条件下含裂纹转子系统和无裂纹转子系统非线性振动特性的差异。

图 8-11 分别给出含裂纹和无裂纹转子系统在轴承节点、轮盘节点位置的轴心轨迹；根据图 8-11(a) 和 (b) 可知：无裂纹转子系统轴心轨迹主要表现为稳态周期运动形式，而含裂纹转子系统轴心轨迹倍周期形式运动较为突出；由于裂纹故障的存在，含裂纹转子系统的轴心轨迹涡动范围大于无裂纹转子系统对应的涡动轨迹范围，同时转速越接近一临界转速，两种转子系统的涡动范围相差越明显，在轮盘节点这一现象表现得相对较为突出。

图 8-12 给出了转速为 2250r · min^{-1} 时，轴承和轮盘在水平振动方向的振动频谱分析结果。从图中可以看出：两转子系统均含有 37.5Hz 的工频振动成分，

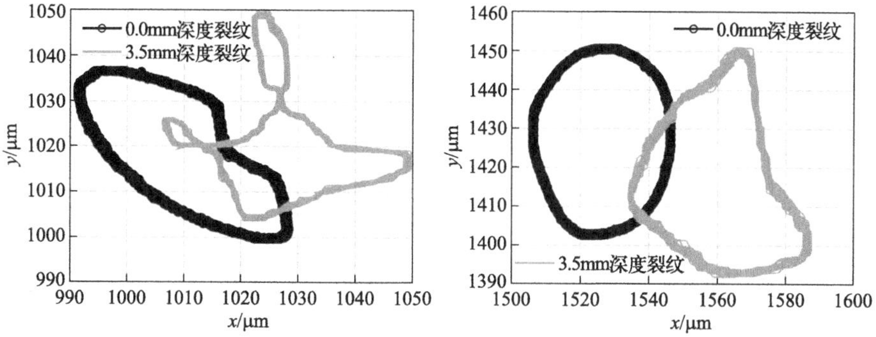

(a) 轴承节点位置(2250r・min^{-1})　　(b) 轮盘节点位置(2250r・min^{-1})

图 8-11　含裂纹与无裂纹组合转子系统涡动轨迹

裂纹转子系统存在较为明显的倍频振动成分（如 75.0Hz、112.5Hz、150Hz、187.5Hz），而无裂纹转子系统的倍频成分极其微弱，其从试验角度说明含拉杆裂纹组合转子系统，由于局部裂纹故障的存在，不仅仅表现为局部柔性增加，还导致了转子系统形态发生变化，产生了附加的不平衡效应，进而出现丰富的倍频成分振动。

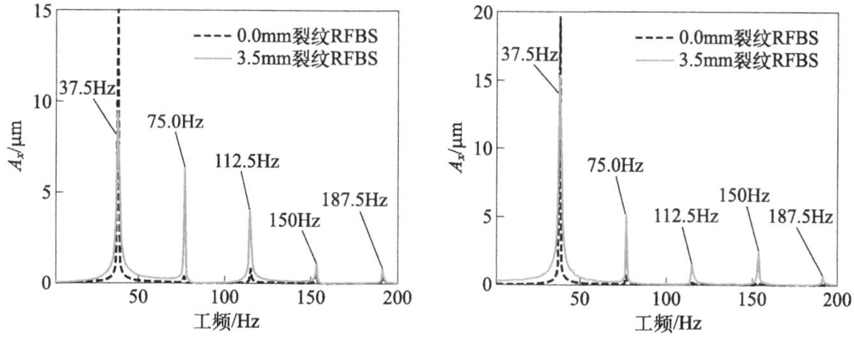

(a) 轴承节点位置(2250r・min^{-1})　　(b) 轮盘节点位置(2250r・min^{-1})

图 8-12　裂纹与无裂纹组合转子系统频谱分析

图 8-13(a)～(d) 分别给出了含裂纹及无裂纹转子系统在转速为 2250r・min^{-1} 时，轴承和轮盘节点在水平和竖直方向的时域振动幅值情况。从图中可以发现：由于裂纹故障的存在，无论在水平或竖直振动方向，裂纹转子系统在轴承和轮盘节点位置的振动峰峰值均高于无裂纹转子系统；时域振动幅值亦显示了裂纹转子系统倍频振动特性。

图 8-14(a)～(d) 分别给出了无裂纹和含裂纹（拉杆裂纹深度为 4.5mm）转子系统在升速跨越一阶临界转速过程的振动加速度变化情况，由图可知：裂纹和无裂纹转子系统变化规律一致，即随着时间的推移（转速的不断增加），在水平

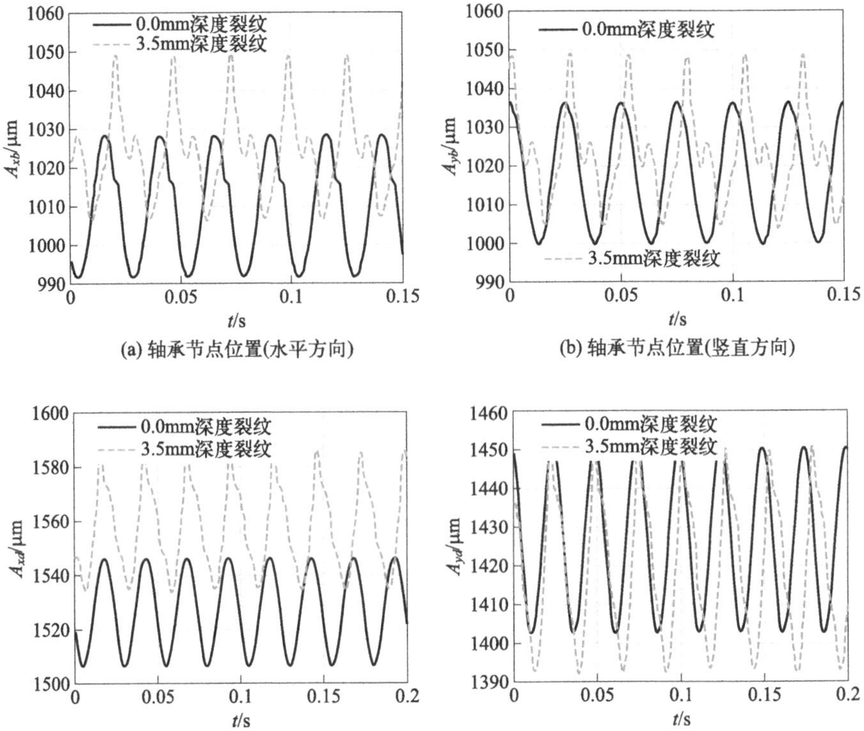

(a) 轴承节点位置(水平方向)　(b) 轴承节点位置(竖直方向)

(c) 轮盘节点位置(水平方向)　(d) 轮盘节点位置(竖直方向)

图 8-13　裂纹与无裂纹组合转子系统时域振动特性（2250r·min^{-1}）

方向和竖直振动方向上，振动加速度逐渐增加，到达一临界转速时振动加速度达到最大值，跨越一临界转速后，振动加速度迅速下降，同时在竖直振动方向上的振动加速度大于水平方向的振动加速度；含裂纹故障转子系统在升速过程中振动加速度大于无裂纹转子系统。

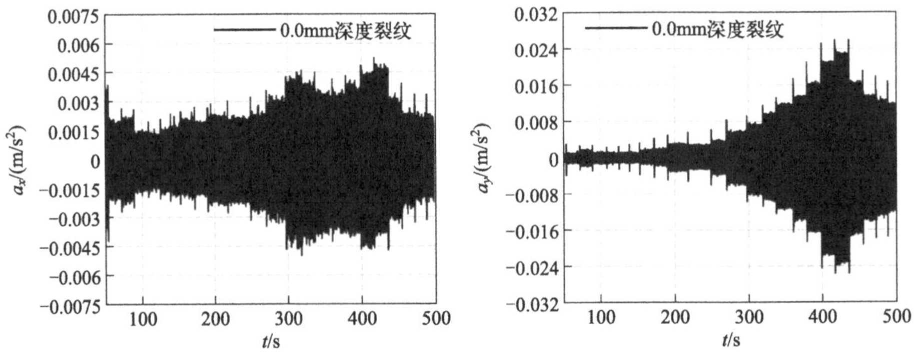

(a) 水平方向振动加速度(无裂纹)　(b) 竖直方向振动加速度(无裂纹)

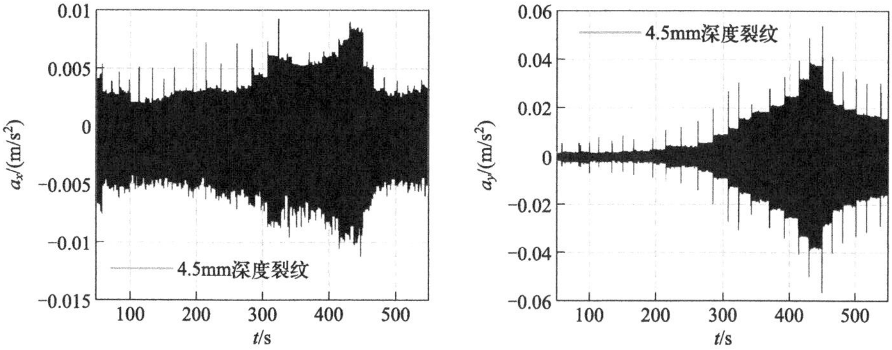

(c) 水平方向振动加速度(含裂纹)　(d) 竖直方向振动加速度(含裂纹)

图 8-14　裂纹与无裂纹转子系统振动加速度

图 8-15(a) 和 (b) 以轮盘节点位置为例，在升速间隔时间和升速区间基本一致的情况，分别给出了轮盘节点水平和竖直方向上无裂纹和含裂纹转子系统在升速瞬间系统的瞬时振动响应，从图中可知：由于裂纹故障的存在，裂纹转子系统在升速瞬间的振动响应更为剧烈。

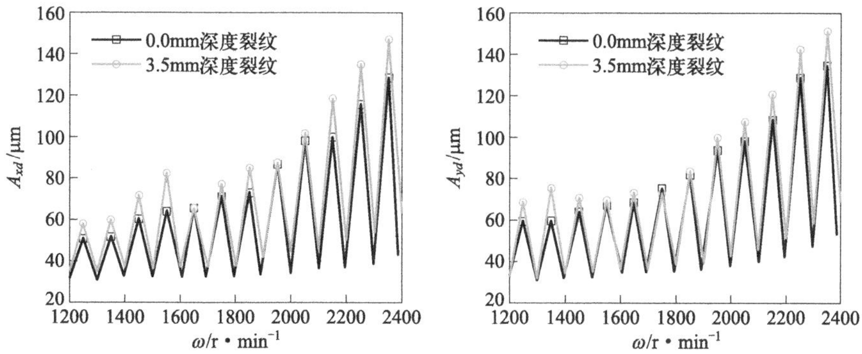

(a) 轮盘节点位置(水平方向)　(b) 轮盘节点位置(竖直方向)

图 8-15　裂纹与无裂纹转子系统升速瞬时振动特性

通过对裂纹和无裂纹转子系统的非线性动力响应的分析可知：当拉杆转子系统拉杆出现裂纹故障，转子系统涡动轨迹范围增大，振动幅值增强，倍频振动特性明显，升速瞬时响应增大等振动特性可作为裂纹故障的重要参考依据。

(2) 裂纹深度对组合转子振动特性的影响

图 8-16 以轴承节点位置为例，给出了裂纹深度对拉杆转子系统振动特性的影响试验结果。

图 8-16(a) 和 (c) 给出了转速在 800～2000r・min^{-1} 范围内，随着裂纹深度的不断增加，轴承节点的振动幅值逐渐增大；当裂纹较浅时，裂纹故障产生的

附加弯曲效应较小，附加不平衡量效应较弱，振动幅值增加幅度较小（相对于无裂纹拉杆转子系统）；当转速远离一临界转速时，裂纹转子系统振动幅值有所增加，但其增加幅度有限，随着转速不断靠近一临界转速，裂纹转子系统振动加剧现象逐渐增强。

图 8-16(b) 和 (d) 给出转速在 800～3000r・min^{-1} 范围内转子跨越一阶临界转速过程中，轴承节点位置振动幅值随转速和裂纹深度变化的整体趋势，从图中可以发现在一临界转速（2650r・min^{-1}）之前，随着转速的增加，无裂纹和含裂纹转子系统振动幅值随转速增加不断增加，振幅在转速 2000r・min^{-1} 附近增加幅度较为明显，跨越一临界转速后，振动幅值迅速下降。随着裂纹深度的增加，裂纹故障所导致的转子整体弯曲形态愈加严重，相应的不平衡效应逐渐增大，振幅在一临界转速前后均逐渐增加。

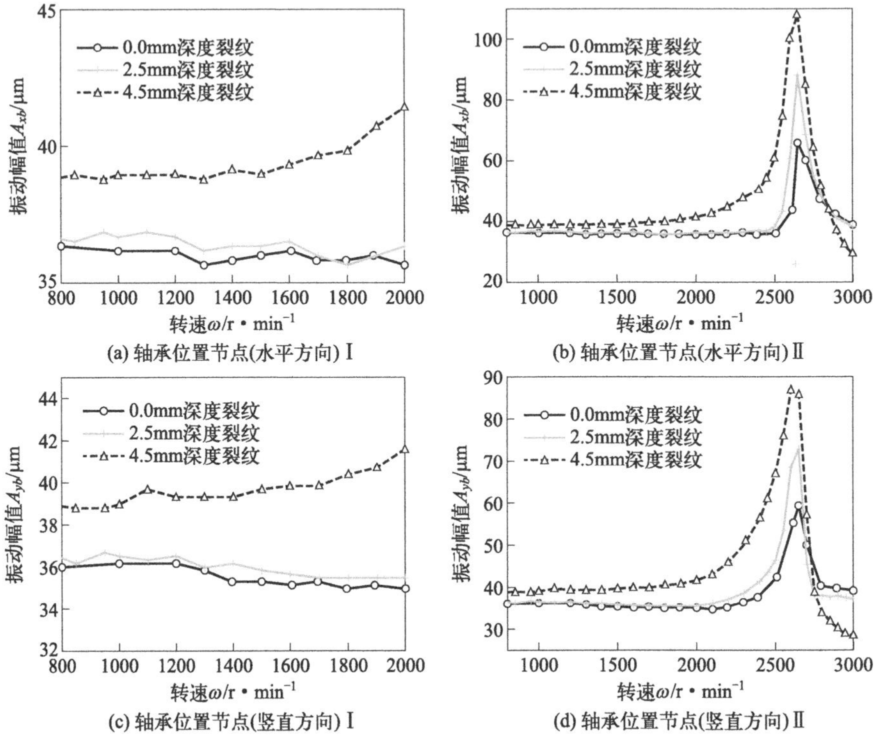

(a) 轴承位置节点(水平方向) Ⅰ (b) 轴承位置节点(水平方向) Ⅱ

(c) 轴承位置节点(竖直方向) Ⅰ (d) 轴承位置节点(竖直方向) Ⅱ

图 8-16 裂纹深度对转子系统振动特性的影响情况（轴承节点位置）

总体而言，裂纹转子系统在跨越临界转速附近及临界转速时，振动加剧现象极为明显，可作为判断裂纹故障的重要参考依据；本部分采用实际测试验证了拉杆组合转子系统出现裂纹后振动剧烈、异常振动的现象；相关实测结果和理论数值计算结果在相关定性规律上一致性较好，同时和有关文献所记载的实际工作环境下此类复杂组合转子系统出现裂纹故障后引发重大事故所展现出来的动力学特性基本一致。

8.4 本章小结

本章主要以拉杆裂纹为例，设计并建立了含（无）裂纹的滑动轴承支承拉杆组合转子系统综合试验台，并进行了相应的动力学特性试验验证，主要结论如下：

① 无裂纹拉杆组合转子系统动力学特性试验结果与理论计算结果在定性规律上基本一致，但由于实际测量环境的限制和转子在动平衡后存在小量的残余不平衡质量，使实测的涡动轨迹在水平和竖直方向振动峰峰值比理论值有所偏大。

② 含裂纹转子系统在轮盘节点位置非线性动力响应轨迹实测结果与理论计算结果在趋势上基本一致，其中振动峰峰值时域波形图显示在竖直振动方向的振动幅值峰峰值结果一致性较好；随着转速不断增加，轮盘节点位置振动幅值变化规律理论计算值和试验测试结果基本一致。

③ 相同条件下，裂纹转子系统的轴心涡动轨迹主要表现为倍周期形式运动，而无裂纹转子系统则为稳态周期运动，前者在轴心轨迹涡动范围、振动峰峰值、振动加速度等方面均大于后者。

④ 随着裂纹深度的增加，裂纹造成的转子整体弯曲形态变化愈加严重，相应的不平衡效应逐渐增大，裂纹转子系统的相关振动特性加剧更为明显，其中在一阶临界转速上及其附近转速范围所表现出的相关动力学特性尤为突出。

⑤ 除含有工频振动成分外，裂纹转子系统存在较为明显的倍频振动频率成分，而无裂纹转子系统的倍频成分极其微弱，从试验角度说明了裂纹故障的存在不仅仅造成局部柔性增加，还导致了转子系统形态发生变化，产生了附加的不平衡效应，进而出现了丰富的倍频成分振动。

总体而言，本章从试验角度揭示了含裂纹复杂拉杆转子系统振动剧增的原因，以及其所表现的倍频振动特性，相关动力学试验结果可为此类裂纹故障转子系统的故障诊断、监测预警提供有意义的参考依据。

参考文献

[1] Mayes I W，Davies W G R. The vibrational behaviour of a rotating shaft containing a transverse crack [C] //1st Int. l Con. f Vib. in Rot. Mach. London：University of Cambridge，1976：53-64.

[2] Sabnavis G，Kirk R G，Kasarda M，et al. Cracked shaft detection and diagnostics：A literature review [J]. Shock and Vibration Digest，2004，36 (4)：287-296.

[3] 陈予恕，曹登庆，黄文虎．近代机械非线性动力学与优化设计技术的若干问题 [J]. 机械工程学报，2007，43 (11)：17-26.

[4] Ishida Y. Cracked rotors：Industrial machine case histories and nonlinear Effects shown by simple Jeffcott rotor [J]. Mechanical Systems and Signal Processing，2008，22 (4)：805-817.

[5] Bachschmid N，Pennacchi P，Tanzi E. Cracked rotors：A survey on static and dynamic behaviour including modelling and diagnosis [M]. Berlin：Springer-Verlag，2010：1-14.

[6] 郑州机械科学研究所强度室．几个转子断裂事故看断裂力学方法的可靠性及应注意的问题 [J]. 机械强度，1978，04 (1)：106-114

[7] Wauer J. On the dynamics of cracked rotors：A literature survey [J]. Applied Mechanics Reviews，1990，43 (1)：13-17.

[8] 周继伟．国外电站汽轮机叶片转子等事故与分析 [J]. 东方电气评论，1987，03 (9)：40-67.

[9] Armor A F. On-line monitoring of turbine-generator shaft cracking [C]. ASME，1983：ASME paper83-JPG-Pwr-7.

[10] 朱厚军，郑艳平，赵玫．裂纹转子振动研究的现状与展望 [J]. 汽轮机技术，2001，43 (5)：257.

[11] 宋兆泓．航空发动机典型故障分析 [M]. 北京：北京航空航天大学出版社，1993.

[12] 陶春虎，习年生，钟培道．航空装备失效典型案例分析 [M]. 北京：国防工业出版社，1998.

[13] 黄雍强，张庆详．HLH814 _ 1 型离心压缩机转子断裂原因分析 [J]. 化工进展，2004，23 (9)：1022-1025.

[14] 黄兆款，陈同济．南通天生港发电厂＃8 机组发电机转子断裂接轴修理方案可行性分析 [J]. 上海大中型电机，2003，1 (4)：28-30.

[15] 马小明，邓隆峰，李靖．离心式空压机转子轴头断裂失效分析 [J]. 化工机械，2011，38 (4)：483-485.

[16] 赵卫正，童小忠，谢尉扬，等．燃气轮机转子裂纹故障分析与诊断 [J]. 燃气轮机技术，2020，33 (1)：58-62.

[17] 王凤良，孙亚林，付俊杰，等．某 300MW 亚临界机组高中压转子裂纹的故障诊断 [J]. 汽轮机技术，2020，62 (1)：64-66.

[18] 宋利．俄罗斯汽轮机低压转子叶轮叶根槽裂纹原因分析 [J]. 热加工工艺，2018，48 (24)：255-261.

[19] 郭平英，李少双，秦晓伟，等．汽轮发电机组转子裂纹的现场振动监测分析实例 [J]. 2014，42 (10)：76-80.

[20] Rankine W J M. On the centrifugal force of rotating shafts [J]. Van Nostrand's Eclectic Engineering Magazine (1869-1879)，1869，1 (7)：598.

[21] Jeffcott H H. The lateral vibration of loaded shafts in the neighbourhood of a whirling speed— The effect of want of balance [J]. The London，Edinburgh，and Dublin Philosophical Magazine and Journal of Science，1919，37 (219)：304-314.

[22] Ishida Y, Yamamoto T. Linear and nonlinear rotordynamics: A modern treatment with applications [M]. Weinheim: Wiley-VCH Verlag GmbH & Co. KGaA, 2012.

[23] Gasch R. Dynamic behavior of a simple rotor with cross-sectional crack [C] //Proceedings of the International Conference on Vibrations in Rotating Machinery. New York: Institute of Mechanical Engineers, 1976: 123-128.

[24] Henry T A, Okah-Avae B E. Vibrations in cracked shafts [C] //Proceedings of the International Conference on Vibrations in Rotation Machinery. New York: Institute of Mechanical Engineers, 1976: 15-17.

[25] Saint-Venant A. Mémoire sur la flexion des prismes [J]. Journal de Mathématiques Pures et Appliquées, 1856, 1 (2): 89-189.

[26] 李明，李富才，李鸿光，等．浅裂纹转子特性的动态圣维南原理解释 [J]. 上海交通大学学报，2014，48 (6)：870-876.

[27] Roy D K, Tiwari R. Estimation of the internal and external damping from the forward and backward spectrum of a rotor with a fatigue crack [J]. Propulsion and Power Research, 2020, 9 (1): 62-74.

[28] Xiang L, Zhang Y, Hu A, et al. Dynamic analysis and experiment investigation of a cracked dual-disc bearing-rotor system based on orbit morphological characteristics [J]. Applied Mathematical Modelling, 2020, 80 (2020): 17-32.

[29] Singh S, Tiwari R. Model based identification of crack and bearing dynamic parameters in flexible rotor systems supported with an auxiliary active magnetic bearing [J]. Mechanism and Machine Theory, 2018, 122 (2018): 292-307.

[30] 姚莉，南国防，郭威，等．单跨双盘裂纹转子-轴承的动力学特性研究 [J]. 噪声与振动控制，2019，39 (5)：191-196.

[31] 邹剑，陈进，董广明．基于极坐标圆的裂纹转子的振动分析 [J]. Journal of Mechanical Engineering, 2011, 47 (5): 66-70.

[32] 邹剑，董广明，陈进．含初始弯曲裂纹转子的振动分析 [J]. 振动与冲击，2012，31 (3)：153-156.

[33] 朱厚军，赵玫，王德祥．Jeffcott裂纹转子动力特性的研究 [J]. 振动与冲击，2001，20 (1)：1-4.

[34] Ferjaoui N, Naimi S, Chouchane M. Bifurcation analysis of a flexible balanced cracked rotor-bearing system [J]. Comptes Rendus-Mecanique, 2016, 344 (9): 661-671.

[35] Palacios-Pineda L M, Gómez-Mancilla J C, Martínez-Romero O, et al. The influence of a transversal crack on rotor nonlinear transient response [J]. Nonlinear Dynamics, 2017, 90 (1): 671-682.

[36] Vashisht R K, Peng Q. Dynamic modelling and diagnosis of transverse crack and rotor/stator rub in a flexible rotor system [C]. Proceedings of the ASME Design Engineering Technical Conference, Anaheim, CA, USA, 2019.

[37] Xiang L, Gao X, Hu A. Nonlinear dynamics of an asymmetric rotor-bearing system with coupling faults of crack and rub-impact under oil-film forces [J]. Nonlinear Dynamics, 2016, 86 (2): 1057-1067.

[38] Xiang L, Zhang Y, Hu A. Crack characteristic analysis of multi-fault rotor system based on whirl orbits [J]. Nonlinear Dynamics, 2019, 95 (4): 2675-2690.

[39] Papadopoulos C A. The strain energy release approach for modeling cracks in rotors: A state of the art review [J]. Mechanical Systems and Signal Processing, 2008, 22 (4): 763-789.

[40] 杜彦卫，胡超，李凤明，等．含横向裂纹转子的动力稳定性研究［J］．中国机械工程，2003，14（18）：64-67.

[41] Fu Y，Zheng Y，Zhu S. Analysis of the chaotic motion for a rotor system with a transverse crack［J］. Acta Mechanica Solida Sinica，2003，1（2003）：74-80.

[42] 林言丽．斜裂纹转子系统的动力学特性［D］．北京：清华大学，2009.

[43] Papadopoulos C A，Dimarogonas A D. Coupled longitudinal and bending vibrations of a rotating shaft with an open crack［J］. Journal of Sound and Vibration，1987，117（1）：81-93.

[44] Darpe A K. Coupled vibrations of a rotor with slant crack［J］. Journal of Sound and Vibration，2007，305（1-2）：172-193.

[45] Papadopoulos G A，Dimarogonas A D. Stability of cracked rotors in the coupled vibration mode［J］. Journal of Vibration and Acoustics，Transactions of the ASME，1988，110（3）：356-359.

[46] Chondros T G. The continuous crack flexibility model for crack identification［J］. Fatigue and Fracture of Engineering Materials and Structures，2001，24（10）：643-650.

[47] Chen C，Dai L，Fu Y. Nonlinear response and dynamic stability of a cracked rotor［J］. Communications in Nonlinear Science and Numerical Simulation，2007，12（6）：1023-1037.

[48] Lin R M. Modelling，detection and identification of flexural crack damages in beams using frequency response functions［J］. Meccanica，2016，51（9）：2027-2044.

[49] Zhang B，Li Y. Six degrees of freedom coupled dynamic response of rotor with a transverse breathing crack［J］. Nonlinear Dynamics，2014，78（3）：1843-1861.

[50] Huang S C，Huang Y M，Shieh S M. Vibration and stability of a rotating shaft containing a transverse crack［J］. 1993，62（3）：387-401.

[51] Al-Shudeifat M A，Al Mehairi A，Saeed A S，et al. Application of the proper orthogonal decomposition method for cracked rotors［J］. Journal of Computational and Nonlinear Dynamics，2018，13（11）：1-9.

[52] AL-Shudeifat M A，Shiryayev O，Al Hammadi F，et al. Post-resonance backward whirl in accelerating cracked rotor systems［J］. European Journal of Mechanics，A/Solids，2020，83（2020）：104039.

[53] Sinou J J，Lees A W. The influence of cracks in rotating shafts［J］. Journal of Sound and Vibration，2005，285（4-5）：1015-1037.

[54] Mayes I W，Davies W G R. Analysis of the response of a multi-rotor-bearing system containing a transverse crack in a rotor［J］. Journal of Vibration and Acoustics，Transactions of the ASME，1984，106（1）：139-145.

[55] Al-Shudeifat M A，Al Hosani H，Saeed A S，et al. Effect of unbalance force vector orientation on the whirl response of cracked rotors［J］. Journal of Vibration and Acoustics，Transactions of the ASME，2019，141（2）：1-10.

[56] Al Hosani H，Al-Shudeifat M A，Saeed A S，et al. Effect of unbalance force direction on a cracked rotor whirl response［C］. Proceedings of the ASME Design Engineering Technical Conference，Cleveland，Ohio，USA，2017.

[57] Spagnol J P，Wu H，Xiao K. Dynamic response of a cracked rotor with an unbalance influenced breathing mechanism［J］. Journal of Mechanical Science and Technology，2018，32（1）：57-68.

[58] Guo C Z，et al. Crack detection for a Jeffcott rotor with a transverse crack：An experimental investigation［J］. Mechanical Systems & Signal Processing，2017，83（2017）：260-271.

[59] Guo C，Al-Shudeifat M A，Yan J，et al. Stability analysis for transverse breathing cracks in rotor

systems [J]. European Journal of Mechanics, A/Solids, 2013, 42: 27-34.

[60] Al-Shudeifat M A. On the finite element modeling of the asymmetric cracked rotor [J]. Journal of Sound and Vibration, 2013, 332 (11): 2795-2807.

[61] Al-Shudeifat M A, Butcher E A. New breathing functions for the transverse breathing crack of the cracked rotor system: Approach for critical and subcritical harmonic analysis [J]. Journal of Sound and Vibration, 2011, 330 (3): 526-544.

[62] Sinou J J. Detection of cracks in rotor based on the 2X and 3X super-harmonic frequency components and the crack-unbalance interactions [J]. Communications in Nonlinear Science & Numerical Simulation, 2008, 13 (9): 2024-2040.

[63] Yao Q, Inoue T, Yabui S. Finite element analysis and experimental validation of transfer function of rotating shaft system with both an open crack and anisotropic support stiffness [J]. Journal of Vibration and Acoustics, Transactions of the ASME, 2019, 141 (2): 1-15.

[64] Lu Z, Hua C, Dong D, et al. Influence of torsional excitation on dynamic responses of rotors with a breathing slant crack [J]. Journal of Physics: Conference Series, 2017, 842 (1) .

[65] Engineering M. Vibration characteristics of tapered [J]. Journal of Sound and Vibration, 1996, 190: 137-147.

[66] Ostachowicz W M, Krawczuk M. Coupled torsional and bending vibrations of a rotor with an open crack [J]. Archive of Applied Mechanics, 1992, 62 (1992): 191-201.

[67] Papadopoulos C A, Dimarogonas A D. Coupling of bending and torsional vibration of a cracked timoshenko shaft [J]. Ingenieur-Archiv, 1987, 57 (4): 257-266.

[68] 杨正茂，肖锡武. 开裂纹转子的动力分析 [J]. 汽轮机技术，2002，44 (3): 165-168.

[69] 曾复，吴昭同. 开裂纹转子运动稳定性和振动稳态响应分析 [J]. 机械科学与技术，1999，18 (6): 861-863.

[70] Fu C, Xu Y, Yang Y, et al. Dynamics analysis of a hollow-shaft rotor system with an open crack under model uncertainties [J]. Communications in Nonlinear Science and Numerical Simulation, 2020, 83 (2020): 105102.

[71] Varney P, Green I. Comparing the floquet stability of open and breathing fatigue cracks in an overhung rotordynamic system [J]. Journal of Sound and Vibration, 2017, 408: 314-330.

[72] Nagata N, Inoue T. Finite element analysis of the vibration of a rotor system with an open crack under the harmonic excitation [J]. Transactions of the Japan Society of Mechanical Engineers, 2013, 79 (799): 562-572.

[73] Nagata N, Inoue T. Finite element vibration analysis of a rotor system with an open crack (analysis of natural frequency and double frequency vibration in the case with the asymmetric support stiffness characteristics) [J]. Transactions of the Japan Society of Mechanical Engineers, Part C, 2012, 78 (794): 3435-3445.

[74] Dong G M, Chen J, Zou J. Parameter identification of a rotor with an open crack [J]. European Journal of Mechanics, A/Solids, 2004, 23 (2): 325-333.

[75] Dong G, Chen J. Vibration analysis and crack identification of a rotor with open cracks [J]. Japan Journal of Industrial and Applied Mathematics, 2011, 28 (1): 171-182.

[76] Dong G M, Chen J. Crack identification in a rotor with an open crack [J]. Journal of Mechanical Science and Technology, 2009, 23 (11): 2964-2972.

[77] Rahman A G A, Ismail Z, Noroozi S, et al. Study of open crack in rotor shaft using changes in frequency response function phase [J]. International Journal of Damage Mechanics, 2013, 22 (6): 791-807.

[78] Giannopoulos G I, Georgantzinos S K, Anifantis N K. Coupled vibration response of a shaft with a breathing crack [J]. Journal of Sound and Vibration, 2015, 336: 191-206.

[79] Rubio P, Rubio L, Muñoz-Abella B, et al. Determination of the stress intensity factor of an elliptical breathing crack in a rotating shaft [J]. International Journal of Fatigue, 2015, 77: 216-231.

[80] Gayen D, Chakraborty D, Tiwari R. Finite element analysis for a functionally graded rotating shaft with multiple breathing cracks [J]. International Journal of Mechanical Sciences, 2017, 134 (June): 411-423.

[81] Gayen D, Tiwari R, Chakraborty D. Finite element based stability analysis of a rotor-bearing system having a functionally graded shaft with transverse breathing cracks [J]. International Journal of Mechanical Sciences, 2019, 157-158 (2019): 403-414.

[82] Lu Z, Dong D, Ouyang H, et al. Localization of breathing cracks in stepped rotors using super-harmonic characteristic deflection shapes based on singular value decomposition in frequency domain [J]. Fatigue and Fracture of Engineering Materials and Structures, 2017, 40 (11): 1825-1837.

[83] Mobarak H M, Wu H, Yang C. Location dependence of breathing mechanism for a slant crack in a shaft [J]. Fatigue and Fracture of Engineering Materials and Structures, 2020, 43 (11): 2515-2526.

[84] El Arem S, Nguyen Q S. Nonlinear dynamics of a rotating shaft with a breathing crack [J]. Annals of Solid and Structural Mechanics, 2012, 3 (1-2): 1-14.

[85] Lu Z, Hou L, Chen Y, et al. Nonlinear response analysis for a dual-rotor system with a breathing transverse crack in the hollow shaft [J]. Nonlinear Dynamics, 2016, 83 (1-2): 169-185.

[86] Zheng Z, Xie Y, Zhang D, et al. Numerical investigation on the nonlinear dynamics of a breathing cracked rotor supported by flexible bearings [J]. Proceedings of the Institution of Mechanical Engineers, Part C: Journal of Mechanical Engineering Science, 2019, 233 (19-20): 6815-6826.

[87] El-Arem S, Ben Zid M. On a systematic approach for cracked rotating shaft study: Breathing mechanism, dynamics and instability [J]. Nonlinear Dynamics, 2017, 88 (3): 2123-2138.

[88] Al-Shudeifat M A, Butcher E A. On the modeling of open and breathing cracks of a cracked rotor system [C]. Asme International Design Engineering Technical Conferences & Computers & Information in Engineering Conference, Montreal, Quebec, Canada, 2010.

[89] Bachschmid N, Pennacchi P, Tanzi E. Some remarks on breathing mechanism, on non-linear effects and on slant and helicoidal cracks [J]. Mechanical Systems and Signal Processing, 2008, 22 (4): 879-904.

[90] Cheng L, Li N, Chen X F, et al. The influence of crack breathing and imbalance orientation angle on the characteristics of the critical speed of a cracked rotor [J]. Journal of Sound and Vibration, 2011, 330 (9): 2031-2048.

[91] Darpe A K, Gupta K, Chawla A. Transient response and breathing behaviour of a cracked Jeffcott rotor [J]. Journal of Sound & Vibration, 2004, 272 (1-2): 207-243.

[92] Silani M, Ziaei-Rad S, Talebi H. Vibration analysis of rotating systems with open and breathing cracks [J]. Applied Mathematical Modelling, 2013, 37 (24): 9907-9921.

[93] Xie J, Cheng W, Zi Y. Modified breathing mechanism model and phase waterfall plot diagnostic method for cracked rotors [J]. Journal of Mechanical Science and Technology, 2018, 32 (6): 2527-2539.

[94] 肖锡武，杨正茂，肖光华．开闭裂纹转子的弯扭耦合振动研究 [J]. 固体力学学报，2003，24 (3)：90-96.

[95] 陈永国，赵玫，朱厚军．横向裂纹转子几种裂纹开闭模型的比较 [J]. 华北水利水电学院学报，2000，22 (4)：34-38.

[96] 邹剑，蒲亚鹏，钟平，等．开闭裂纹转子的建模与弯曲刚度特性研究 [J]. 振动与冲击，2001，20 (4)：47-49.

[97] 李宁，程礼，陈雪峰．转轴上裂纹在通过临界转速过程中的呼吸特征 [J]. 噪声与振动控制，2010，30 (2)：88-91.

[98] 刘长利，谢朋儒，周邵萍，等．基于有限元的呼吸裂纹转子动力学特性 [J]. 振动．测试与诊断，2011，31 (2)：185-189.

[99] 程礼，何正嘉，李宁，等．裂纹非线性呼吸行为对转子临界转速的影响 [J]. 振动与冲击，2010，29 (4)：51-54.

[100] 程礼，钱征文，赵兵兵，等．非线性呼吸行为对带横向裂纹 Jeffcott 转子稳定性的影响 [J]. 应用力学学报，2010，27 (2)：219-225.

[101] 郭超众．具有呼吸裂纹的转子动力学特征提取及预诊方法研究 [D]. 哈尔滨：哈尔滨工业大学，2014.

[102] Chasalevris A C, Papadopoulos C A. A continuous model approach for cross-coupled bending vibrations of a rotor-bearing system with a transverse breathing crack [J]. Mechanism and Machine Theory, 2009, 44 (6): 1176-1191.

[103] Gómez-Mancilla J, García-Illescas R, Kubiak J. A simple crack breathing mechanism for rotor systems with crack depth nonlinear evolution [C]. 3rd International Symposium on Control and Stability of Rotating Machinery, Cleveland State University, 2005.

[104] Georgantzinos S K, Anifantis N K. An insight into the breathing mechanism of a crack in a rotating shaft [J]. Journal of Sound and Vibration, 2008, 318 (1-2): 279-295.

[105] Serier M, Lousdad A, Refassi K, et al. Analysis of parameters effects on crack breathing and propagation in shaft of rotor dynamic systems [J]. Materials Research, 2013, 16 (4): 867-873.

[106] Guo C, Al-Shudeifat M A, Yan J, et al. Application of empirical mode decomposition to a Jeffcott rotor with a breathing crack [J]. Journal of Sound and Vibration, 2013, 332 (16): 3881-3892.

[107] Lin R M, Ng T Y. Applications of higher-order frequency response functions to the detection and damage assessment of general structural systems with breathing cracks [J]. International Journal of Mechanical Sciences, 2018, 148 (2018): 652-666.

[108] Grabowski, B. The Vibrational behavior of a turbine rotor containing a transverse crack [J]. Journal of Mechanical Design, 1980, 102 (1): 140-146.

[109] 高建，朱晓梅．转轴上裂纹开闭模型的研究 [J]. 应用力学学报，1992，009 (001)：108-112.

[110] 杜彦卫，胡超，黄文虎．含横向裂纹转子的动力学特性分析 [J]. 哈尔滨理工大学学报，2002，7 (03)：1-5.

[111] Mahrenholtz O. Dynamics of rotors: Stability and system identification [M]. Springer, Vienna, 1984: 423-465.

[112] Murphy K D, Zhang Y. Vibration and stability of a cracked translating beam [J]. Journal of Sound and Vibration, 2000, 237 (2): 319-335.

[113] Fu C, Ren X, Yang Y, et al. Nonlinear response analysis of a rotor system with a transverse breathing crack under interval uncertainties [J]. International Journal of Non-Linear Mechanics, 2018, 105 (July): 77-87.

[114] AL-Shudeifat M A. Approach for stability analysis of a cracked rotor with time-varying stiffness [C]. Proceedings of the ASME Design Engineering Technical Conference, Portland, Oregon, USA, 2013.

[115] Sinou J J. Effects of a crack on the stability of a non-linear rotor system [J]. International Journal Of Nonlinear Mechanics, 2007, 42 (7): 959-972.

[116] Peng H, He Q, Zhai P, et al. Stability analysis of an open cracked rotor with the anisotropic rotational damping in rotating operation [J]. Applied Mathematical Modelling, 2017, 45 (2017): 405-421.

[117] Peng H, He Q. The effects of the crack location on the whirl motion of a breathing cracked rotor with rotational damping [J]. Mechanical Systems and Signal Processing, 2019, 123 (2019): 626-647.

[118] Chih-Ching H, Chin-Hsing K, Daisuke M, et al. Advances in mechanism and machine science [M]. Switzerland: Springer International Publishing, 2019.

[119] Gayen D, Chakraborty D, Tiwari R. Stability behavior of two-crack functionally graded shaft in a rotor-disc system: Finite element approach [J]. Materials Today: Proceedings, 2020, 24: 432-441.

[120] Sekhar A S, Balaji Prasad P. Dynamic analysis of a rotor system considering a slant crack in the shaft [J]. Journal of Sound and Vibration, 1997, 208 (3): 457-473.

[121] Sekhar A S, Mohanty A R, Prabhakar S. Vibrations of cracked rotor system: Transverse crack versus slant crack [J]. Journal of Sound and Vibration, 2005, 279 (3-5): 1203-1217.

[122] Darpe A K. Dynamics of a Jeffcott rotor with slant crack [J]. Journal of Sound and Vibration, 2007, 303 (1-2): 1-28.

[123] Lin Y, Chu F. The dynamic behavior of a rotor system with a slant crack on the shaft [J]. Mechanical Systems and Signal Processing, 2010, 24 (2): 522-545.

[124] Lin Y, Chu F. Numerical and experimental investigations of flexural vibrations of a rotor system with transverse or slant crack [J]. Journal of Sound and Vibration, 2009, 324 (1-2): 107-125.

[125] Han Q, Zhao J, Lu W, et al. Steady-state response of a geared rotor system with slant cracked shaft and time-varying mesh stiffness [J]. Communications in Nonlinear Science and Numerical Simulation, 2014, 19 (4): 1156-1174.

[126] Liu C, Jiang D. Torsional vibration characteristics and experimental study of cracked rotor system with torsional oscillation [J]. Engineering Failure Analysis, 2020, 116 (2020): 104737.

[127] 温诗铸，郭丹．具有两条裂纹的转子系统的振动研究 [J]. 机械强度，2005，27 (2)：3-7.

[128] Darpe A K, Gupta K, Chawla A. Dynamics of a two-crack rotor [J]. Journal of Sound and Vibration, 2003, 259 (3): 649-675.

[129] 陈铁锋，荆建平，孟光，等．双裂纹转子振动特性的有限元和实验研究 [J]. 噪声与振动控制，2010，30 (5)：15-19.

[130] Bakhtiari-Nejad F, Khorram A, Rezaeian M. Analytical estimation of natural frequencies and mode shapes of a beam having two cracks [J]. International Journal of Mechanical Sciences, 2014, 78: 193-202.

[131] Jain A K, Rastogi V, Agrawal A K. Experimental investigation of vibration analysis of multi-crack rotor shaft [J]. Procedia Engineering, 2016, 144: 1451-1458.

[132] Parhi D R, Yadao A R. Analysis of dynamic behavior of multi-cracked cantilever rotor in viscous medium [J]. Proceedings of the Institution of Mechanical Engineers, Part K: Journal of Multi-Body Dynamics, 2016, 230 (4): 416-425.

[133] Khorrami H, Rakheja S, Sedaghati R. Vibration behavior of a two-crack shaft in a rotor disc-bearing system [J]. Mechanism and Machine Theory, 2017, 113: 67-84.

[134] Jadhav P V, Barawade R A, Patil S V, et al. An experimental and numerical investigation on static vibration response of multi-cracked rotor shaft [J]. IOP Conference Series: Materials Science and Engineering, 2018, 377 (1) .

[135] Hu A, Xiang L, Zhang Y. Experimental study on the intrawave frequency modulation characteristic of rotor rub and crack fault [J]. Mechanical Systems and Signal Processing, 2019, 118 (2019): 209-225.

[136] Xiang L, Gao X, Jia Y. Study on nonlinear dynamics of a rotor-bearing system with coupled faults of crack and rub-impact [J]. 13th Intern ational Conference on Ubiquitous Robots and Ambient Intelligence (URAl), Xi'an, Chnia, 2016.

[137] Darpe A K, Gupta K, Chawla A. Experimental investigations of the response of a cracked rotor to periodic axial excitation [J]. Journal of Sound and Vibration, 2003, 260 (2): 265-286.

[138] Zhou T, Sun Z, Xu J, et al. Experimental analysis of cracked rotor [J]. Journal of Dynamic Systems, Measurement and Control, Transactions of the ASME, 2005, 127 (3): 313-320.

[139] Guo C, Yan J H, Bergman L A, et al. Experimental dynamic analysis of a breathing cracked rotor [J]. Chinese Journal of Mechanical Engineering, 2017, 30 (2017): 1177-11183.

[140] Inoue T, Kato M, Nagata N, et al. FEM modelling and experimental verification of a rotor system with an open crack [J]. Nippon Kikai Gakkai Ronbunshu, C Hen/Transactions of the Japan Society of Mechanical Engineers, Part C, 2009, 75 (753): 1465-1472.

[141] Sinou J J. Experimental study on the nonlinear vibrations and N× amplitudes of a rotor with a transverse crack [J]. Journal of Vibration and Acoustics, 2009, 131 (4): 041008-1-6.

[142] Li C, Yu H, Zhou S, et al. Simulations and experimental investigation on motion stability of a flexible rotor-bearing system with a transverse crack [J]. Chinese Journal of Mechanical Engineering, 2013, 26 (6): 1194-1202.

[143] Al-Shudeifat M A, Butcher E A, Stern C R. General harmonic balance solution of a cracked rotor-bearing-disk system for harmonic and sub-harmonic analysis: Analytical and experimental approach [J]. International Journal of Engineering Science, 2010, 48 (10): 921-935.

[144] Kumar V S, Harikrishna C, Sai C K, et al. Dynamic analysis of a cracked rotor—an experimental and finite element investigation [J]. Materials Today: Proceedings, 2015, 2 (2015): 2131-2136.

[145] Xie J, Zi Y. Mechanism explanation and experimental verification of a new modulation frequency characteristic in a disturbed crack rotor [J]. Nonlinear Dynamics, 2018, 95 (2019): 597-616.

[146] Ameyaw D A. Crack detection in shaft using vibration measurements and analysis [D]. Kumasi:

Kwame Nkrumah University of Science and Technology, 2014.

[147] Gómez M J, Castejón C, García-Prada J C. Crack detection in rotating shafts based on 3× energy: Analytical and experimental analyses [J]. Mechanism & Machine Theory, 2016, 96: 94-106.

[148] Shah B A, Vakharia D P. Testing for detection of crack in rotor using vibration analysis: An experimental approach [J]. International Journal of Quality & Reliability Management, 2019, 36 (6): 999-1013.

[149] Singh S K, Tiwari R. Detection and localisation of multiple cracks in a shaft system: An experimental investigation [J]. Measurement, 2014, 53: 182-193.

[150] Chasalevris A C, Papadopoulos C A. Experimental detection of an early developed crack in rotor-bearing systems using an AMB [J]. International Journal of Structural Integrity, 2015, 6 (2): 194-213.

[151] Li M, Li F, Jing B, et al. Multi-fault diagnosis of rotor system based on differential-based empirical mode decomposition [J]. Journal of Vibration and Control, 2015, 21 (9): 1821-1837.

[152] Liu Y, Zhao Y, Han J, et al. Combination algorithm for cracked rotor fault diagnosis based on NOFRFs and HHR [J]. Journal of Mechanical Science and Technology, 2019, 33 (4): 1585-1593.

[153] Ren Z, Zhou S, Chunhui . E, et al. Crack fault diagnosis of rotor systems using wavelet transforms [J]. Computers & Electrical Engineering, 2015, 45: 33-41.

[154] Chandra N H, Sekhar A S. Fault detection in rotor bearing systems using time frequency techniques [J]. Mechanical Systems and Signal Processing, 2016, 72-73: 105-133.

[155] Varney P. Transverse fatigue crack diagnosis in a rotordynamic system using vibration monitoring [D]. Atlanta: Georgia Institute of Technology, 2013.

[156] Zhang Y, Du Z. Dynamic characteristics calculation study of a gas turbine rod fastening rotor [C]. Asia-Pacific Power and Energy Engineering Conference, Wuhan, China, 2009.

[157] Yi L, Liu H, Yi J, et al. Investigation on the stability and bifurcation of a 3D rotor-bearing system [J]. Journal of Vibration and Acoustics-Transactions of the ASME, 2013, 21 (3): 85-86.

[158] 易均，刘恒，刘意，等．接触界面对拉杆组合柔性转子轴承系统的非线性动力特性影响 [J]. 振动与冲击，2012，31 (17): 172-175.

[159] 李辉光，刘恒，虞烈．周向拉杆转子系统非线性动力行为及稳定性 [J]. 机械工程学报，2011，47 (23): 82-91.

[160] 徐文标，王艾伦，廖泽雨，等．裂纹拉杆转子连接界面非线性建模与多参数演变规律研究 [J]. 振动与冲击，2020，39 (6): 138-146.

[161] Liu Y, Yuan Q, Li P, et al. Modal analysis for a rod-fastened rotor considering contact effect based on double fractal model [J]. Shock and Vibration, 2019, 2019: 1-10.

[162] Liang H, Liu Y, Wei T, et al. Nonlinear coupled dynamics of a rod fastening rotor under rub-impact and initial permanent deflection [J]. Energies, 2016, 9 (12): 1-19.

[163] Hei D, Lu Y, Zhang Y, et al. Nonlinear dynamic behaviors of a rod fastening rotor supported by fixed-tilting pad journal bearings [J]. Chaos Solitons & Fractals the Interdisciplinary Journal of Nonlinear Science & Nonequilibrium & Complex Phenomena, 2014, 69: 129-150.

[164] Wang L, Wang A, Jin M, et al. Nonlinear effects of induced unbalance in the rod fastening rotor-bearing system considering nonlinear contact [J]. Archive of Applied Mechanics, 2020, 90 (10).

[165] 王少波，孟成，苏明．燃气轮机拉杆转子动力学建模及临界转速计算［J］．上海交通大学学报，2013，47（03）：381-384.
[166] 李浦，袁奇，高进，等．轮盘端面齿连接的周向拉杆转子刚度研究［J］．航空动力学报，2013（07）：1618-1623.
[167] 卢明剑，孙岩桦，周健，等．拉杆组合转子的刚度修正及动力学建模［J］．航空动力学报，2016（9）：2203-2209.
[168] 李忠刚，陈照波，朱伟东，等．盘式分布拉杆转子系统扭转振动非线性动力学特性分析［J］．振动与冲击，2017，036（003）：215-221.
[169] 徐文标，王艾伦，朱卓平，等．裂纹拉杆转子尺寸效应机理与动力学特性研究［J］．机械科学与技术，2019.
[170] Liu Y，Liu H，Wang N. Effects of typical machining errors on the nonlinear dynamic characteristics of rod-fastened rotor bearing system［J］. Journal of Vibration and Acoustics-Transactions of the ASME，2017，139（1）：11004-1-10.
[171] 王艾伦，张海彪，李雪鹏，等．含拉杆裂纹的组合转子性能退化机理［J］．中南大学学报：自然科学版，2017（08）：2002-2009.
[172] 李雪鹏，王艾伦．拉杆疲劳裂纹导致的组合转子性能退化研究［J］．工程设计学报，2014，21（4）：382-388.
[173] 李雪鹏，王艾伦．频繁启停过程中拉杆微裂纹引起的组合转子性能退化研究［J］．工程设计学报，2015（02）：35-42.
[174] 朱平平．680燃气轮机拉杆转子轴系临界转速及Ⅰ型裂纹尖端塑性区的屏蔽效应［D］．上海：上海交通大学，2011.
[175] 史进渊．核电汽轮机转子在低周疲劳与高周疲劳交互作用下裂纹扩展寿命的研究［J］．机械工程学报，2015，51（22）：152-158.
[176] Chatterton S，Pennacchi P，Vania A. On the effects of a shaft crack propagation on the dynamic behavior of a steam turbine［C］. ASME Turbo Expo 2020：Turbomachinery Technical Conference and Exposition，Virtual，Online，2020.
[177] Liu C，Jiang D. Dynamics of slant cracked rotor for a steam turbine generator system［J］. Journal of Engineering for Gas Turbines and Power，2017，139（6）：1-7.
[178] Dau AT，Nistor I，Gavrus A. Numerical analysis concerning the harmfulness of crack turbine rotors using a multi-scale approach based on a dynamic finite element method［J］. Applied Mechanics & Materials，2014，656：315-324.
[179] Andrieux S，Varé C. A 3D cracked beam model with unilateral contact. Application to rotors［J］. European Journal of Mechanics A/Solids，2002，21（2002）：793-810.
[180] Nicolò B，Ezio T. Deflections and strains in cracked shafts due to rotating loads：A numerical and experimental analysis［J］. International Journal of Rotating Machinery，2003，9（4）：303-311.
[181] Liong R T，Proppe C. Finite element multibody simulation of a breathing crack in a rotor with a cohesive zone model［J］. Isrn Mechanical Engineering，2014，2013：1-10.
[182] Wang S，Zi Y Y，Wang Y，et al. A 3D nonlinear finite element method for the dynamic analysis of rotating rotor with a transverse crack［J］. Science China Technological Sciences，2017，60（2）：219-231.
[183] Wang S，Zi Y，Qian S，et al. Effects of unbalance on the nonlinear dynamics of rotors with transverse

cracks [J]. Nonlinear Dynamics, 2018, 91: 2755-2772.

[184] Chao L, Jiang D. Crack modeling of rotating blades with cracked hexahedral finite element method [J]. Mechanical Systems and Signal Processing, 2014, 46 (2): 406-423.

[185] Liu H, Yang X, Li S, et al. A numerical approach to simulate 3D crack propagation in turbine blades [J]. International Journal of Mechanical Sciences, 2020, 171: 105408.

[186] 刘宗晖，成晓鸣，单晓明，等 某发动机涡轮盘裂纹扩展研究 [J]. 机械强度，2018，40 (2): 462-466.

[187] 冯永志，李岩，刘鹤，等．燃气轮机涡轮盘三维裂纹扩展分析（第 1 部分）[J]. 汽轮机技术，2020，62 (4): 263-266.

[188] 刘景元，程礼，高君宁，等．拉杆转子结构宏观非线性刚度特性参数化建模 [J]. 空军工程大学学报（自然科学版），2016，17 (4): 1-5.

[189] Zhang S, Lv C, Li J. Experimental study on tangential contact stiffness of plate joint surface of the rod fastening rotor [J]. International Conference on Energy, Power and Materials Engineering (EPME 2018), Shanghai, China, 2018.

[190] Zhu Y, Li F, Hu Y. The contact characteristics analysis for rod fastening rotors using ultrasonic guided waves [J]. Measurement, 2020, 151: 107149-1-12.

[191] Zhang Y, Du Z, Shi L, et al. Determination of contact stiffness of rod-fastened rotors based on modal test and finite element analysis [J]. Journal of Engineering for Gas Turbines and Power, 2010, 132 (9), 094501-1-4.

[192] Huang Z, Fang J, Wang K. Dynamics of flexible rotor-shaft assembly with consideration of contact behaviors [J]. Proceedings of the Institution of Mechanical Engineers, Part C: Journal of Mechanical Engineering Science, 2015, 229 (5): 859-868.

[193] Paris P, Sih G. Stress analysis of cracks [J]. Fracture Toughness Testing & Its Applications, 1965, 30-83.

[194] 张学良．机械结合面动态特性及应用 [M]. 北京：中国科技出版社，2002.

[195] 王松涛，王立华，张鹏．机械结合面阻尼的产生机理研究现状与发展 [J]. 机械，2007，12 (34): 1-4.

[196] 林黎柏．表面粗糙度微观接触力学的研究 [D]. 台南：台湾成功大学，2006.

[197] Greenwood J A, Williamson, J P B. Contact of nominally flat surfaces [C]. London: Proc. R. Soc. A, 1966, 295, 300-319.

[198] Majumdar A, Bhushan B. Fractal model of elastic-plastic contact between rough surfaces [J]. ASME: Journal of Tribology, 1991, 113 (1): 1-11.

[199] Majumdar A, Bhushan B. Role of fractal geometry in roughness charaterization and contact mechanics of surfaces [J]. ASME: Journal of Tribology, 1990, 112 (2): 205-206.

[200] Hertz H. Ueber die Berührung fester elastischer Körper [J]. Journal Für Die Reine und Angewandte Mathematik, 1882, 92: 156-171.

[201] Whitehouse D J, Archard J F. The properties of random surfaces of significance in their contact [J]. PProceedings of the Royal Society of London. Series A: Mathematical and Physical Sciences, 1970, 316 (1524): 97-121.

[202] Onions R A, Archard J F. The contact of surfaces having a random structure [J]. Journal of Physics D: Applied Physics, 2002, 6 (3): 289-304.

[203] Tomota T, Kondoh Y, Ohmori T. Modeling solid contact between smooth and rough surfaces with

non-gaussian distributions [J]. Tribology Transactions, 2019, 62 (4): 580-591.

[204] Chang W R, Etsion I, Bogy D B. An elastic-plastic model for the contact of rough surfaces [J]. Journal of Tribology, 1987, 109 (2): 257-263.

[205] Zhao Y, Maietta D M, Chang L. An asperity microcontact model incorporating the transition from elastic deformation to fully plastic flow [J]. Journal of Tribology, 2000, 122 (1): 86 -93.

[206] Kogut L, Etsion I. Elastic-plastic contact analysis of a sphere and a rigid flat [J]. Journal of Applied Mechanics, 2002, 67 (5): 657-662.

[207] Jackson R L, Green I. A finite element study of elastoplastic hemispherical contact against a rigid flat [J]. Journal of Tribology, 2005, 127 (2): 343-354.

[208] Jackson, Robert L, Itzhak. A statistical model of elasto-plastic asperity contact between rough surfaces [J]. Tribology International, 2006, 39 (9): 906-914.

[209] Wang N, Liu H, Liu Y. Normal fractal contact stiffness model among three disks of rod-fastening rotor system with considering friction and the asperities interaction [J]. Industrial Lubrication and Tribology, 2021, 73 (4): 652-659.

[210] Zhao Y, Chang L. A model of asperity interactions in elastic-plastic contact of rough surfaces [J]. Journal of Tribology, 2001, 123 (4): 857-864.

[211] Sepehri A, Farhang K. Three dimensional elastic-plastic contact of nominally flat rough surfaces: Approximate closed-form equations [C]. Proceedings of ASME/STLE International Joint Tribology Conference. San Diego, California, USA, 2007.

[212] Sepehri A, Farhang K. On elastic interaction of nominally flat rough surfaces [J]. Journal of Tribology, 2008, 130 (1): 125-128.

[213] Abdo J, Farhang K. Elastic-plastic contact model for rough surfaces based on plastic asperity concept [J]. International Journal of Non-Linear Mechanics, 2005, 40 (4): 495-506.

[214] Archard J F. Elastic deformation and the laws of friction [J]. Proceedings of the Royal Society. Series A, Mathematical and Physical Sciences, 1957, 243 (1233): 190-205.

[215] Jackson R L, Streator J L. A multi-scale model for contact between rough surfaces [J]. Wear, 2006, 261 (11-12): 1337-1347.

[216] Bora C K, Flater E E, Street M D, et al. Multiscale roughness and modeling of MEMS interfaces [J]. Tribology Letters, 2005, 19 (1): 37-48.

[217] 葛世荣，朱华．摩擦学的分形 [M]. 北京：机械工业出版社，2004.

[218] Mandelbrot B B. The fractal geometry of nature [M]. New York: W. H. Freeman, 1982.

[219] Liou J L. The theoretical study for microcontact model with variable topography parameters [D]. Taiwan: National Cheng Kung University, 2006.

[220] 葛世荣，TONDER K. 粗糙表面的分形特征与分形表达研究 [J]. 摩擦学学报，1997，17 (1): 73-80.

[221] Wang S, Komvopoulos K. A fractal theory of the interfacial temperature distribution in the slow sliding regime Part-I: Elastic contact and heat transfer analysis [J]. ASME Journal of Tribology, 1994, 116 (4): 812-823.

[222] 葛世荣，索双富．表面轮廓分形维数计算方法的研究 [J]. 摩擦学学报，1997，17 (04): 354-361.

[223] 田红亮，赵春华，朱大林，等．金属材料结合部法切向刚度修正与实验验证 [J]. 农业机械学报，

2012，43（6）：207-214.

［224］ Liu Y，Liu H，Yan W，et al. Image method for measuring normal interfacial stiffness［J］. Proceedings of the Institution of Mechanical Engineers Part J Journal of Engineering Tribology，2016：230（9）：1113-1126.

［225］ 刘恒，刘意，王为民．接触界面法向刚度等效的新方法［J］. 机械工程学报，2011，47（017）：37-43.

［226］ Liu Y，Liu H，Wang X，et al. Nonlinear dynamic characteristics of a three-dimensional rod-fastening rotor bearing system［J］. Proceedings of the Institution of Mechanical Engineers Part C Journal of Mechanical Engineering Science，2014，229（5）：882-894.

［227］ Nelson H D. A finite rotating shaft element using timoshenko beam theory［J］. Journal of Mechanical Design，1980，102（4）：793-803.

［228］ Pincus O，Sternlicht B. Theory of hydrodynamic lubrication［M］. NewYork：McGraw-Hill，1961.

［229］ 刘恒，陈丽．周向均布拉杆柔性组合转子轴承系统的非线性动力特性［J］. 机械工程学报，2010，46（19）：53-62.

［230］ Yi J，Liu H，Yi L，et al. Global nonlinear dynamic characteristics of rod-fastening rotor supported by ball bearings［J］. Proceedings of the Institution of Mechanical Engineers Part K Journal of Multi-body Dynamics，2014，229（2）：208-222.

［231］ Karpel M，Ricci S. Experimental modal analysis of large structures by substructuring［J］. Mechanical Systems & Signal Processing，1997，11（2）：245-256.

［232］ Krenk S. Complex modes and frequencies in damped structural vibrations［J］. Journal of Sound and Vibration，2004，270（4-5）：981-996.

［233］ 吕延军，虞烈，刘恒．椭圆轴承—转子系统非线性运动及稳定性分析［J］. 机械工程学报，2006，42（4）：88-95.

［234］ Bathe K J. Finite element procedures［M］. New Jersey：Prentice-Hall，1996.

［235］ Nandi A，Neogy S . An efficient scheme for stability analysis of finite element asymmetric rotor models in a rotating frame［J］. Finite Elements in Analysis & Design，2005，41（14）：1343-1364.

［236］ Fey R，Van D C，Kraker D. Long term structural dynamics of mechanical systems with local nonlinearities［J］. Journal of Vibration and Acoustics，1992，118（2）：147-153.

［237］ 刘恒．转子轴承系统稳定性分叉问题的研究［D］. 西安：西安交通大学，1998.

［238］ Ho Y S，Liu H，Yu L. Effect of thrust magnetic bearing on stability and bifurcation of a flexible rotor active magnetic bearing system［J］. Journal of Vibration and Acoustics-Transactions of the ASME，2003，125（3）：307-316.

［239］ Iooss G，Joseph D D. Elementary stability and bifurcation theory［M］. New York：Springer-Verlag，1980.

［240］ Seydel R. From equilibrium to chaos，practical bifurcation and stability analysis［M］. New York：Elsevier，1988.

［241］ 安俊平，宋庆国．八结点等参奇异元断裂分析方法及其在机身壁板中的应用［J］. 航空学报，1990（04）：151-156.

［242］ Barsoum R S. On the use of isoparametric finite elements in linear fracture mechanics［J］. International Journal for Numerical Methods in Engineering，1976，10（1）：25～37.

普通高等教育“十二五”规划教材

工程制图

王春莲　杨月新　主编　徐国新　韦　杰　副主编

化学工业出版社

·北京·

本教材是根据教育部制定的《工程图学课程教学基本要求》的精神，贯彻以“实用为主、必需和够用为度”的原则，在总结《工程制图》课程教学改革经验的基础上编写而成，同时编写《工程制图习题集》与本教材配套使用。

全书共分十章，主要内容包括：制图的基本知识与技能，点、直线和平面的投影，立体的投影及表面交线，轴测图，组合体，机件常用的表达方法，标准件与常用件，零件图，装配图和计算机绘图。

本书采用了国家技术监督局最新发布的《技术制图》与《机械制图》国家标准，可作为应用型本科院校机械类、近机类及其他专业的教材，也可供工程技术人员参考。

图书在版编目（CIP）数据

工程制图/王春莲，杨月新主编. —北京：化学工业出版社，2014.7（2019.11 重印）
普通高等教育“十二五”规划教材
ISBN 978-7-122-20551-3

Ⅰ.①工… Ⅱ.①王…②杨… Ⅲ.①工程制图-高等学校-教材 Ⅳ.①TB23

中国版本图书馆 CIP 数据核字（2014）第 087013 号

责任编辑：王听讲　　装帧设计：张　辉
责任校对：边　涛

出版发行：化学工业出版社（北京市东城区青年湖南街 13 号　邮政编码 100011）
印　　装：三河市延风印装有限公司
787mm×1092mm　1/16　印张 16¼　字数 415 千字　2019 年 11 月北京第 1 版第 3 次印刷

购书咨询：010-64518888　　售后服务：010-64518899
网　　址：http://www.cip.com.cn
凡购买本书，如有缺损质量问题，本社销售中心负责调换。

定　　价：34.00 元　